冲模设计指导

林承全 编著

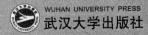

WUHAN UNIVERSITY PRESS
武汉大学出版社

图书在版编目(CIP)数据

冲模设计指导/林承全编著. —武汉:武汉大学出版社,2012.7
ISBN 978-7-307-09880-0

Ⅰ.冲… Ⅱ.林… Ⅲ.冲模—设计—高等职业教育—教材
Ⅳ.TG385.2

中国版本图书馆 CIP 数据核字(2012)第 118344 号

责任编辑:舒 刚   责任校对:刘 欣   版式设计:马 佳

出版发行:**武汉大学出版社**   (430072 武昌 珞珈山)
(电子邮件:cbs22@whu.edu.cn 网址:www.wdp.whu.edu.cn)
印刷:荆州市鸿盛印务有限公司
开本:787×1092   1/16 印张:18.75   字数:437 千字
版次:2012 年 7 月第 1 版   2012 年 7 月第 1 次印刷
ISBN 978-7-307-09880-0/TG · 10   定价:35.00 元

前　　言

本教材是从生产实际要求出发，依据"以能力为本，培养实用型人才"的原则，根据模具技术发展对工程技术应用型人才的实际要求，在总结近几年部分院校模具设计与制造专业教学改革和冲压模具课程设计与毕业设计多年的指导经验基础上编写的。本书是模具设计与制造及相关专业学生的毕业设计和课程设计的必备指导书，可作为高等专业学校、职业技术学院、技师学院、技工学校的模具设计与制造专业、材料成形专业的教材，也可以作为高等院校相关专业的参考教材，还可以作为冷冲模开发企业的岗位技术培训教材、从业人员的自学参考书，也可用作模具行业的工程技术人员从事模具设计时参考书。

将理论知识的传授与模具设计和制造的实践相结合，基础理论适度，突出专业知识的实用性、综合性、先进性，以培养学生从事冲模设计与制造工作能力为核心，将冲压成形加工原理、冲压设备、冲压工艺、冲模设计与冲模制造有机融合，实现重组和优化，以通俗易懂的文字和丰富的图表，系统地指导学生进行各类冲压模具设计。

模具是机械工业的重要工艺装备。由于模具技术的迅猛发展，模具设计与制造已成为一个非常重要的行业，越来越引起人们的重视。本书全面考虑了培训和职业教育特有的属性、要求与规律，针对模具设计顺序的每一个过程环节来安排相关内容，符合读者循序渐进的认知心理，使学习过程成为读者参与创造实践活动的过程，较好地解决了为何而学、从哪学、怎样学等问题。在模拟真实的生产环境中，贯穿案例分析，使读者能够在真实的职业氛围中学习知识和技能，了解和把握对设计项目每一环节的基本要求，掌握整个设计过程的重点与难点，把握工作的思路与方法，从而对读者的决策能力、方法能力、专业能力、社会能力与职业行为能力进行真实意义上的职业熏陶与训练。

本书设置了8个项目，根据冲压模具设计与制造的特点，每个常用冲压工序设置一个具体的设计范例。较为全面系统地介绍了模具结构、模具零部件设计过程，每个具体公式和数据查找方式和方法。由于汽车等行业的兴起，本书增加汽车覆盖件成形模具设计、组合工序设计的知识和多工位级进模设计的知识与设计范例。项目8收集了大量的典型冲压模具结构图、冲压模具设计课题及常用冲压模具标准等相关设计资料，新编了弯曲件的回弹值表格、模架标准资料数据等，极大地方便了教师和学员查找资料和数据，并采用近年来颁布的最新国家标准和行业标准。

本书以通俗的语言，简明而又丰富的实例和数据，深入浅出、循序渐进，将现代冲模设计知识系统地介绍给读者，使读者能举一反三，触类旁通。本书具有内容新、适应广泛和实用性极强，内容少而精、浅而广，强化应用等特点，系统的介绍冲压模具设计毕业设计和课程设计的方法和步骤，所用的几个经典冲压模具设计详解范例都是来自企业，有很好的代表性、先进性和实用性。本书吸取了编者多年的教学改革和使用教材的经验，编写时力求教师和学生使用方便，减轻学生负担而又能保证有利于培养学生冲压模具设计实践动手能力。

本书由林承全担任编著，由林承全负责全书的统稿和定稿。安徽铜陵学院机械工程系钱宇强博士和江苏无锡商业职业技术学院王晓红副教授作为本书的主审，两位主审专家对本书提出了很多宝贵的修改意见，在此深表感谢。武汉职业技术学院轻工学院张雄才参加了项目 4 和项目 8 的编写，常州刘国钧高等职业技术学校杨晓俊参加了项目 6 和项目 7 的编写，在此表示诚挚的谢意。

在本书的编写过程中得到了编者所在单位领导和武汉大学出版社的大力帮助与支持，也参考了国内外先进教材的设计经验，在此深表谢意。

由于水平所限，缺点和错误在所难免，恳请广大读者批评指正。

作者 E-mail：linchengquan@ msn. com。

林承全

2012 年 8 月

目　　录

项目 **1** 冲模课程设计与毕业设计

1.1 冲模毕业设计的内容及步骤

冲压模具（简称冲模）的课程设计和毕业设计是为模具设计与制造专业学生在学完"冲压模具设计"、"冲压与塑压成形设备"和"模具制造技术"等技术基础课和专业课的基础上，所设置的一个重要的实践性教学环节。其目的是：

（1）综合运用和巩固冲压模具设计与制造等课程及有关课程的基础理论和专业知识，培养学生从事冲压模具设计与制造的初步能力，为后续毕业设计和实际工作打下良好的基础。

（2）培养学生分析问题和解决问题的能力。经过实训环节，学生能全面理解和掌握冲压工艺、模具设计、模具制造等内容；掌握冲压工艺与模具设计的基本方法和步骤、模具零件的常用加工方法及工艺规程编制、模具装配工艺制定；独立解决在制定冲压工艺规程、设计冲压模具结构、编制模具零件加工工艺规程中出现的问题；学会查阅技术文献和资料，以完成在模具设计与制造方面所必须具备的基本能力训练。

（3）在冲压模具设计与制造课程设计中，培养学生认真负责、踏实细致的工作作风和严谨的科学态度，强化质量意识和时间观念，养成良好的职业习惯。

1.1.1 冲压模具设计的内容

冲压模具设计与制造分课程设计和毕业设计两种形式。课程设计通常在学完"冲压模具设计"课程后进行，时间为 1.5～2 周，一般以设计较为简单的、具有典型结构的中小型模具为主，要求学生独立完成模具装配图 1 张，工作零件图 3～5 张，设计计算说明书 1 份。毕业设计则是在学生学完全部课程后进行的，时间一般为 7～9 周。以设计中等复杂程度以上的大、中型模具为主，要求每个学生独立完成冲压件工艺设计，冲压模具结构设计与计算，典型零件制造工艺规程制定，模具装配工艺制定等工作，并完成 1～2 套不同类型的模具总装配图及部件装配图和全部零件图和设计计算说明书 1 份。毕业设计完成后要进行毕业答辩。

1.1.2 冲压模具设计的步骤

冲模设计的一般步骤如下：

1. 搜集必要的资料

设计冷冲模时，需搜集的资料包括产品图、样品、设计任务书和参考图等，并相应了解如下问题：

（1）了解提供的产品视图是否完备，技术要求是否明确，有无特殊要求的地方。

（2）了解制件的生产性质是试制还是批量或大量生产，以确定模具的结构性质。

（3）了解制件的材料性质（软、硬还是半硬）、尺寸和供应方式（如条料、卷料还是废料利用等），以便确定冲裁的合理间隙及冲压的送料方法。

（4）了解适用的压力机情况和有关技术规格，根据所选用的设备确定与之相适应的模具及有关参数，如模架大小、模柄尺寸、模具闭合高度和送料机构等。

（5）了解模具制造的技术力量、设备条件和加工技巧，为确定模具结构提供依据。

（6）了解最大限度采用标准件的可能性，以缩短模具制造周期。

2. 分析冲压零件的工艺性

根据冲模零件设计的要求，分析冲压零件成形的结构工艺性，分析冲压件的形状特点、尺寸大小、精度要求及所用材料是否符合冲压工艺要求。如果发现冲压零件工艺性差，则需要对冲压零件产品提出修改意见，但要经产品设计者同意。

3. 确定合理的冲压工艺方案

在分析了冲压件的工艺性之后，通常可以列出几种不同的冲压工艺方案，从产品质量、生产效率、设备占用情况、模具制造的难易程度和模具寿命高低、工艺成本、操作方便和安全程度等方面，进行综合分析、比较，然后确定适合于具体生产条件的最经济合理的工艺方案。确定方法如下：

（1）根据工件的形状、尺寸精度、表面质量要求进行工艺分析，确定基本工序的性质，即落料、冲孔、弯曲等基本工序。一般情况下可以由图样要求直接确定。

（2）根据工艺计算，确定工序数目，如拉深次数等。

（3）根据各工序的变形特点、尺寸要求确定工序排列的顺序，例如，是先冲孔后弯曲还是先弯曲后冲孔等。

（4）根据生产批量和条件，确定工序的组合，如复合冲压工序、连续冲压工序等。

（5）最后从产品质量、生产效率、设备占用情况、模具制造的难易程度、模具寿命、工艺成本、操作方便和安全程度等方面进行综合分析、比较，在满足冲件质量要求的前提下，确定适合具体生产条件的最经济合理的冲压工艺方案，并填写冲压工艺过程卡片（内容包括工序名称、工序数目、工序草图（半成品形状和尺寸）、所用模具、所选设备、工序检验要求、板料规格和性能、毛坯形状和尺寸等）。

4. 确定毛坯形状、尺寸和下料方式和进行必要的工艺计算

在最经济的原则下，决定毛坯的形状、尺寸和下料方式，并确定材料的消耗量。

（1）计算毛坯尺寸，以便在最经济的原则下合理使用材料。

（2）排样设计计算并画排样图。

（3）计算冲压力（包括冲裁力、弯曲力、拉深力、卸料力、推件力、压边力等），以便选择压力机。

（4）计算模具压力中心，防止模具因受偏心负荷作用影响模具精度和寿命。

（5）确定凸、凹模的间隙，计算凸、凹模刃口尺寸和各工作部分尺寸。

（6）计算或估算模具各主要零件（凹模、凸模固定板、垫板、模架等）的外形尺寸，以及卸料橡胶或弹簧的自由高度等。

（7）对于拉深模，需要计算是否采用压边圈，计算拉深次数、半成品的尺寸和各中间工序模具的尺寸分配等。

（8）其他零件的计算。

5. 确定模具结构型式

确定工序的性质、顺序及工序的组合后，即确定了冲压工艺方案，也就决定了各工序模具的结构形式。冲模的种类很多，必须根据冲压件的生产批量、尺寸、精度、形状复杂程度和生产条件等多方面因素选择。根据所确定的工艺方案和冲压零件的形状特点、精度要求、生产批量、模具制造条件等选定冲模类型及结构型式，绘制模具结构草图。

冲模设计的整个过程是从分析总体方案开始到完成全部技术设计，这期间要经过分析、方案确定、计算、绘图、CAD 应用、修改、编写计算说明书等步骤。冲压件的生产过程一般都是从原材料剪切下料开始，经过各种冲压工序和其他必要的辅助工序加工出图纸所要求的零件，对于某些组合冲压或精度要求较高的冲压件，还需要经过切削，焊接或铆接等工序，才能完成。

进行冲压模具课程设计就是根据已有的生产条件，综合考虑各方面因素，合理安排零件的生产工序，优化确定各工艺参数的大小和变化范围，合理设计模具结构，正确选择模具加工方法，选用冲压设备等，使零件的整个生产达到优质、高产、低耗和安全的目的。

6. 选择压力机

压力机的选择是冲模设计的一项重要内容，设计冲模时，学员可根据"冲压与塑压成形设备"所学的知识把所选用的压力机的类型、型号、规格确定下来。

压力机型号的确定主要取决于冲压工艺的要求和冲模结构情况。选用曲柄压力机时，必须满足以下要求：

（1）压力机的公称压力 F_g 必须大于冲压计算的总压力 F_z，即 $F_g > F_z$。

（2）压力机的装模高度必须符合模具闭合高度的要求，即

$$H_{max} - 5\text{mm} \geqslant H_m \geqslant H_{min} + 10\text{mm}$$

式中，H_{max}、H_{min} 分别为压力机的最大、最小装模高度（mm）；H_m 为模具闭合高度（mm）。

当多副模具联合安装到一台压力机上时，多副模具应有同一个闭合高度。

（3）压力机的滑块行程必须满足冲压件的成形要求。对于拉深工艺，为了便于放料和取料，其行程必须大于拉深件高度的 2~2.5 倍。

（4）为了便于安装模具，压力机的工作台面尺寸应大于模具尺寸，一般每边大 50~70mm。台面上的孔应保证冲压零件或废料能漏下。

7. 绘制模具总图

根据上述分析、计算及方案确定后，绘制模具总装配图。

绘制模具装配图和非标准模具零件图均应严格执行机械制图国家标准的有关规定。同时，在实际生产中，结合冲模的工作特点和安装、调整的需要，模具装配图在图面布置、视图、技术条件等方面已经形成一定的习惯，但这些习惯应不违反机械制图国家标准的规定。模具装配图图面布置一般按图 1-1 所示。视图主要用来表达模具的主要结构形状、工作原理及零件的装配关系，一般为主视图和俯视图两个，必要时可以加绘辅助视图。

图纸幅面尺寸按国家标准的有关机械制图规定选用，并按规定画出图框。要用模具设计中的习惯和特殊规定作图。最小图幅为 A4。手工绘图比例最好 1：1，直观性好，计算机绘图的尺寸必须按机械制图的要求缩放。

模具装配总图的视图主要用来表达模具的主要结构形状、工作原理及零件的装配关系。视图的数量一般为主视图和俯视图两个，必要时可以加绘辅助视图；视图的表达方法以剖视为主，来清楚地表达模具的内部组成和装配关系。主视图应画模具闭合时的工作状态，而不能将上模与下模分开来画。主视图的布置一般情况下应与模具的工作状态一致。

图 1-1 右下角是标题栏，标题栏上方绘出明细表。图 1-1 右上角画出用该套模具生产出来的制件形状尺寸图和制件排样图。

（1）标题栏

装配图的标题栏和明细表的格式按有关标准绘制。目前无统一规定，可以用各单位的标题栏。也可采用图 1-2 所示的格式。其中图 1-2（a）为装配图的标题栏，图 1-2（b）为零件图的标题栏。

（2）明细表

明细表中的件号自下往上编，从零件 1 开始为下模板，接着按冲压标准件、非标准件的顺序编写序号。同类零件应排在一起。在备注栏中，标出材料热处理要求及其他要求。

（3）制件图及排样图

①制件图严格按比例画出，其方向应与冲压方向一致，复杂制件图不能按冲压方向画出时须用箭头注明。

②在制件图右下方注明制件名称、材料及料厚；若制件图比例与总图比例不一致时，应标出比例。

③排样图的布置应与送料方向一致，否则要用箭头注明。排样图中，应标明料宽、搭边值和步距，简单工序可以省略排样图。

（4）尺寸标注

装配图主视图上标注的尺寸：

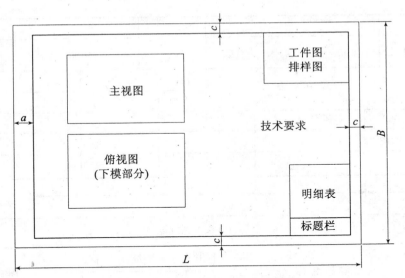

图 1-1　模具装配图的一般布置情况

①注明轮廓尺寸、安装尺寸及配合尺寸;

②注明封闭高度尺寸;

③带导柱的模具最好剖出导柱,固定螺钉、销钉等同类型零件至少剖出一个;

④带斜楔的模具应标出滑块行程尺寸。

(5) 装配图俯视图上应标注的尺寸

①在图上用双点画线画出条料宽度及用箭头表示出送料方向;

②与本模具相配的附件 (如打料杆、推件器等) 应标出装配位置尺寸;

③俯视图与主视图的中心线重合,标注前后、左右平面轮廓尺寸。

装配图侧视图、局部视图和仰视图等标注必要的尺寸,一般能省则省。图和尺寸都是宜少勿多。

8. 技术条件

技术要求中一般只简要注明对本模具的使用、装配等要求和应注意的事项,例如冲压力大小、所选设备型号、模具标记及相关工具等。当模具有特殊要求时,应详细注明有关内容。

绘制模具总装图时,一般是先按比例勾画出总装草图,经仔细检查认为无误后,再画成正规总装图。应当知道,模具总装图中的内容并非一成不变的。在实际设计中可根据具体情况,允许做出相应的增减。

9. 冲模零件图设计

模具零件图是模具加工的重要依据,应符合如下要求:

(1) 视图要完整,且宜少勿多,以能将零件结构表达清楚为限。

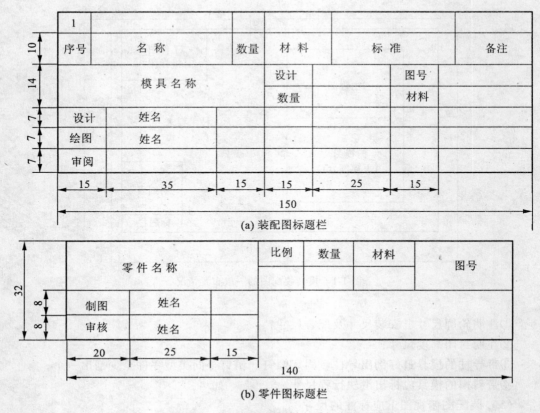

图 1-2　装配图的标题栏和明细表格式

（2）尺寸标注要齐全、合理、符合国家标准。设计基准选择应尽可能考虑制造的要求。

（3）制造公差、形位公差、表面粗糙度选用要适当，既要满足模具加工质量要求，又要考虑尽量降低制模成本。

（4）注明所用材料牌号、热处理要求以及其他技术要求。

模具总装图中的非标准零件，均需分别画出零件图，一般的工作顺序也是先画工作零件图，再依次画其他各部分的零件图。有些标准零件需要补充加工（例如上、下标准模座上的螺孔、销孔等）时，也需画出零件图，但在此情况下，通常仅画出加工部位，而非加工部位的形状和尺寸则可省去不画，只需在图中注明标准件代号与规格即可。

10. 编写设计计算说明书

设计计算说明书是整个设计计算过程的整理和总结，也是图样设计的理论依据，同时还是审核设计能否满足生产和使用要求的技术文件之一。因此，设计计算说明书应能反映所设计的模具是否可靠和经济合理。

设计者除了用工艺文件和图样表达自己的设计结果外，还必须编写设计说明书，用以阐明自己的设计观点、方案的优势、依据和过程。设计计算说明书应以计算内容为主，要求写明整个设计的主要计算及简要的说明。

在设计计算说明书中，还应附有与计算相关的必要简图，如压力中心的计算应绘制零件的排样图；确定工艺方案时，需画出多种工艺方案的结构图，以便进行分析比较。

设计计算说明书应在全部计算及全部图样完成之后整理编写，主要内容有冲压件的工艺性分析，毛坯的展开尺寸计算，排样方式及经济性分析，工艺过程的确定，半成品过渡形状的尺寸计算，工艺方案的技术和经济分析比较，模具结构形式的合理性分析，模具主要零件结构形式、材料选择、公差配合和技术要求的说明，凸、凹模工作部分尺寸与公差的计算，冲压力的计算，模具主要零件的强度计算、压力中心的确定，弹性元件的选用与校核等。具体内容包括：（1）封面、（2）目录、（3）设计任务书及产品图、（4）序言、（5）制件的工艺性分析、（6）冲压工艺方案的制定、（7）模具结构形式的论证及确定、（8）排样图设计及材料利用率计算、（9）模具工作零件刃口尺寸及公差的计算、（10）工序压力计算及压力中心确定、（11）冲压设备的选择及校核、（12）模具零件的选用、设计及必要的计算、（13）其他需要说明的问题和发展方向等、（14）致谢、（15）主要参考文献书目录。

说明书中所选参数及所用公式应注明出处，各符号所代表的意义及单位；后面应附有主要参考文献目录，包括书刊名称、作者、出版社、出版年份。在说明书中引用所列参考资料时，只需在方括号里注明其序号及页数。计算说明书页数为 25 ~ 35 页为宜。

11. 设计总结及答辩

设计总结按各设计单位的具体要求进行，冲模课程设计和毕业设计具体要求按照院系要求进行。

1.2 通用冲压设备的选择

1.2.1 冲压设备的分类及型号

在冲压生产中，为了适应不同的冲压工作情况，采用不同类型的冲压设备。这些冲压设备都具有其特有的结构形式及作用特点。根据冲压设备驱动方式和工艺用途的不同，可对冲压设备作如下分类。

1. 按冲压设备的驱动方式分类

（1）机械压力机

它是利用各种机械传动来传递运动和压力的一类冲压设备，包括曲柄压力机、摩擦压力机等。机械压力机在生产中最为常用，极大部分冲压设备都是机械压力机。机械压力机中又以曲柄压力机应用最多。

（2）液压机

它是利用液压（油压或水压）传动来产生运动和压力的一种压力机械。液压机容易获得较大的压力和工作行程，且压力和速度可在较大范围内进行无级调节，但能量损失较大，生产效率较低。液压机主要用来进行拉深、厚板弯曲、压印、校形等工艺。

2．按冲压设备的工艺用途分类

（1）板料冲压压力机

①通用曲柄压力机：用来进行冲裁、弯曲、成形和浅拉深等工艺。

②拉深压力机：用来进行拉深工艺。

③板冲高速自动机：适用于连续级进送料的自动冲压工艺。

④板冲多工位自动机：适用于连续传送工件的自动冲压工艺。

⑤精密冲裁压力机：用于精密冲裁等工艺。

⑥数控压力机：适用于自动冲压、换模、换料等冲压工作。

⑦摩擦压力机：适应于弯曲、成形和拉深等工艺。

⑧旋压机：用于旋压工艺。

⑨板料成形液压机：用来进行深拉深、厚板弯曲、压印、校形等工艺。

（2）体积模压压力机

①冷挤压机：用来进行冷挤压工艺。

②精压机：用来进行平面精压、体积精压和表面压印等工艺。

（3）剪切机（剪床）

①板料剪切机：用于裁剪板料。

②棒料剪切机：用于裁剪棒料。

冲模设计涉及的冲压设备主要有通用曲柄压力机、液压机、拉深压力机、精冲压力机及冷挤压机等。为了便于学习，本项目只介绍通用的曲柄压力机及液压机类型和型号代号等。

1.2.2 冲压设备的型号表示方法

1．机械压力机

机械压力机属于锻压机械类。锻压机械的基本型号是由一个汉语拼音字母和几个阿拉伯数字组成。字母代表锻压机械的大类，称为类别，见表1-1。同一类锻压机械中分为若干列，称为列别，由第一位数字（自左向右）代表；同一列中又分为若干组，由第二位数字代表，见表1-2。在第二位数字之后的数字代表锻压机械的主要规格，一般为标称压力，单位为 tf，转化为法定单位制 kN 时，应把此数字乘以10。第二位数字与规格部分的数字之间以一短横线"—"隔开。

表1-1　　　　　　　　　　　　　锻压机械类别代号

类别	机械压力机	液压机	自动锻压机	锤	锻机	剪切机	弯曲校正机	其他
字母代号	J	Y	Z	C	D	Q	W	T

表 1-2　　　　　　　　　　　机械压力机的列、组划分

列	0 其他		1 单柱偏心压力机		2 开式双柱曲轴压力机		3 闭式曲轴压力机		4 拉深压力机
组 0	0	0		0		0		0	
1	1	1	单柱固定台压力机	1	开式双柱固定台压力机	1	闭式单点压力机	1	闭式单动拉深压力机
2	2	2	单柱活动台压力机	2	开式双柱活动台压力机	2		2	
3	3	3	单柱柱形台压力机	3	开式双柱可倾压力机	3	闭式侧滑块压力机	3	开式双动拉深压力机
4	4	4	单柱台式压力机	4	开式双柱转台压力机	4		4	底传动双动拉深压力机
5	5	5		5	开式双柱双点压力机	5	闭式双点压力机	5	闭式双动拉深压力机
6	6	6		6		6		6	闭式双点双动拉深压力机
7	7	7		7		7		7	闭式四点双动拉深压力机
8	8	8		8		8		8	闭式三动拉深压力机
9	9	9		9		9	闭式四点压力机	9	

列	5 摩擦压力机		6 粉末制品压力机		7	8 模锻精压、挤压压力机		9 专用压力机	
组 0	0		0	单面冲压粉末制品压力机	0	0		0	
1	1	无盘摩擦压力机	1	双面冲压粉末制品压力机	1	1		1	分度台压力机
2	2	单盘摩擦压力机	2	轮转式粉末制品压力机	2	2		2	冲模回转头压力机
3	3	双盘摩擦压力机	3		3	3		3	
4	4	三盘摩擦压力机	4		4	4	精压机	4	
5	5	上移式摩擦压力机	5		5	5		5	
6	6		6		6	6	热模锻压力机	6	
7	7		7		7	7	曲轴式金属挤压机	7	
8	8		8		8	8	肘杆式金属挤压机	8	
9	9		9		9	9		9	

　　对类、列、组和主要规格完全相同，只是次要参数与基本型号不同的压力机，按变型处理，即在原型号的字母后（第一位数字前）加字母 A，B，C，…，依次表示第一，第二，第三，…种变型。

　　对型号已确定的锻压机械，如在结构和性能上有所改进时，按改进处理，即在原型号的末端加字母 A，B，C，…，依次表示第一，第二，第三，…次改进。

　　例如，JC23-63 A 型号的含义如下：

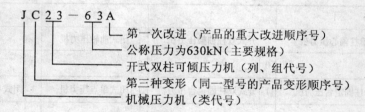

有些锻压设备紧接列组代号后面还有一个字母，代表设备的通用特性，例如 J21G-20 中的 "G" 代表 "高速"；J92K-250 中的 "K" 代表 "数控"。

2. 液压机

液压机在锻压机械标准中属于第二类，代号为 "Y"。液压机型号表示方法如下：

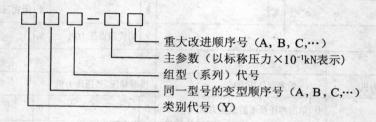

部分液压机的组型代号见表 1-3。如 YA32-315 表示标称压力为 3150kN，经过一次变形的四柱立式万能液压机。

表 1-3   部分液压机的组型代号

组型	名称	组型	名称	组型	名称
Y11	单臂式锻压液压机	Y26	精密冲裁液压机	Y32	四柱液压机
Y12	下拉式锻压液压机	Y27	单动薄板冲压液压机	Y33	四柱上移式液压机
Y13	正装式锻压液压机	Y28	双动薄板冲压液压机	Y41	单柱校正压装液压机
Y14	模锻液压机	Y29	橡胶囊冲压液压机	Y63	轻合金管材挤压液压机
Y23	单动厚板冲压液压机	Y30	单柱液压机	Y71	塑料制品液压机
Y24	双动厚板冲压液压机	Y31	双柱液压机	Y98	模具研配液压机

压力机的使用性能及本体结构尺寸有着密切关系。表 1-4 列出了几种国产通用液压机的主要技术参数，供设计选用时参考。

表 1-4　　　　　　　　　　　　几种国产通用液压机的主要技术参数

序号	项目		型号	
			Y32-300	YB32-300
1	标称压力（kN）		3000	3000
2	工作液最大压力（10^5Pa）		200	200
3	工作活塞最大回程压力（kN）		400	400
4	顶出活塞最大顶出力（kN）		300	300
5	顶出活塞最大回程压力（kN）		82	150
6	活动横梁距工作台面最大距离（mm）		1240	1240
7	工作活塞最大行程（mm）		800	800
8	顶出活塞最大行程（mm）		250	250
9	工作活塞行程速度	压制（mm·s^{-1}）	4.3	6.6
		回程（mm·s^{-1}）	33	52
10	顶出活塞行程速度	顶出（mm·s^{-1}）	48	65
		回程（mm·s^{-1}）	100	138
11	立柱中心距离（前后×左右）（mm）		900×1400	900×1400
12	工作台有效尺寸（前后×左右）（mm）		1210×1140	900×1400
13	工作台距地面高度（mm）		700	700
14	高压泵	工作压力（10^5Pa）	200	200
		流量（L·min^{-1}）	40	63
15	电动机	型号	JQ_2-64-4	JQ_2-72-6
		功率（kN）	17	22
16	外形尺寸（前后×左右×高）（mm）		1235×7580×5600	2000×3400×5600
17	主机重量（kN）		~150	
18	总重量（kN）		~156	~160

1.3　冲模毕业设计应注意事项

　　冲模毕业设计内容一般包括：冲压工艺性分析、冲压工艺方案的确定、模具结构形式的选择、必要的工艺计算、模具总体设计、模具装配图及非标准零件图的绘制及校核等。

　　根据零件图样及技术要求，结合生产实际情况，选择模具结构方案，进行初步分析、比较，确定最佳模具结构。

　　应尽量选用国家标准件、行业通用零件或者公司及工厂冲模通用零件。使冲模设计典型化及制造简单化，缩短模具设计与制造周期，降低模具成本。

1.3.1 冲模图校核

冲模图样设计完成后，装配图和零件图均要编号，最后必须进行校核。校核非常重要。实践证明，设计过程中因考虑不周而造成的差错在所难免，校核对于减小差错、提高质量大有好处。校核的内容很多，但基本内容如表 1-5 所示。

表 1-5   冲模图校核内容

项目		内容
图类	范围	
装配图	一般校核	1. 设计该模具的必要性是否充分 2. 模具的总体结构是否合理，能否冲出合格零件 3. 是否能用标准结构、标准件 4. 装配难易程度如何，装配的特殊要求是否在技术要求中写明 5. 能否更小些，安全性如何 6. 冲压力是否已进行计算，选用的压力机是否合适
	装配图	1. 是否用最少的视图把图形表达清楚了，图形是否正确 2. 件号有没有遗漏 3. 毛坯图、制件图及制作材料等有关说明全否 4. 冲压力、模具闭合高度、模具标记、相关工具等有关事项是否已写上
	模具构造	1. 模柄的长度和尺寸是否和所选的压力机相符 2. 要不要计算压力中心，模柄的中心是否通过压力中心 3. 核算模具闭合高度，确定导柱长度与模架选择是否合适 4. 定位装置、卸料装置选用是否合理 5. 送料机构是否平稳、可靠 6. 漏料是否通畅、是否会堵死 7. 细长小凸模有无采取保护装置 8. 修理刃磨是否方便
	排样	1. 材料利用率是否最高，是否废料太多，能否改变排样方式，能否通过改变制件的形状和尺寸提高材料的利用率 2. 排样是否合理，对于级进模有无冲裁的相邻两处太近或太远，要不要考虑凹模强度，在排样上留出空步，有无不必要的工步 3. 有无对冲裁件数及坯料质量的要求 4. 要不要考虑材料轧制纤维方向 5. 要不要考虑制件毛刺方向 6. 冲裁级进步距有无差错 7. 能否用带料进行自动冲裁 8. 决定排样时，是否考虑了防止冲半个制件的问题

项目		内容
图类	范围	
装配图	明细表	1. 件号、名称、规格、数量和页次等是否和装配图、零件图相符 2. 模架和标准件的代号是否写正确，螺钉和销钉直径和长度是否合适，有无写错 3. 需要做备件的在备注栏中是否注明
零件图	图面	1. 该画的零件图是否全面 2. 视图表达是否正确、齐全、有无需要放大表示的 3. 尺寸标注的基准面、基准线、基准孔是否合理，是否因有假想的中心线面不能测量的地方，是否适合于实际作业和检测
	尺寸	1. 检查相关零件的相关尺寸，如组件、部件、整体凹模、卸料板、固定板的位置相关尺寸及配合尺寸 2. 有无遗漏尺寸 3. 是否标注了外轮廓尺寸 4. 凸、凹模等工作部分尺寸是否合适，凸凹模强度是否足够
	公差	1. 无标注公差的部分用"未注"公差有无不满足需要的地方，或有无比"未注"公差要求更高的地方 2. 标注的公差是否过严 3. 局部公差和积累公差间是否有矛盾 4. 是否检查了配合部分相关件的配合公差 5. 配合是否适当 6. 形位公差标注是否合适 7. 表面粗糙度标注是否适当
	材料	1. 选材是否经济合理，是否脱离现实面要求过高 2. 材料是否容易得到 3. 是否能充分利用边角料 4. 强度、硬度、耐磨性如何
	热处理	1. 是否注明必要的热处理要求（如硬度范围、加工变形情况） 2. 零件形状是否适于热处理，尖角地方是否有适当的圆角代替，是否有厚度不匀的地方 3. 是否需要电镀、涂装、发蓝等表面处理
	加工方法	1. 各种零件是否便于加工，能否达到图样要求，是否从更经济和更合适的加工方法来考虑模具零件的形状和结构 2. 从设备的加工能力、加工方法分析，能否采用标准工具 3. 是否充分考虑采用型材

1.3.2 冲模设计其他注意的问题

①毕业（课程）设计前必须预先准备好设计资料、手册、图册、绘图仪器、计算器、图板、图纸、报告纸或采用计算机绘图的相关设备和软件。

②应对模具设计与制造的原始资料进行详细分析，明确课程设计要求与任务后再进行工作。原始资料包括：冲压零件图、生产批量、原材料牌号与规格、现有冲压设备的型号与规格、模具零件加工条件等。

③定位销的用法：冲模中的定位销常选用圆柱销，其直径与螺钉直径相近，不能太细，每个模具上要成对使用销钉，其长度勿太长，其进入模体长度是直径的2~2.5倍。

④螺钉用法：固定螺钉拧入模体的深度勿太深。如拧入铸铁件，深度是螺钉直径的2~2.5倍，如果是钢件拧入深度一般是螺钉直径的1.5~2倍。

⑤打标记：铸件模板要设计有加工、定位及打印编号的凸台。

⑥取放制件方便：设计拉深模时，所选设备的行程应是拉深深度（即拉深件高度）的2~2.5倍。

1.3.3 冲模毕业设计总结和答辩注意事项

总结与答辩是冲压模具课程设计的最后环节，是对整个设计过程的系统总结和评价。学生在完成全部图样及编写设计计算说明书之后，应全面分析此次设计中存在的优缺点，找出设计中应该注意的问题，掌握通用模具设计的一般方法和步骤。通过总结，提高分析与解决实际工程设计的能力。

设计答辩工作，应对每个学生单独进行，在进行的前一天，由教师拟定并公布答辩顺序。答辩小组的成员，应以设计指导教师为主，聘请与专业课有关的各门专业课教师，必要时可聘请1~2名工程技术人员组成。

答辩中所提问题，一般以设计方法、方案及设计计算说明书和设计图样中所涉及的内容为限，可就计算过程、结构设计、查取数据、视图表达尺寸与公差配合、材料及热处理等方面广泛提出质疑让学生回答，也可要求学生当场查取数据等。

通过学生系统地回顾总结和教师的质疑、答辩，使学生能更进一步发现自己设计过程中存在的问题，搞清尚未弄懂的、不甚理解或未曾考虑到的问题。从而取得更大的收获，圆满地达到整个毕业设计（课程设计）的目的及要求。

1.3.4 考核方式及成绩评定

毕业设计（课程设计）成绩的评定，应以设计计算说明书、设计图样和在答辩中回答的情况为根据，并参考学生设计过程中的表现进行评定。冲压模具设计与制造毕业设计（课程设计）成绩的评定包括冲压工艺与模具设计、模具制造、计算说明书等，具体所占分值可参考表1-6。

根据表1-6所列的评分标准，冲压模具设计及制造实训的成绩分为以下5个等级：

1. 优秀

①冲压工艺与模具结构设计合理，内容正确，有独立见解或创造性；

②设计中能正确运用专业基础知识，设计计算方法正确，计算结果准确；

③全面完成规定的设计任务，图纸齐全，内容正确，图面整洁，且符合国家制图标准；

④编制的模具零件的加工工艺规程符合生产实际，工艺性好；

⑤计算说明书内容完整，书写工整清晰，条理清楚；

⑥在讲评中回答问题全面正确、深入；

⑦设计中有个别缺点，但不影响整体设计质量；

⑧所加工的模具完全符合图纸要求，试模成功，能加工出合格的零件。

2. 良好

①冲压工艺与模具结构设计合理，内容正确，有一定见解；

②设计中能正确运用本专业的基础知识，设计计算方法正确；

③能完成规定的全部设计任务，图纸齐全，内容正确，图面整洁，符合国家制图标准；

④编制的模具零件的加工工艺规程符合生产实际；

⑤计算说明书内容较完整、正确，书写整洁；

⑥讲评中思路清晰，能正确回答教师提出的大部分问题；

⑦设计中有个别非原则性的缺点和小错误，但基本不影响设计的正确性。

⑧所加工的模具符合图纸要求，试模成功，能加工出合格的零件。

表 1-6   **课程设计评分标准**

项目		分值	指标
冲压工艺与模具设计	冲压工艺编制	10%	工艺是否可行
	零件图	20%	结构正确、图样绘制与技术要求符合国家标准、图面质量、数量
	装配图	10%	结构正确、图样绘制与技术要求符合国家标准、图面质量
模具制造	零件加工	20%	符合图纸要求，保证质量
	模具装调	20%	装配成功，能够冲压出合格的制件
实训报告	说明书撰写质量	20%	条理清楚、文理通顺、语句符合技术规范、字迹工整、图表清楚

3. 中等

①冲压工艺与模具结构设计基本合理，分析问题基本正确，无原则性错误；

②设计中基本能运用本专业的基础知识进行模拟设计；

③能完成规定的设计任务，附有主要图纸，内容基本正确，图面清楚，符合国家制图标准；

④编制的模具零件的加工工艺规程基本符合生产实际；

⑤计算说明书中能进行基本分析，计算基本正确；

⑥讲评中回答主要问题基本正确；

⑦设计中有个别小原则性错误。

⑧所加工的模具基本符合图纸要求，经调整试模成功，能加工出合格的零件。

4. 及格

①冲压工艺与模具结构设计基本合理，分析问题能力较差，但无原则性错误；

②设计中基本上能运用本专业的基础知识进行设计，考虑问题不够全面；

③基本上能完成规定的设计任务，附有主要图纸，内容基本正确，基本符合标准；

④编制的模具零件的加工工艺规程基本可行，但工艺性不好；

⑤计算说明书的内容基本正确完整，书写工整；

⑥讲评中能回答教师提出的部分问题；

⑦设计中有一些原则性小错误。

⑧所加工的模具经过修改才能够加工出零件。

5. 不及格

①设计中不能运用所学知识解决工程问题，在整个设计中独立工作能力较差；

②冲压工艺与模具结构设计不合理，有严重的原则性错误；

③设计内容没有达到规定的基本要求，图纸不齐全或不符合标准；

④没有在规定的时间内完成设计；

⑤计算说明书文理不通，书写潦草，质量较差；

⑥讲评中自述不清楚，回答问题时错误较多。

⑦所加工的模具不符合图纸的要求，不能够使用。

项目 **2** 冲裁模设计指导

2.1 冲裁件工艺分析

冲裁件的工艺性是指冲裁件对冲裁工艺的适应性。对冲裁件工艺性影响最大的是制件的结构形状、精度要求、形位公差及技术要求等。冲裁件合理的工艺性应能满足材料较省、工序较少、模具加工较易、寿命较长、操作方便及产品质量稳定等要求。冲裁件的工艺性应考虑以下几点:

①冲裁件的形状应尽可能简单、对称,避免形状复杂的曲线。

②冲裁件各直线或曲线的连接处应尽可能避免锐角,严禁尖角,一般应有 $R > 0.5t$(t 为料厚)以上的圆角。具体冲裁件的最小圆角半径允许值见表 2-1,如果是少废料、无废料排样冲裁,或者采用镶拼模具时可不要求冲裁件有圆角。

③冲裁件的孔与孔之间、孔与边缘之间的距离 a 不能过小(图 2-1),一般当孔边缘与制件外形边缘不平行,$a \geqslant t$;平行时,$a \geqslant 1.5t$。

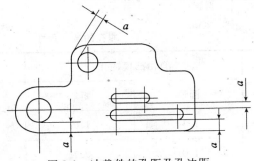

图 2-1 冲裁件的孔距及孔边距

④冲孔尺寸也不宜太小,否则凸模强度不够。常见材料冲孔最小尺寸见表 2-2。

⑤冲裁件凸出悬臂和凹槽宽度 b 不宜过小(图 2-2),一般硬钢为 $(1.5 \sim 2.0)\,t$,黄铜、软钢为 $(1.0 \sim 1.2)\,t$,纯铜、铝为 $(0.8 \sim 0.9)\,t$。

⑥在弯曲件或拉深件上冲孔时，孔边与制件直边之间的距离 L 不能小于制件圆角半径 r 与一半料厚 t 之和。即 $L \geqslant r+0.5t$。

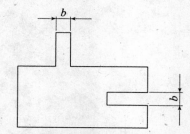

图 2-2　冲裁件的悬臂和凹槽部分尺寸

⑦用条料少废料冲裁两端带圆弧的制件时，其圆弧半径 R 应大于条料宽度 B 的一半，即 $R \geqslant 0.5B$。

⑧冲裁件的经济精度不高于 IT11，一般要求落料件精度最好低于 IT10，冲孔件精度最好低于 IT9。冲裁件的尺寸公差、孔中心距的公差见表 2-3 和表 2-4。

表 2-1　　　　　　　　　　　冲裁件最小圆角半径

工序	连接角度	黄铜、纯铜、铝	软钢	合金钢
落料	$\geqslant 90$	$0.18t$	$0.25t$	$0.35t$
	<90	$0.35t$	$0.50t$	$0.70t$
冲孔	$\geqslant 90$	$0.20t$	$0.30t$	$0.45t$
	<90	$0.40t$	$0.60t$	$0.90t$

注：t 为材料厚度，当 $t<1mm$ 时，均以 $t=1mm$ 计算。

表 2-2　　　　　　　　　　　冲孔的最小尺寸

材料	自由凸模冲孔		精密导向凸模冲孔	
	圆形	矩形	圆形	矩形
硬钢	$1.3t$	$1.0t$	$0.5t$	$0.4t$
软钢及黄铜	$1.0t$	$0.7t$	$0.35t$	$0.3t$
铝	$0.8t$	$0.5t$	$0.3t$	$0.28t$
酚醛层压布（纸）板	$0.4t$	$0.35t$	$0.3t$	$0.25t$

注：t 为材料厚度（mm）。

表 2-3　　　　　　　　　　　冲裁件内形与外形尺寸公差　　　　　　　　　（mm）

材料厚度	普通冲裁模				高级冲裁模			
	零件尺寸							
	<10	10 ~ 50	50 ~ 150	150 ~ 300	<10	10 ~ 50	50 ~ 150	150 ~ 300
0.2 ~ 0.5	$\frac{0.08}{0.05}$	$\frac{0.10}{0.08}$	$\frac{0.14}{0.12}$	0.20	$\frac{0.025}{0.02}$	$\frac{0.03}{0.04}$	$\frac{0.05}{0.08}$	0.08
0.5 ~ 1	$\frac{0.12}{0.05}$	$\frac{0.16}{0.08}$	$\frac{0.22}{0.12}$	0.30	$\frac{0.03}{0.02}$	$\frac{0.04}{0.04}$	$\frac{0.06}{0.08}$	0.10
1 ~ 2	$\frac{0.18}{0.06}$	$\frac{0.22}{0.10}$	$\frac{0.30}{0.16}$	0.50	$\frac{0.04}{0.03}$	$\frac{0.06}{0.06}$	$\frac{0.08}{0.10}$	0.12
2 ~ 4	$\frac{0.24}{0.08}$	$\frac{0.28}{0.12}$	$\frac{0.40}{0.20}$	0.70	$\frac{0.06}{0.04}$	$\frac{0.08}{0.08}$	$\frac{0.10}{0.12}$	0.15
4 ~ 6	$\frac{0.30}{0.10}$	$\frac{0.35}{0.15}$	$\frac{0.50}{0.25}$	1.00	$\frac{0.10}{0.06}$	$\frac{0.12}{0.06}$	$\frac{0.15}{0.15}$	0.20

注：1. 表中分子为外形的公差值，分母为内孔的公差值。

　　2. 普通冲裁模系指模具工作部分、导向部分零件按 IT7 ~ IT8 级制造，高级冲裁模按 IT5 ~ IT6 级精度制造。

表 2-4　　　　　　　　　　　冲裁件孔中心距公差　　　　　　　　　　（mm）

材料厚度	普通冲裁模			高级冲裁模		
	孔中心距基本尺寸/mm					
	<50	50 ~ 150	150 ~ 300	<50	50 ~ 150	150 ~ 300
≤1	±0.10	±0.15	±0.20	±0.03	±0.05	±0.08
1 ~ 2	±0.12	±0.20	±0.30	±0.04	±0.06	±0.10
2 ~ 4	±0.15	±0.25	±0.35	±0.06	±0.08	±0.12
4 ~ 6	±0.20	±0.30	±0.40	±0.08	±0.10	±0.15

2.2　确定工艺方案

　　确定工艺方案首先要确定的是冲裁的工序数，冲裁工序的组合以及冲裁工序顺序的安排。冲裁工序数一般易确定，关键是确定冲裁工序的组合与冲裁工序顺序。

冲裁工序的组合方式可分为单工序冲裁、复合冲裁和级进冲裁。对应的模具是单工序模、复合模、级进模（也叫连续模或跳步模）。

单工序模、复合模和级进模的比较见表2-5。

表 2-5　　　　　　　　　　　单工序模、复合模和级进模的比较

比较项目 \ 模具种类	单工序模		级进模	复合模
	无导向	有导向		
零件公差等级	低	一般	可达 IT13~IT10 级	可达 IT10~IT8 级
零件特点	尺寸不受限制厚度不限	中小型尺寸厚度较厚	小型件，$t = 0.2 \sim 6mm$ 可加工复杂零件，如宽度极小的异形件、特殊形状零件	形状与尺寸受模具结构与强度的限制，尺寸可以较大，厚度可达3mm
零件平面度	差	一般	中、小型件不平直，高质量工件需校平	由于压料冲裁的同时得到了校平，冲件平直且有较好的剪切断面
生产效率	低	较低	工序间自动送料，可以自动排除冲件，生产效率高	冲件被顶到模具工作面上必须用手工或机械排除，生产效率稍低
使用高速自动冲床的可能性	不能使用	可以使用	可以在行程次数为每分钟400次或更多的高速压力机上工作	操作时出件困难，可能损坏弹簧缓冲机构，不作推荐
安全性	不安全，需采取安全措施		比较安全	不安全，需采取安全措施
多排冲压法的应用			广泛用于尺寸较小的冲件	很少采用
模具制造工作量和成本	低	比无导向的稍高	冲裁较简单的零件时，比复合模低	冲裁复杂零件时，比级进模低

2.2.1　单工序模

1. 冲裁工序的组合

冲裁工序的组合方式按下列因素确定：

（1）按生产批量

一般小批量和试制生产采用单工序模，中、大批量生产采用复合模或级进模。

（2）按冲裁件尺寸和精度等级

复合冲裁得到的冲裁件尺寸精度等级高，而且是先压料后冲裁，冲裁件较平整。级进冲裁比复合冲裁精度等级低。

（3）按冲裁件尺寸形状的适应性

冲裁件的尺寸较小，单工序送料不方便、生产效率低，常采用复合冲裁或级进冲裁。尺寸中等的冲裁件，因制造多副单工序模具的费用比复合模要贵，则采用复合冲裁；当冲裁件上的孔与孔或孔与边缘间的距离过小时，不宜采用复合冲裁或单工序冲裁，宜采用级进冲裁，参见表2-5。

（4）按模具制造安装调整的难易和成本的高低

复杂形状的冲裁件采用复合冲裁比采用级进冲裁较为适宜，因模具制造安装调整比较容易，且成本较低。

（5）按操作是否方便与安全

复合冲裁出件或清除废料较困难，工作安全性较差，级进冲裁较安全。

2．冲裁顺序的安排

冲裁顺序的安排一般可按下列原则进行：

①各工序的先后顺序应保证每道工序的变形区为相对弱区，同时非变形区应为相对强区而不参与变形。当冲压过程中坯料上的强区与弱区对比不明显时，对零件有公差要求的部位应在成形后冲出。

②采用侧刃定距时，定距侧刃切边工序安排与首次冲孔同时进行以便控制送料进距。采用两个定距侧刃时，可安排成一前一后，也可并列安排。

③前工序成形后得到的符合零件图样要求的部分，在以后各道工序中不得再发生变形。

④工件上所有的孔，只要其形状和尺寸不受后续工序的影响，都应在平面坯料上先冲出。先冲出的孔可以作为后续工序的定位用，而且可使模具结构简单，生产效率高。

⑤对于带孔的或有缺口的冲裁件，如果选用单工序模冲裁，一般先落料、再冲孔或切口；使用级进模冲裁时，则应先冲孔或切口，后落料。

⑥对于带孔的弯曲件，孔与弯曲变形区的间距较大时，可以先冲孔，后弯曲。如果孔在弯曲变形区附近或以内，必须在弯曲后再冲孔。孔间距受弯曲回弹影响时，也应先弯曲后冲孔。

⑦对于带孔的拉深件，一般来说，都是先拉深，后冲孔，但当孔的位置在零件的底部，且孔径尺寸相对筒体直径较小并要求不高时，也可先在坯料上冲孔，再拉深。

⑧工件需整形或校平等工序时，均应安排在工件基本成形以后进行。

单工序模是只完成一种工序的冲裁模。如落料、冲孔、切边、剖切等。单工序模可同时有多个凸模，但其完成的工序类型相同。设计单工序冲裁模需考虑下列问题：

- 模具结构与模具材料是否与冲裁件批量相适应。
- 模架或模具零件尽量选用标准件。

- 模架的平面尺寸应与模块平面尺寸和压力机台面（或垫板开孔大小）相适应。
- 落料模的送料方向（横送、直送）要与选用的压力机适应。
- 模具上安装闭合高度限位块，便于校模和存放，模具工作时限位块不应受压。
- 对称工件的冲模架应保证上、下模的正确装配，如采用直径不同的导柱。
- 弯曲件的落料模，排样时应考虑材料辗纹方向。
- 刃口尖角处宜用拼块，这样既便于加工，也可防止应力集中导致开裂。
- 单面冲裁的模具，应在结构上采取措施使凸模和凹模的侧向力相互平衡，不宜让模架的导柱导套受侧向力。
- 拼块不能依靠定位销承受侧向力，要用偰键或将拼块嵌入模座沉孔内。
- 卸料螺钉装配时，必须确保卸料板与有关模板保持平行。
- 安装于模具内的弹簧，在结构上应能保证弹簧断裂时不致弹出伤人。
- 两侧无塔边的无废料、少废料冲裁工艺，只能推料进给而不能拉料进给，有较长一段料尾不能利用，如条料长度有限，则须仔细核算。
- 冲孔模应考虑放入和取出冲件方便安全。
- 多凸模冲孔，邻近大凸模的细小凸模，应比大凸模在长度上短一个冲压件料厚。若做成相同长度则容易折断。

2.2.2 复合模

1. 复合模的特点

①冲件精度较高，不受送料误差影响，内外形相对位置一致性好。
②冲件表面较为平整。
③适宜冲薄料，也适宜冲脆性或软质材料。
④可充分利用短料和边角余料。
⑤冲模面积较小。

2. 复合模的设计要点

①复合模中必定有一个（或几个）凸凹模，凸凹模是复合模的核心零件。冲件精度比单工序模冲出的精度高，一般冲裁件精度可达到 IT10～IT11。
②复合模冲出的制件均由模具型口中推出，制件比较平整。
③复合模的冲件比较复杂，各种机构都围绕模具工作部位设置，所以其闭合高度往往偏高，在设计时尤其要注意。
④复合模的成本偏高，制造周期长，一般适合生产较大批量的冲压件。
⑤设计复合模时要确保凸凹模的自身强度，尤其要注意凸凹模的最小壁厚。
为了增加凸凹模的强度和减少孔内废料的胀力，可以采用对凸凹模有效刃口以下增加壁厚和将废料反向顶出的办法，如图 2-3 所示。
⑥复合模的推件装置形式多种，在设计时应注意打板及推块活动量要足够，而且两者的活动量应当一致，模具在开启状态推块应露出凹模 0.2～0.5mm。

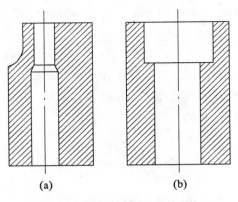

(a)　　　　　　(b)

图 2-3　增加凸凹模强度的方法

　　⑦复合模中适用的模柄有多种形式，压入式、旋入式、凸缘式、浮动式等均可选用，应保证模柄装入模座后配合良好，有足够稳定性，不能因为设置退料机构而降低模柄强度。或过大增大模具闭合高度。

3. 复合模正装和倒装的比较

　　常见的复合模结构有正装和倒装两种。复合模正装和倒装的优缺点比较见表 2-6。

表 2-6　　　　　　　　　　　　　　复合模正装和倒装比较

序号	正装	倒装
1	凸凹模安装在上模	凸凹模安装在下模
2	除料、除件装置三套，顶件装置顶出冲件，冲孔废料由推件装置的打杆打出，操作不方便，不安全	除料、除件装置两套，推件装置推出冲件，冲孔废料直接由凸凹模的孔漏下，操作方便，能装自动拨料装置，既能提高生产率又能保证安全生产
3	凸凹模孔内不积存废料，孔内废料的胀力小，有利于减少凸凹模最小壁厚	废料在凸凹模孔内积聚，凸凹模要求有较大的壁厚以增加强度
4	先压紧后冲裁，对于材质软、薄冲件能达到平整要求	板料不是处在被压紧的状态下冲裁，不能达到平整要求
5	可冲工件的孔边距离较小	不宜冲制孔边距离较小的冲裁件
6	安装凹模的面积较大，有利于复杂冲件用拼块结构	如凸凹模较大，可直接将凸凹模固定在底座上省去固定板
7	结构复杂	结构相对简单

2.2.3 级进模

1. 级进模的特点

级进模是在压力机一次行程中完成多个工序的模具，它具有操作安全的显著特点，模具强度较高，寿命较长。使用级进模便于冲压生产自动化，可以采用高速压力机生产。级进模较难保证内、外形相对位置的一致性。

2. 级进模设计要点

（1）排样设计

排样设计是级进模设计的关键之一，排样图的优化与否，不仅关系到材料的利用率、工件的精度、模具制造的难易程度和使用寿命等，而且关系到模具各工位的协调与稳定。

（2）定距结构设计

级进模任何相邻两工位的距离必须相等，步距的精度直接影响冲件的尺寸精度。影响步距精度的因素主要有冲压件的精度等级、形状复杂程度、冲压件材质和厚度、工位数、冲制时条料的送进方式和定距形式等。

级进模的定距方式有挡料销定距、侧刃定距、导正销定距及自动送料机构定距四种类型。导正销（图2-4）是级进模中应用最为普遍的定距方式，但此方式需要与其他辅助定距方式配合使用。

挡料销多适用于产品制件精度要求低、尺寸较大、板料厚度较大（大于1.2mm）、批量小的手工送料的普通级进模。

侧刃定距（图2-5）是在条料的一侧或两侧冲切定距槽，定距槽的长度等于步距长度。其定距精度比挡料销定距高。

自动送料机构是专用的送料机构，配合压力机冲程运动，使条料作定时定量地送料。

（3）导料结构设计

为了使条料通畅、准确地送进，在级进模中必须使用导料系统。导料系统一般包括左右导料板、承料板、条料侧压机构等。导料系统直接影响模具冲压的效率与精度。选用导料系统应考虑冲压件的特点、排样图上各工位的安排、压力机的速度、送料形式、模具结构特点等因素，并结合卸料装置进行考虑。

导料板一般沿条料送进方向，安装在凹模型孔的两侧，对条料进行导向。

（4）卸料结构设计

卸料装置除起卸料作用外，对于不同冲压工序还有不同的作用，在冲裁工序中，可起到压料作用。在弯曲工序中，可起到局部成形作用。在拉深工序中同时起到压边圈作用。卸料装置对于凸模还可起到导向和保护作用。

卸料装置可分为固定卸料和弹性卸料两种，在级进模中使用弹性卸料装置时，一般要在卸料板与固定板之间安装小导柱、导套进行导向，在设计多工位级进模卸料装置时，应注意以下原则：

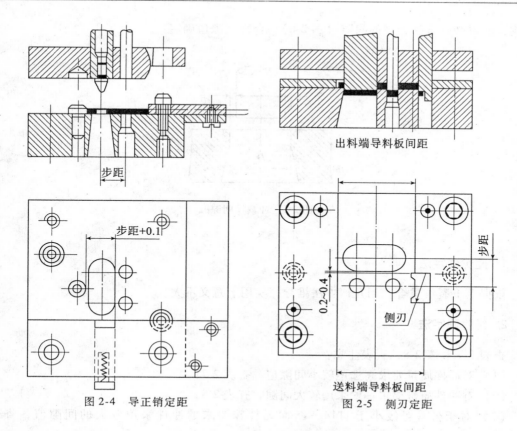

图 2-4　导正销定距　　　　　　图 2-5　侧刃定距

①在多工位级进模中，卸料板极少采用整体结构，而是采用镶拼结构。这有利于保证型孔精度、孔距精度、配合间隙、热处理等要求，它的镶拼原则基本上与凹模相同。在卸料板基体上加工一个通槽，各拼块对此通槽按基孔制配合加工，所以基准性好。

②卸料板各工作型孔同心，卸料板各型孔与对应凸模的配合间隙只有凸凹模冲裁间隙的 1/3 ~ 1/4。高速冲压时，卸料板与凸模间隙要求取较少值。

③卸料板各工作型孔应较光洁，其表面粗糙度 R_a 一般应取 $0.1 ~ 0.4 \mu m$。冲压速度越高，表面粗糙度值越小。

④多工位级进模卸料板应具有良好的耐磨性能。卸料板采用高强度钢或合金工具钢制造，淬火硬度为 56 ~ 58HRC。当以一般速度冲压时，卸料板可选用中碳钢或碳素工具钢制造，淬火硬度为 40 ~ 45HRC。

⑤卸料板应具有必要的强度和刚度。卸料板凸台高度为

$$h = 导料板厚度 - 板料厚度 + （0.3 ~ 0.5）mm$$

2.3　冲裁工艺设计计算

2.3.1　凸、凹模间隙值的确定

凸、凹模间隙对冲裁件断面质量、尺寸精度、模具寿命以及冲裁力、卸料力等有较大

影响，所以必须选择合理的间隙（图 2-6）。合理间隙值确定：

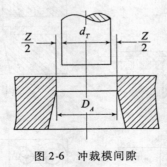

图 2-6　冲裁模间隙

1. 理论确定法

依据上下裂纹重合，用几何方法推导，实用上意义不大。

2. 经验确定法

查表 2-7 和表 2-8，查表注意：
（1）对冲件质量要求高选用较小间隙值，查表 2-7；
（2）对冲件质量要求一般采用较大间隙，查表 2-8；
（3）对于公差等级小于 IT14，断面无特殊要求的冲件采用较大的间隙值，查表 2-9。

2.3.2　凸、凹模刃口尺寸的确定

1. 确定凸、凹模刃口尺寸的原则

①设计落料模先确定凹模刃口尺寸。以凹模为基准，间隙取在凸模上，即冲裁间隙通过减小凸模刃口尺寸来取得。设计冲孔模先确定凸模刃口尺寸。以凸模为基准，间隙取在凹模上，冲裁间隙通过增大凹模刃口尺寸来取得。

②考虑刃口的磨损对冲件尺寸的影响：刃口磨损后尺寸变大，其刃口的基本尺寸应接近或等于冲件的最小极限尺寸；刃口磨损后尺寸减小，应取接近或等于冲件的最大极限尺寸。

③不管落料还是冲孔，冲裁间隙一般选用最小合理间隙值（Z_{min}）。

④考虑冲件精度与模具精度间的关系，在选择模具制造公差时，既要保证冲件的精度要求，又要保证有合理的间隙值。一般冲模精度较冲件精度高 2 ~ 3 级。

⑤工件尺寸公差与冲模刃口尺寸的制造偏差原则上都应按"入体"原则标注为单向公差，所谓"入体"原则是指标注工件尺寸公差时应向材料实体方向单向标注。但对磨损后无变化的尺寸，一般标注双向偏差。

表 2-7   冲裁模初始双边间隙 z（小间隙）   （mm）

材料厚度	软铝		纯铜、黄铜、软钢 （$w_c = 0.08\% \sim 0.2\%$）		杜拉铝、中等硬钢 （$w_c = 0.3\% \sim 0.4\%$）		硬钢 （$w_c = 0.5\% \sim 0.6\%$）	
	z_{min}	z_{max}	z_{min}	z_{max}	z_{min}	z_{max}	z_{min}	z_{max}
0.2	0.008	0.012	0.010	0.014	0.012	0.016	0.014	0.018
0.3	0.012	0.018	0.015	0.021	0.018	0.024	0.021	0.027
0.4	0.016	0.024	0.020	0.028	0.024	0.032	0.028	0.036
0.5	0.020	0.030	0.025	0.035	0.030	0.040	0.035	0.045
0.6	0.024	0.036	0.030	0.042	0.036	0.048	0.042	0.054
0.7	0.028	0.042	0.035	0.049	0.042	0.056	0.049	0.063
0.8	0.032	0.048	0.040	0.056	0.048	0.064	0.056	0.072
0.9	0.036	0.054	0.045	0.063	0.054	0.072	0.063	0.081
1.0	0.040	0.060	0.050	0.070	0.060	0.080	0.070	0.090
1.2	0.050	0.084	0.072	0.096	0.084	0.108	0.096	0.120
1.5	0.075	0.105	0.090	0.120	0.105	0.135	0.120	0.150
1.8	0.090	0.126	0.108	0.144	0.126	0.162	0.144	0.180
2.0	0.100	0.140	0.120	0.160	0.140	0.180	0.160	0.200
2.2	0.132	0.176	0.154	0.198	0.176	0.220	0.198	0.242
2.5	0.150	0.200	0.175	0.225	0.200	0.250	0.225	0.275
2.8	0.168	0.224	0.196	0.252	0.224	0.280	0.252	0.308
3.0	0.180	0.240	0.210	0.270	0.240	0.300	0.270	0.330
3.5	0.245	0.315	0.280	0.350	0.315	0.385	0.350	0.420
4.0	0.280	0.360	0.320	0.400	0.360	0.440	0.400	0.480
4.5	0.315	0.405	0.360	0.450	0.405	0.490	0.450	0.540
5.0	0.350	0.450	0.400	0.500	0.450	0.550	0.500	0.600
6.0	0.480	0.600	0.540	0.660	0.600	0.720	0.660	0.780
7.0	0.560	0.700	0.630	0.770	0.700	0.840	0.770	0.910
8.0	0.720	0.880	0.800	0.960	0.880	1.040	0.960	1.120
9.0	0.870	0.990	0.900	1.080	0.990	1.170	1.080	1.260
10.0	0.900	1.100	1.000	1.200	1.100	1.300	1.200	1.400

表 2-8　　　　　　　　　　　　　冲裁模初始双边间隙 z（大间隙）　　　　　　　　　　（mm）

材料厚度	08、10、35、09Mn、Q235		16Mn		40、50		65Mn	
	z_{min}	z_{max}	z_{min}	z_{max}	z_{min}	z_{max}	z_{min}	z_{max}
小于 0.5	极小间隙（或无间隙）							
0.5	0.040	0.060	0.040	0.060	0.040	0.060	0.040	0.060
0.6	0.048	0.072	0.048	0.072	0.048	0.072	0.048	0.072
0.7	0.064	0.092	0.064	0.092	0.064	0.092	0.064	0.092
0.8	0.072	0.104	0.072	0.104	0.072	0.104	0.064	0.092
0.9	0.090	0.126	0.090	0.126	0.090	0.126	0.090	0.126
1.0	0.100	0.140	0.100	0.140	0.100	0.140	0.090	0.126
1.2	0.126	0.180	0.132	0.180	0.132	0.180		
1.5	0.132	0.240	0.170	0.240	0.170	0.230		
1.75	0.220	0.320	0.220	0.320	0.220	0.320		
2.0	0.246	0.360	0.260	0.380	0.260	0.380		
2.1	0.260	0.380	0.280	0.400	0.280	0.400		
2.5	0.360	0.500	0.380	0.540	0.380	0.540		
2.75	0.400	0.560	0.420	0.600	0.420	0.600		
3.0	0.460	0.640	0.480	0.660	0.480	0.660		
3.5	0.540	0.740	0.580	0.780	0.580	0.780		
4.0	0.640	0.880	0.680	0.920	0.680	0.920		
4.5	0.720	1.000	0.680	0.960	0.780	1.040		
5.5	0.940	1.280	0.780	1.100	0.980	1.320		
6.0	1.080	1.440	0.840	1.200	1.140	1.150		
6.5			0.940	1.300				
8.0			1.200	1.680				

注：冲裁皮革、石棉和纸板时，间隙取 08 钢的 25%。

表 2-9　　　　冲件精度低于 IT14 级时推荐用的冲裁大间隙（双面间隙 Z）

间隙 Z 材料 料厚 t/（mm）	软料 08、10、20、Q235	中硬料 45、LY12 1Cr18NiTi、4Cr13	硬料 T8A、T10A、65Mn
0.2~1	(0.12~0.18) t	(0.15~0.20) t	(0.18~0.24) t
>1~3	(0.15~0.20) t	(0.18~0.24) t	(0.22~0.28) t
>3~6	(0.18~0.24) t	(0.20~0.26) t	(0.24~0.30) t
>6~10	(0.20~0.26) t	(0.24~0.30) t	(0.26~0.32) t

2. 凸、凹模分别加工时的工作部分尺寸

计算公式如下：（落料件的尺寸为 $D_{-\Delta}^{0}$，冲孔件尺寸为 $d_{0}^{+\Delta}$，冲制工件上孔距为 $L\pm\Delta/2$

的两孔）

落料：
$$D_A = (D_{\max} - x\Delta)_0^{-\delta_A} \tag{2-1}$$

$$D_T = (D_{\max} - x\Delta - Z_{\min})_{-\delta_T}^0 \tag{2-2}$$

冲孔：
$$d_T = (d_{\min} + x\Delta)_{-\delta_T}^0 \tag{2-3}$$

$$d_A = (d_{\min} + x\Delta + Z_{\min})_0^{+\delta_d} \tag{2-4}$$

孔心距：
$$L_d = (L_{\min} + 0.5\Delta) \pm 0.125\Delta = L \pm \frac{1}{8}\Delta \tag{2-5}$$

式中，D_T、D_A——落料凸、凹模的刃口尺寸（mm）；

　　　d_T、d_A——冲孔凸、凹模的刃口尺寸（mm）；

　　　$D_{\max}$——落料件的最大极限尺寸；

　　　$d_{\min}$——冲孔件孔的最小极限尺寸；

　　　x——磨损系数，其值在 0.5 ~ 1 之间，取值方法有两种：

①工件精度为 IT10 以上：$x = 1$；

工件精度在 IT11 ~ IT13 之间：$x = 0.75$；

工件精度为 IT14：$x = 0.5$。

②按表 2-10 选取。

Δ——制件的制造公差（mm）；

L、L_d——工件孔心距和凹模孔心距的公称尺寸；

δ_T、δ_A——分别为凸、凹模的制造公差，取值方法有下面四种：

①凸模按 IT6，凹模按 IT7 选取。

②查表 2-11。

③对于形状复杂的刃口，制造公差可取工件相应部位公差值 Δ 的 1/4；对于刃口尺寸磨损后无变化的，制造公差值可取工件相应部位公差值 Δ 的 1/8 并冠以（±）。

④取 $\delta_T \leqslant 0.4 (Z_{\max} - Z_{\min})$，$\delta_A \leqslant 0.6 (Z_{\max} - Z_{\min})$。

$Z_{\max}$、$Z_{\min}$——最大、最小合理间隙（mm）。

表 2-10　　　　　　　　　　　　　　　　　　系数 x

材料厚度 t （mm）	非圆形			圆形	
	1	0.75	0.5	0.75	0.5
	工件公差 Δ （mm）				
≤1	<0.16	0.17 ~ 0.35	≥0.36	<0.16	≥0.16
>1 ~ 2	<0.20	0.21 ~ 0.41	≥0.42	<0.20	≥0.20
>3 ~ 4	<0.24	0.25 ~ 0.49	≥0.50	<0.24	≥0.24
>4	<0.30	0.31 ~ 0.59	≥0.60	<0.30	≥0.30

表 2-11   规则形状（圆形、方形件）冲裁时凸模、凹模的制造公差   （mm）

公称尺寸	凸模 δ_T	凹模 δ_A	公称尺寸	凸模 δ_T	凹模 δ_A
≤18	0.020	0.020	>180~260	0.030	0.045
>18~30	0.020	0.025	>260~360	0.035	0.050
>30~80	0.020	0.030	>360~500	0.040	0.060
>80~120	0.025	0.035	>500	0.050	0.070
>120~180	0.030	0.040			

为了保证冲模的初始间隙小于最大合理间隙（Z_{max}），凸模和凹模制造公差必须保证，即

$$\delta_T + \delta_A \leqslant Z_{max} - Z_{min}$$

3. 凸、凹模配合加工时工作部分尺寸的计算公式

冲制薄材料（Z_{max} 与 Z_{min} 的差值很小）或复杂形状工件的冲模，以及单件生产的冲模，常采用凸模与凹模配作的加工方法。

配作法就是先按设计尺寸制出一个基准件（凸模或凹模），然后根据基准件的实际尺寸再按最小合理间隙配制另一件。设计时，基准件的刃口尺寸及制造公差应详细标注，而配作件上只标注公称尺寸，不注公差，但在图纸上注明："凸（凹）模刃口按凹（凸）模实际刃口尺寸配制，保证最小双面合理间隙值 Z_{min}"。

落料件按凹模，冲孔件按凸模磨损后尺寸增大、减小和不变的规律分三种，具体计算公式如下：

（1）凸模或凹模磨损后会增大的尺寸，相当于简单形状的落料凹模尺寸

第一类尺寸 A：

$$A_j = (A_{max} - x\Delta)_0^{+\frac{1}{4}\Delta} \tag{2-6}$$

（2）凸模或凹模磨损后会减小的尺寸，相当于简单形状的冲孔凸模尺寸

第二类尺寸 B：

$$B_j = (B_{min} + x\Delta)_{-\frac{1}{4}\Delta}^0 \tag{2-7}$$

（3）凸模或凹模磨损后会基本不变的尺寸，相当于简单形状的孔心距尺寸

第三类尺寸 C：

$$C_j = \left(C_{min} + \frac{1}{2}\Delta\right) \pm \frac{1}{8}\Delta \tag{2-8}$$

式中：A_j、B_j、C_j——模具基准件尺寸（mm）；

A_{max}、B_{min}、C_{min}——工件极限尺寸（mm）；

Δ——工件公差（mm）；

x——磨损系数。

曲线形状的冲裁凸、凹模制造公差见表 2-12。制件为非圆形时，冲裁凸、凹模的制造

公差见表 2-13。

表 2-12	曲线形状的冲裁凸模、凹模的制造公差		（mm）
工作要求	工作部分最大尺寸		
	≤150	>150~500	>500
普通精度	0.2	0.35	0.5
高精度	0.1	0.2	0.3

注：1. 本表所列公差，只在凸模或凹模一个零件上标注，而另一件则注明配作间隙。

2. 本表适用于汽车拖拉机行业。

表 2-13		工件为非圆形时，冲裁凸模、凹模的制造公差								（mm）
工件基本尺寸及公差等级		Δ	$x\Delta$	制造公差		工件基本尺寸及公差等级		Δ	$x\Delta$	制造公差	
IT10	IT11			凸模	凹模	IT13	IT14			凸模	凹模
1~3		0.040	0.040	0.010		1~3		0.140	0.105	0.030	
3~6		0.048	0.048	0.012		3~6		0.180	0.135	0.040	
0~10		0.058	0.058	0.014		6~10		0.220	0.160	0.050	
	1~3	0.060	0.045	0.015		10~18		0.270	0.200	0.060	
10~18		0.070	0.070	0.018			1~3	0.250	0.130	0.060	
	3~6	0.075	0.050	0.020		18~30		0.330	0.250	0.070	
18~30		0.084	0.080	0.021			3~6	0.300	0.150	0.075	
30~50		0.100	0.100	0.023		30~50		0.390	0.290	0.085	
	6~10	0.090	0.060	0.025			6~10	0.360	0.180	0.090	
50~80		0.120	0.120	0.030		50~80		0.460	0.340	0.100	
	10~18	0.110	0.080	0.035			10~18	0.430	0.220	0.110	
80~120		0.140	0.140	0.040		80~120		0.540	0.400	0.115	
	18~30	0.130	0.090	0.042			18~30	0.520	0.260	0.130	
120~180		0.160	0.160	0.046		120~180		0.630	0.470	0.130	
	30~50	0.160	0.120	0.050		180~250		0.720	0.540	0.150	
180~250		0.185	0.185	0.054			30~50	0.620	0.310	0.150	
	50~80	0.190	0.140	0.057		250~315		0.810	0.600	0.170	
250~315		0.210	0.210	0.062			50~80	0.740	0.370	0.185	
	80~120	0.220	0.170	0.065		315~400		0.890	0.660	0.190	
315~400		0.230	0.230	0.075			80~120	0.870	0.440	0.210	
	120~180	0.250	0.180	0.085			120~180	1.000	0.500	0.250	
	180~250	0.290	0.210	0.095			180~250	1.150	0.570	0.290	
	250~315	0.320	0.240				250~315	1.300	0.650	0.340	
	315~400	0.360	0.270				315~400	1.400	0.700	0.350	

注：本表适用于电器仪表行业。

2.3.3　排样设计

1．冲裁件的排样

冲裁件在条料、带料或板料上的布置方法叫排样。合理的排样是提高材料利用率、降低成本，保证冲件质量及模具寿命的有效措施。根据材料的合理利用情况，条料排样方法可分为有废料排样（图 2-7（a））、少废料排样（图 2-7（b））、无废料排样（图 2-7（c））三种。另外，图 2-7（d）所示，当送进步距为两倍零件宽度时，一次切断便能获得两个冲件，有利于提高劳动生产率。

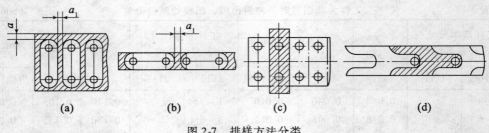

图 2-7　排样方法分类

根据排样的类型，对有废料排样、少废料排样、无废料排样还可以进一步按冲裁件在条料上的布置方法加以分类，其主要形式列于表 2-14。

表 2-14　　　　　有废料排样、少废料排样和无废料排样主要形式分类

排样形式	有废料排样		少废料排样、无废料排样	
	简图	应用	简图	应用
直排		用于简单几何形状（方形、圆形、矩形）的冲件		用于矩形或方形冲件
斜排		用于 T 形、L 形、S 形、十字形、椭圆形冲件		用于 L 形或其他形状的冲件，在外形上允许有不大的缺陷
直对排		用于 T 形、Ⅱ 形、山形、梯形、三角形、半圆形的冲件		用于 T 形、Ⅱ 形、山形、梯形、三角形冲件，在外形上允许有少量的缺陷

续表

排样形式	有废料排样		少废料排样、无废料排样	
	简图	应用	简图	应用
斜对排	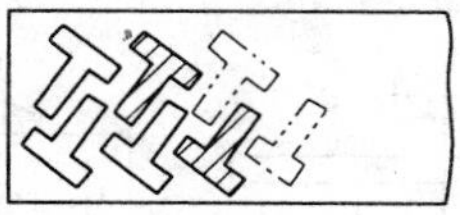	用于材料利用率比直对排高时的情况	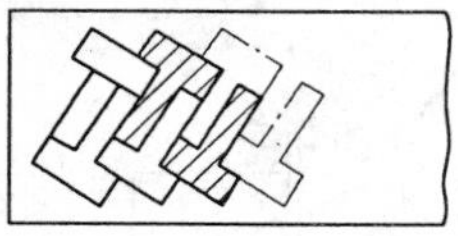	多用于 T 形冲件
混合排	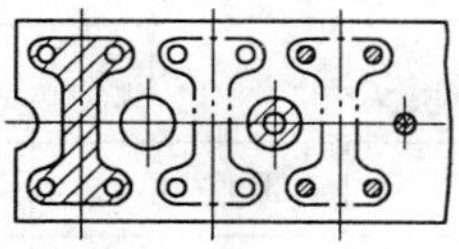	用于材料和厚度都相同的两种以上的冲件	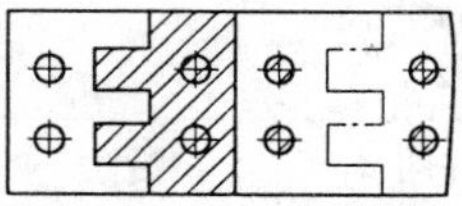	用于两个外形互相嵌入的不同冲件（铰链等）
多排	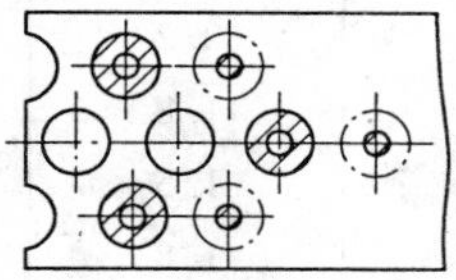	用于大批生产中尺寸不大的圆形、六角形、方形、矩形冲件	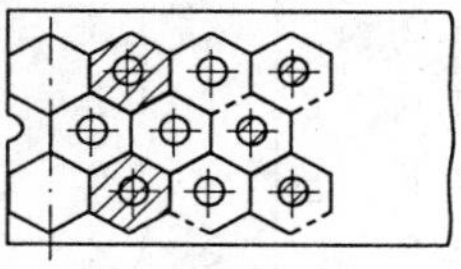	用于大批量生产中尺寸不大的方形、矩形及六角形冲件
冲裁搭边	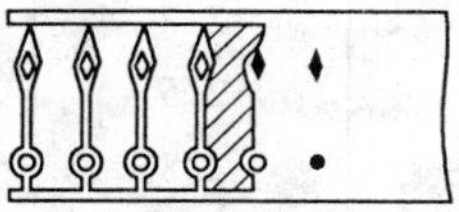	大批生产中用于小的窄冲件（表针及类似的冲件）或带料的连续拉深	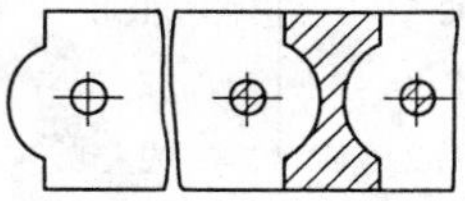	用于以宽度均匀的条料或带料冲裁长形件

对于形状复杂的冲件，通常用纸片剪成 3 ~ 5 个样件，然后摆出各种不同的排样方法，经过分析和计算，选出合理的排样方案。

2. 材料利用率

衡量材料经济利用的指标是材料利用率。一个进距内的材料利用率 η 为

$$\eta = \frac{nA}{Bh} \times 100\% \qquad (2\text{-}9)$$

式中，A——冲裁件面积（包括冲出小孔在内）（mm^2）；

n——一个进距内的冲件数目；

B——条料宽度（mm）；

h——进距（mm）。

一张板料上总的材料利用率 $\eta_{\sum}$ 为

$$\eta_{\sum} = \frac{NA}{B_1 L} \times 100\% \qquad (2\text{-}10)$$

式中，N——一张板料上的冲件总数目；

L——板料长度（mm）；

B_1——板料宽度（mm）。

表 2-15 　　　　　　　　　　搭边 a 和 a_1 的数值（低碳钢）　　　　　　　　　　（mm）

材料厚度 t	圆件及圆角 $r>2t$		矩形件　边 $l \leqslant 50$		矩形件边长 $l>50$ 或圆角 $r \leqslant 2t$	
	工件间 a_1	沿边	工件间 a_1	沿边	工件间 a_1	沿边
$\leqslant 0.25$	1.8	2.0	2.2	2.5	2.8	3.0
$>0.25 \sim 0.50$	1.2	1.5	1.8	2.0	2.2	2.5
$>0.5 \sim 0.8$	1.0	1.2	1.5	1.8	1.8	2.0
$>0.8 \sim 1.2$	0.8	1.0	1.2	1.5	1.5	1.8
$>1.2 \sim 1.6$	1.0	1.5	1.5	1.8	1.8	2.0
$>1.6 \sim 2.0$	1.2	1.5	1.8	2.5	2.0	2.2
$>2.0 \sim 2.5$	1.5	1.8	2.0	2.2	2.2	2.5
$>2.5 \sim 3.0$	1.8	2.2	2.2	2.5	2.5	2.8
$>3.0 \sim 3.5$	2.2	2.5	2.5	2.8	2.8	3.2
$>3.5 \sim 4.0$	2.5	2.8	2.5	3.2	3.2	3.5
$>4.0 \sim 5.0$	3.0	3.5	3.5	4.0	4.0	4.5
$>5.0 \sim 12$	$0.6t$	$0.7t$	$0.7t$	$0.8t$	$0.8t$	$0.9t$

　　注：对于其他材料，应将表中数值乘以下列系数：中等硬度钢 0.9，硬钢 0.8，硬黄铜 1~1.1，硬铝 1~1.2，软黄铜、纯铜 1.2，铝 1.3~1.4，非金属 1.5~2。

3. 决定排样方案时应遵循的原则

　　①公差要求较严的零件，排样时工步不宜太多，以减少累积误差保证零件精度；

　　②零件孔距公差要求较严时，应尽量在同一工步冲出或在相邻工步冲出；

　　③对孔壁较小的冲裁件，其孔可以分步冲出，以保证凹模孔壁的强度；

　　④适当设置空工位，以保证模具具有足够的强度，并避免凸模安装时相互干涉，同时也便于试模、调整工序时用；

　　⑤尽量避免复杂型孔，对复杂外形零件的冲裁，可分步冲出，以减小模具制造难度；

　　⑥零件较大或零件虽小但工位较多时，应尽量减少工位数，可采用连续-复合成形的排样法，以减少模具轮廓尺寸。

　　⑦当材料塑性较差时，在有弯曲工步的连续成形排样中，必须使弯曲线与材料纹向成一定夹角。

4. 搭边

排样时，冲件之间以及冲件与条料侧边之间留下的余料叫搭边。它的作用是补偿定位误差，保证冲出合格的冲件，以及保证条料有一定刚度，便于送料。

搭边数值取决于冲件的尺寸和形状、材料的硬度和厚度、排样的形式、送料及挡料方式、卸料方式等因素。搭边过大，材料利用率低；搭边过小时，搭边的强度和刚度不够，甚至造成冲裁力不均，损坏模具刃口。搭边值是由经验确定的，目前常用的有数种，低碳钢搭边值可参见表 2-15。

2.3.4   冲裁工艺力的计算

1. 冲裁力

冲裁模设计时，为了合理地设计模具及选用设备，必须计算冲裁力。压力机的吨位必须大于所计算的冲裁力。通常说的冲裁力是指冲裁力的最大值，它是选用压力机和设计模具的重要依据之一。

用普通平刃口模具冲裁时，其冲裁力 F 一般按下式计算：

$$F = KLt\tau_b \tag{2-11}$$

式中，F——冲裁力；

L——冲裁周边长度；

t——材料厚度；

τ_b——材料抗剪强度；

K——系数。

系数 K 是考虑到实际生产中，模具间隙值的波动和不均匀、刃口的磨损、材料力学性能和厚度波动等因素的影响而给出的修正系数。一般取 $K=1.3$。

为计算简便，也可按下式估算冲裁力：

$$F \approx Lt\sigma_b \tag{2-12}$$

式中，σ_b 材料的抗拉强度。

2. 降低冲裁力的方法

当冲裁力过大时，可用下述方法降低：

（1）加热冲裁

加热冲裁易破坏工件表面质量，同时会产生热变形，精度低，因此应用比较少。此法只适于材料厚度大、表面质量及精度要求不高的零件。

（2）阶梯凸模冲裁

在多凸模冲模中，将凸模做成不同高度，使各凸模冲裁力的最大峰值不同时出现，结构如图 2-8 所示。对于薄材料（$t \leqslant 3\,\mathrm{mm}$），$H$ 一般取材料厚度 t，对于厚材料（$t>3\,\mathrm{mm}$）则取材料厚度的一半。阶梯凸模冲裁的冲裁力，一般只按产生最大冲裁力的那个阶梯进行计算。

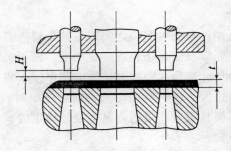

图 2-8　凸模的阶梯布置法

（3）斜刃冲裁

为了得到平整的零件，落料时凹模做成一定斜度，凸模为平刃口，而冲孔时，则凸模做成一定斜度，凹模为平刃口，结构如图 2-9 所示，一般斜刃参数值列于表 2-16。

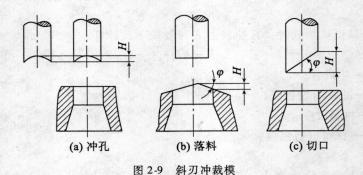

（a）冲孔　　　　　（b）落料　　　　　（c）切口

图 2-9　斜刃冲裁模

斜刃冲模虽降低了冲裁力，但模具制造复杂、修磨困难，刃口也易磨损，故一般情况下尽量不用，只在大型冲件及厚板冲裁中采用。

表 2-16　　　　　　　　　　　　　　一般采用的斜刃数值

材料厚度 t（mm）	斜刃高度 H（mm）	斜刃角 ϕ（°）
≤3	$2t$	<5
3～10	t～$2t$	<8

3. 卸料力、推件力和顶件力

卸料力、推件力和顶件力一般采用经验公式进行计算。

卸料力　　　　　　　　　　　$F_X = K_X F$　　　　　　　　　　　　　（2-13）

推件力　　　　　　　　　　　$F_T = n K_T F$　　　　　　　　　　　　（2-14）

顶件力
$$F_D = K_D F \qquad\qquad (2\text{-}15)$$

式中，F——冲裁力；

K_X、K_T、K_D——卸料力系数、推件力系数及顶件力系数，见表 2-17；

n——同时卡在凹模内的冲裁件（或废料）的个数，$n = h/t$，h 为凹模刃壁垂直部分高度（mm），t 为板料厚度。

表 2-17　　　　　　　　　卸料力、推件力及顶件力系数

料厚 t（mm）		K_X	K_T	K_D
钢	≤ 0.1	0.065 ~ 0.075	0.1	0.14
	>0.1 ~ 0.5	0.045 ~ 0.055	0.063	0.08
	>0.5 ~ 2.5	0.04 ~ 0.05	0.055	0.06
	>2.5 ~ 6.5	0.03 ~ 0.04	0.045	0.05
	>6.5	0.02 ~ 0.03	0.025	0.03
铝、铝合金		0.025 ~ 0.08	0.03 ~ 0.07	
纯铜、黄铜		0.02 ~ 0.06	0.03 ~ 0.09	

注：卸料力系数 K_x 在冲多孔、大搭边和轮廓复杂制件时取上限值。

4. 冲压设备的选择

①压力机的公称压力必须大于或等于各种冲压工艺力的总和 F_Z。

F_Z 的计算应根据不同的模具结构分别计算取值，即

采用弹性卸料装置和下出料方式的冲裁模时
$$F_Z = F + F_X + F_T \qquad\qquad (2\text{-}16)$$

采用弹性卸料装置和上出料方式的冲裁模时
$$F_Z = F + F_X + F_D \qquad\qquad (2\text{-}17)$$

采用刚性卸料装置和下出料方式的冲裁模时
$$F_Z = F + F_T \qquad\qquad (2\text{-}18)$$

因 F_X、F_T、F_D 并不与 F 同时出现，计算总力时只加与 F 同一瞬间出现的力即可。

②根据冲压工序的性质、生产批量的大小、模具结构选择压力机类型和规格，如复合模工件需从模具中间出件，最好选用可倾式压力机。

③根据模具尺寸大小、安装和进出料等情况选择压力机台面尺寸，如当制件或废料需下落时工作台面孔尺寸应大于下落件的尺寸，有弹顶装置的模具，工作台面孔尺寸应大于下弹顶装置的外形尺寸。

④选择的压力机闭合高度应与模具的闭合高度相匹配。

⑤压力机滑块模柄孔的直径与模柄直径相符、模柄孔深度应大于模柄的长度。

⑥压力机滑块行程长度应保证毛坯顺利放入，冲件能顺利取出，成形拉深件和弯曲件时应大于制件高度的 2.5 ~ 3 倍。

⑦压力机的行程次数应当保证有最高的生产效率。

⑧压力机应该使用方便和安全。

2.3.5　模具压力中心的确定

模具的压力中心就是冲压力合力的作用点。应尽可能和模柄轴线以及压力机滑块中心线重合，以便平稳地冲裁，减少导向件的磨损，提高模具及压力机寿命。实际生产中，可能会出现因冲件的形状或排样特殊，从模具结构设计与制造考虑不宜使压力中心与模柄中心线重合时，压力中心的偏离不能超出所选压力机允许的范围。

冲模压力中心的确定：

①对称件的压力中心位于冲件轮廓图形几何中心；

②直线段的压力中心位于线段的中心；

③圆弧线段的压力中心按下式求出：

$$y = (180R\sin\alpha)/(\pi\alpha) = Rs/b \tag{2-19}$$

式中：b——弧长；其他符号意义见图 2-10。

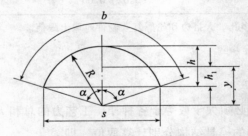

图 2-10　圆弧线段的压力中心

④复杂零件及多凸模模具的压力中心的确定

a. 解析法：《理论力学》中确定物体重心的方法。

原理：各分力对某轴的力矩的代数和=诸力的合力对该轴的力矩，即合力矩定理。

步骤：• 按比例画出冲裁轮廓线（或每个凸模刃口轮廓的位置），选定坐标轴 x、y；

• 把图形的轮廓线分成几部分，计算各部分长度 L_1，L_2，$\cdots$，L_n（或分别计算每一个凸模刃口轮廓的周长 L_1，L_2，$\cdots$，L_n）；

• 求出各部分重心位置的坐标值 (x_1, y_1)，(x_2, y_2)，$\cdots$，(x_n, y_n)；

• 按下列公式求冲模压力中心坐标值 (x_0, y_0)（图 2-11）。

$$x_0 = \frac{L_1x_1 + L_2x_2 + \cdots + L_nx_n}{L_1 + L_2 + \cdots + L_n} \tag{2-20}$$

$$y_0 = \frac{L_1y_1 + L_2y_2 + \cdots + L_ny_n}{L_1 + L_2 + \cdots + L_n} \tag{2-21}$$

b. 图解法：因作图法精确度不高，方法也不简单，很少使用。

c. 悬挂法：用匀质金属丝代替均匀布于冲裁件轮廓的冲裁力，该模拟件的重心就是冲裁的压力中心。

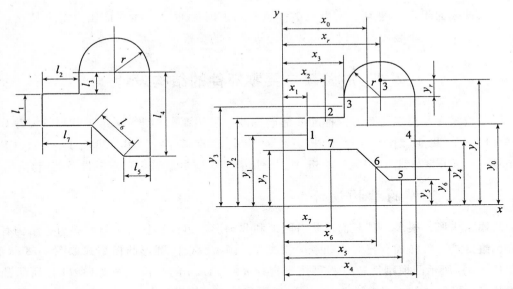

图 2-11 复杂冲裁件的压力中心

2.3.6 冲模的闭合高度

冲模的闭合高度是指模具在最低工作位置时，上模座上平面与下模座下平面之间的距离 H。冲模的闭合高度必须与压力机的装模高度相适应。压力机的装模高度是指滑块在下死点位置时，滑块底面至垫板上平面间的距离，其值可通过调节连杆长度在一定范围内变化。当连杆调至最短时为压力机的最大装模高度 H_{max}；连杆调至最长时为最小装模高度 H_{min}。

冲模的闭合高度 H 应介于压力机的最大装模高度 H_{max} 和最小装模高度 H_{min} 之间，其关系为（图 2-12）：

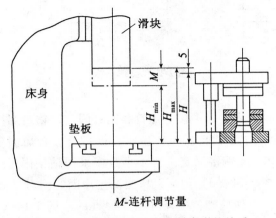

M-连杆调节量

图 2-12 模具闭合高度与装模高度的关系

$$H_{max}-5mm \geqslant H \geqslant H_{min}+10mm$$

如果冲模的闭合高度大于压力机最大装模高度时，冲模不能在该压力机上使用。反之，小于压力机最小装模高度时，可以加经过磨平的垫板。

2.4　冲裁模主要零部件的结构设计

冲裁模零件及模架已有国家标准或部颁标准，模架产品标准（GB/T 2851.1～7-GB/T2852.1～4）共 10 个，与标准模架相对应的标准零件（GB/T2855.1～14、GB/T 2856.1～8、GB/T2861.1～16）共 38 个。设计模具时应尽量采用标准零件及其组合。

2.4.1　凸模的结构设计

凸模结构形式很多，其截面形状有圆形和非圆形。刃口形状有平刃和斜刃，结构有整体式、镶拼式、阶梯式、直通式和带护套式等。国家标准的圆形凸模型式如图 2-13 所示。图 2-13（a）所示凸模刚性较好，可用于直径 $d \geqslant 1.1mm$ 的凸模；图 2-13（b）所示凸模用于凸模外形尺寸较大时；图 2-13（c）所示凸模利于换模。

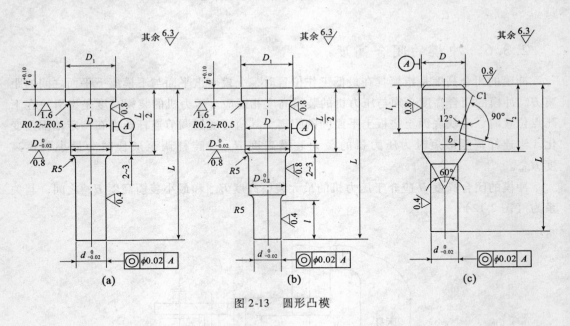

图 2-13　圆形凸模

凸模的固定方法有台肩固定、铆接、螺钉和销钉固定，粘结剂浇注法固定等。图 2-14（a）为台阶式凸模，凸模与固定板之间采用 H7/m6 配合，台肩固定；图 2-14（b）为直通式凸模，用 N7/h6、P7/h6 铆接固定。对于小凸模采用粘接固定，如图 2-14（c）用低熔点合金浇注法固定；图 2-14（d）用环氧树脂浇注法固定。对于大型冲模中冲小孔的易损凸模采用快换式凸模，以便修理与更换（图 2-14（e）、图 2-14（f））。对于大尺寸的凸模，可直接用螺钉、销钉固定到模座上，而不用固定板（图 2-14（h））。冲小孔的凸模，为防止凸模折断，采用带护套的凸模（图 2-14（g））。

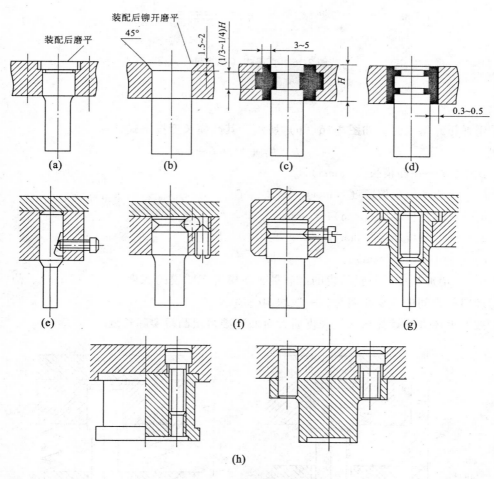

图 2-14 凸模及其固定方法

凸模材料用 T10A、Cr6WV、9Mn2V、Cr12、Cr12MoV（国标 GB2863.1～2－2008 规定），刃口部分热处理硬度前两种材料为 58～60HRC，后三种为 58～62HRC，尾部回火至 40～50HRC。

非圆形凸模，实际生产中广泛使用直通式结构如图 2-15 所示，采用线切割或成形铣、成形磨削加工。常用 Cr6WV、Cr12、Cr12MoV、CrWMn 等材料。

此外，部颁标准的圆凸模（JB/T 5825～5829－2008）已在机械工业部全行业执行。

凸模的长度应根据冲模具体结构，并考虑修磨、固定板与卸料板之间的安全距离、装配等的需要来确定。

当采用固定卸料板和导料板时，如图 2-16（a）所示，其凸模长度按下式计算：

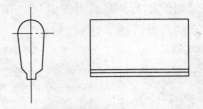

图 2-15　直通式（等断面）凸模

$$L = h_1 + h_2 + h_3 + h \tag{2-22}$$

当采用弹压卸料板时，如图 2-16（b）所示，其凸模长度按下式计算：

$$L = h_1 + h_2 + t + h \tag{2-23}$$

式中：L——凸模长度（mm）；

　　　h_1——凸模固定板厚度（mm）；

　　　h_2——卸料板厚度（mm）；

　　　h_3——导料板厚度（mm）；

　　　t——材料厚度（mm）；

　　　h——增加长度，包括凸模的修磨量、凸模进入凹模的深度（0.5～1mm）、凸模固定板与卸料板之间的安全距离等，一般取 10～20mm。

按照上述方法计算出凸模长度后，对照标准得出凸模实际长度。

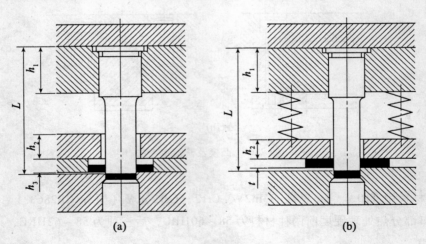

图 2-16　凸模长度尺寸

凸模一般不必进行强度校验，但对于特别细长的凸模或凸模断面尺寸小而板料厚度大时，则必须进行承压能力和抗弯曲能力的校核。其目的是检查其凸模的危险断面尺寸和自由长度是否满足要求，以防止凸模纵向失稳和折断。

冲裁凸模的强度效核计算公式见表 2-18。

表2-18 冲裁凸模强度校核计算公式

效核内容		计算公式		式中符号意义
弯曲应力	简图	无导向 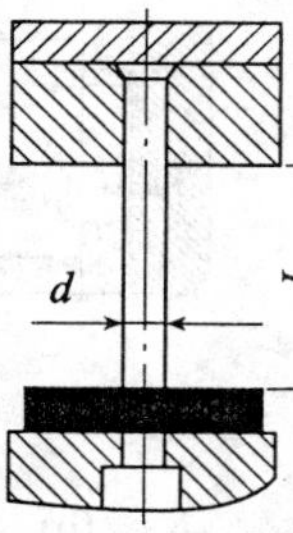 	有导向 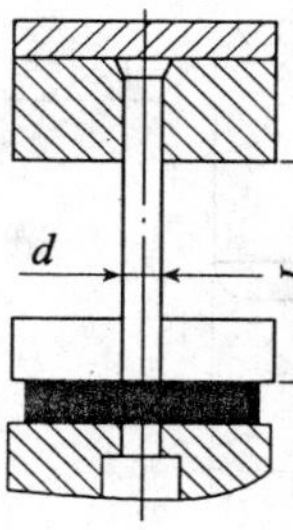 	L——凸模允许的最大自由长度（mm） d——凸模最小直径（mm） A——凸模最小断面（mm²） J——凸模最小断面的惯性矩（mm⁴） F——冲裁力（N） t——冲压材料厚度（mm） τ——冲压材料抗剪强度（MPa） $[\sigma_{压}]$——凸模材料的许用压应力（MPa），碳素工具钢淬火后的许用压应力一般为淬火前的 $1.5 \sim 3$ 倍
	圆形	$L \leqslant 90\dfrac{d^2}{\sqrt{F}}$	$L \leqslant 270\dfrac{d^2}{\sqrt{F}}$	
	非圆形	$L \leqslant 416\sqrt{\dfrac{J}{F}}$	$L \leqslant 1180\sqrt{\dfrac{J}{F}}$	
压应力	圆形	$d \geqslant \dfrac{4t\tau}{[\sigma_{压}]}$		
	非圆形	$A \geqslant \dfrac{F}{[\sigma_{压}]}$		

凸模的许用应力决定于凸模材料的热处理和凸模的导向性。一般工具钢，凸模淬火至 $58 \sim 62\mathrm{HRC}$，$[\sigma_压] = 1000 \sim 1600\mathrm{MPa}$ 时，可能达到的最小相对直径 $(d/t)_{min}$ 之值列于表2-19。

表2-19 凸模允许的最小相对直径 $(d/t)_{min}$

冲压材料	抗剪强度 $\tau(\mathrm{MPa})$	$(d/t)_{min}$	冲压材料	抗剪强度 $\tau(\mathrm{MPa})$	$(d/t)_{min}$
低碳钢	300	0.75 ~ 1.20	不锈钢	500	1.25 ~ 2.00
中碳钢	450	1.13 ~ 1.80	硅钢片	190	0.48 ~ 0.76
黄 铜	260	0.65 ~ 1.04	中等硬钢	450	1.13 ~ 1.80

注：表值为按理论冲裁力的计算结果，若考虑实际冲裁力应增加30%，则用1.3乘表值。

2.4.2 凹模的结构设计

凹模类型很多，凹模的外形有圆形和板形；结构有整体式和镶拼式；刃口也有平刃和斜刃。国家标准（GB2863.4–2008 及 GB2863.5–2008）的圆凹模型式如图2-17所示，其中，图2-17（c）、（d）为带肩圆凹模。圆凹模推荐采用材料为9Mn2V、T10A、Cr6WV、Cr12，热处理硬度为58～62HRC。

凹模的固定方法如图2-18所示，凹模采用螺钉和销钉定位固定时，要保证螺钉（或

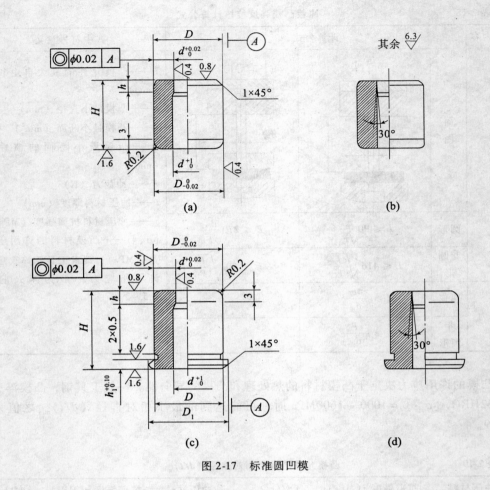

图 2-17 标准圆凹模

沉孔）间、螺孔与销孔间及螺孔、销孔与凹模刃壁间的距离不能太近，否则会影响模具寿命。孔距的最小值可参考表 2-20。

表 2-20   螺孔（或沉孔）、销钉之间及至刃壁的最小距离   （mm）

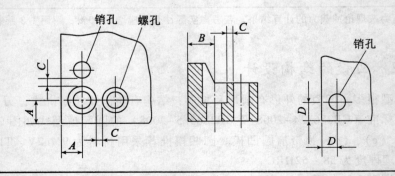

螺钉孔		M4	M6	M8	M10	M12	M16	M20	M24
A	淬　火	8	10	12	14	16	20	25	30
	不淬火	6.5	8	10	11	13	16	20	25
B	淬　火	7	12	14	17	19	24	28	35
C	淬　火					5			
	不淬火					3			

销钉孔		φ2	φ3	φ4	φ5	φ6	φ8	φ10	φ12	φ16	φ20	φ25
D	淬　火	5	6	7	8	9	11	12	15	16	20	25
	不淬火	3	3.5	4	5	6	7	8	10	13	16	20

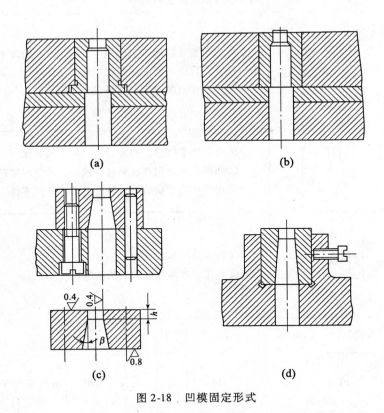

图 2-18　凹模固定形式

　　整体式凹模的刃口形式有直筒形和锥形两种。选用刃口形式时，主要应根据冲裁件的形状、厚度、尺寸精度以及模具的具体结构来决定，其刃口形式见表 2-21。

45

表 2-21　　　　　　　　　　　　　冲裁凹模刃口型式及主要参数

刃口型式	序号	简图	特点及适用范围
直筒形刃口	1	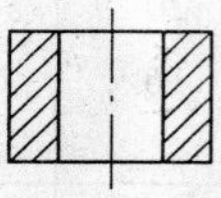	①刃口为直通式，强度高，修磨后刃口尺寸不变 ②用于冲裁大型或精度要求较高的零件，模具装有顶出装置，不适用于下漏料的模具
	2	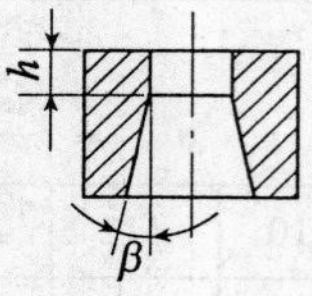	①刃口强度较高，修磨后刃口尺寸不变 ②凹模内易积存废料或冲裁件，尤其间隙较小时，刃口直壁部分磨损较快 ③用于冲裁形状复杂或精度要求较高的零件
	3	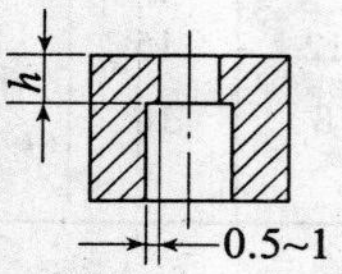	①特点同序号 2，且刃口直壁下面的扩大部分可使凹模加工简单，但采用下漏料方式时刃口强度不如序号 2 的刃口强度高 ②用于冲裁形状复杂、或精度要求较高的中、小型件，也可用于装有顶出装置的模具
	4	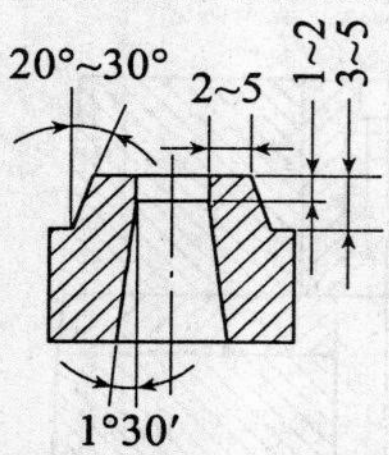	①凹模硬度较低（有时可不淬火），一般为 40HRC，可用于手锤敲击刃口外侧斜面以调整冲裁间隙 ②用于冲裁薄而软的金属或非金属零件
锥形刃口	5	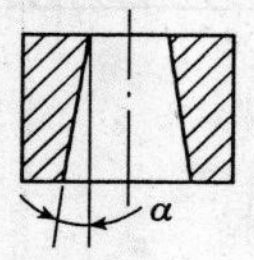	①刃口强度较差，修磨后刃口尺寸约有增大 ②凹模内不易积存废料或冲裁件，刃口内壁磨损较慢 ③用于冲裁形状简单、精度要求不高的零件
	6	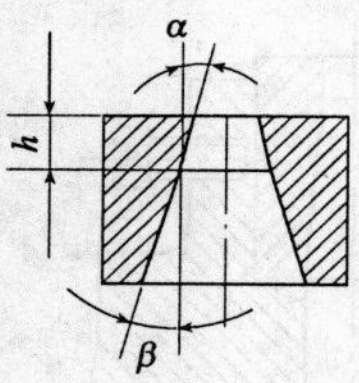	①特点同序号 5 ②可用于冲裁形状较复杂的零件

主要参数	材料厚度 t（mm）	α（′）	β（°）	刃口高度 h（mm）	备注
	≤0.5			≥4	
	>0.5~1	15	2	≥5	α 值适用于钳工加工。采用线切割加工时，可取 $\alpha=5′\sim20′$
	>1~2.5			≥6	
	>2.5~6	30	3	≥8	
	>6			≥10	

冲裁时凹模承受冲裁力和侧向挤压力的作用。由于凹模结构形式及固定方法不同，受力情况又比较复杂，目前还不能用理论方法确定整体式凹模轮廓尺寸。生产中通常根据冲裁的板料厚度和冲裁件的轮廓尺寸，或凹模孔口刃壁间距离，按经验公式来确定，如图 2-19 所示。

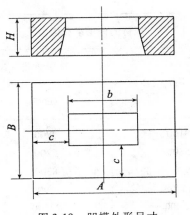

图 2-19　凹模外形尺寸

凹模厚（高）度　　　　　　　$H = kb$（$\geqslant 15\text{mm}$）　　　　　　　　　　（2-24）

凹模壁厚　　　　　　　$C = (1.5 \sim 2)H$（$\geqslant 30 \sim 40\text{mm}$）　　　　（2-25）

式中，b——凹模刃口的最大尺寸（mm）；

　　　k——系数，考虑板料厚度的影响，见表 2-22。

表 2-22 系数 k 值

b（mm）	料厚 t（mm）				
	0.5	1	2	3	>3
≤50	0.3	0.35	0.42	0.5	0.6
>50 ~ 100	0.2	0.22	0.28	0.35	0.42
>100 ~ 200	0.15	0.18	0.2	0.24	0.3
>200	0.1	0.12	0.15	0.18	0.22

对于多孔凹模，刃口与刃口之间的距离，应满足强度要求，可按复合模的凸、凹模最小壁厚进行设计。

不同凹模厚度的紧固螺钉尺寸选用及许用承载能力见表 2-23。

表 2-23 不同凹模厚度的紧固螺钉尺寸选用及许用承载能力

凹模厚度（mm）	≤13	>13 ~ 19	>19 ~ 25	>25 ~ 32	>32
螺钉直径（mm）	M4、M5	M5、M6	M6、M8	M8、M10	M10、M12

螺钉的许用承载能力

螺钉直径 d（mm）	许用负载（N）		
	45	Q275	Q235
M6	3100	2900	2300
M8	5800	5200	4300
M10	9200	8300	6900
M12	13200	11900	9900
M16	25000	22500	18700

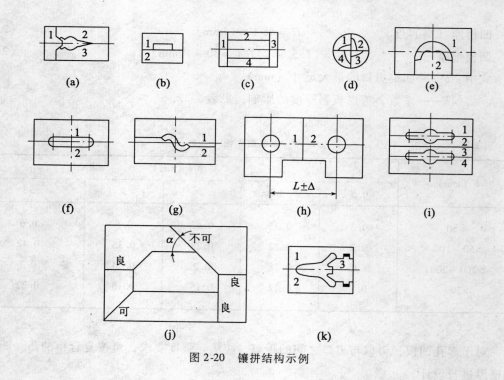

图 2-20 镶拼结构示例

凸模和凹模镶拼结构设计的依据是凸、凹模形状、尺寸及其受力情况、板料厚度等。镶拼结构设计的一般原则如下：

①力求改善加工工艺性，减少钳工工作量，提高模具加工精度。

如内形加工变外形加工（图 2-20 (a)、(b)、(d)、(g)）；保证分割后拼块的形状、尺寸相同（图 2-20 (d)、(g)、(f)）；沿转角、尖角分割使拼块角度大于或等于 90°（图 2-20 (j)）；圆弧单独分块，拼接线在离切点 4～7mm 的直线处；拼接线与刃口垂直且不宜过长，一般为 12～15mm。

②便于装配调整和维修。

如较薄弱或易磨损的局部凸出或凹进部分单独分块（图 2-20 (a)）；拼块间间隙可调，以保证中心距公差（图 2-20 (h)、(i)）；凸、凹槽形相嵌便于拼块定位（图 2-20 (k)）。

③满足冲压工艺要求，提高冲压件质量。

凸模与凹模的拼接线应至少错开 4～7mm，以免冲裁件产生毛刺；拉深模拼接线应避开材料有增厚部位，以免零件表面出现拉痕。

镶拼结构的固定方法有以下几种：

平面式固定：此固定方法主要用于大型的镶拼凸、凹模。

嵌入式固定：如图 2-21 (a) 所示。

压入式固定：如图 2-21 (b) 所示。

斜楔式固定：如图 2-21 (c) 所示。

此外，还有用粘结剂浇注等固定方法。

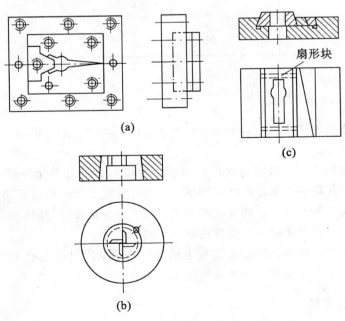

图 2-21　镶拼结构固定方法

2.4.3 凸凹模结构设计

复合模中，至少有一个凸凹模。凸凹模的内外缘均为刃口，内外缘之间的壁厚决定于冲裁件的尺寸。从强度考虑，壁厚受最小值限制。凸凹模的最小壁厚受冲模结构影响。对于正装复合模，最小壁厚可小些；对于倒装复合模，因内孔积存废料最小壁厚要大些。

凸凹模的最小壁厚值，一般由经验数据决定。倒装复合模的凸凹模最小壁厚：对于黑色金属和硬材料约为工件料厚的 1.5 倍，但不小于 0.7mm；对于有色金属及软材料约等于工件料厚，但不小于 0.5mm。正装复合模凸凹模的最小壁厚可参考表 2-24。

表 2-24 　　　　　　　　　　　　凸凹模最小壁厚 a　　　　　　　　　　　　（mm）

料厚 t	0.4	0.5	0.6	0.7	0.8	0.9	1.0	1.2	1.5	1.75
最小壁厚 a	1.4	1.6	1.8	2.0	2.3	2.5	2.7	3.2	3.8	4.0
最小直径 D	15				18			21		
料厚 t	2.0	2.1	2.5	2.75	3.0	3.5	4.0	4.5	5.0	5.5
最小壁厚 a	4.9	5.0	5.8	6.3	6.7	7.8	8.5	9.3	10.0	12.0
最小直径 D	21	25		28		32		35	40	45

2.4.4 导向零件设计

导向零件是用来保证上模相对于下模的正确运动。在中、小型模具中最广泛采用的导向零件是导柱和导套。

导柱或导套常用两个。对中型冲模或冲件精度要求高的自动化冲模，则采用四个导柱。在安装圆形冲件等一类无方向性的冲模时，为避免装错，将对角模架和中间模架上的两导柱，做成直径不等的型式；四导柱的模架，可做成前后导柱的间距不同的模座。可能产生侧向推力时，要设置止推块，使导柱不受弯曲力。

一般导柱安装在下模座，导套安装在上模座，分别采用过盈配合 H7/r6。高速冲裁、精密冲裁或硬质合金冲裁模具，要求采用滚珠导向结构。

1. 滑动导柱、导套

滑动导柱的型式和尺寸见表 2-25。滑动导套的型式和尺寸见表 2-26。

表 2-25　　　　　　　　　　　　　　滑动导柱型式和尺寸　　　　　　　　　　　　　　（mm）

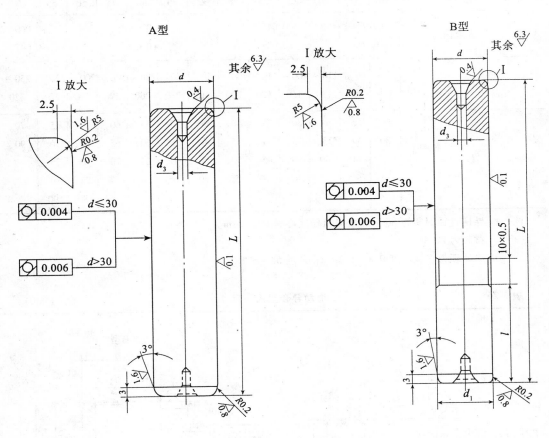

基本尺寸		16	18	20	22	25	28	32	35	40	45	50	55	60
d 极限偏差	h5	0 −0.008		0 −0.009						0 −0.011			0 −0.013	
	h6	0 −0.011		0 −0.013						0 −0.016			0 −0.019	
L		90~110	90~130	100~130	100~150	110~180	130~200	150~210	160~230	180~260	200~290	200~300	220~320	250~320

B 型

基本尺寸		16	18	20	22	25	28	32	35	40	45	50	55	60
d 极限偏差	h5	0 −0.008		0 −0.009						0 −0.011			0 −0.013	
	h6	0 −0.011		0 −0.013						0 −0.016			0 −0.019	

续表

d_1 (r6)	基本尺寸	16	18	20	22	25	28	32	35	40	45	50	55	60
	极限偏差	+0.034 +0.023			+0.041 +0.028					+0.050 +0.034			+0.060 +0.041	
	L	90~110	90~130	110~130	100~150	110~180	130~200	150~210	160~230	180~260	200~290	200~300	220~320	250~320
	l	25、30	25、30	30、35、40	30、35、40、45	35、40、45、50	40、45、50、55	45、50、55、60	50、55、60、65	55、60、65、70	60、65、70、75	60、65、70、75、80	65、70、75、80、90	70、90、

注: 1. 导柱直径偏差为 h6 时，表面粗糙度可为 $R_a1.6\mu m$。

2. 材料为 20 钢。

3. 热处理为渗碳深度 0.8~1.2mm，硬度 58~62HRC。

表 2-26 　　　　　　　　　　　滑动导套型式和尺寸　　　　　　　　　　　（mm）

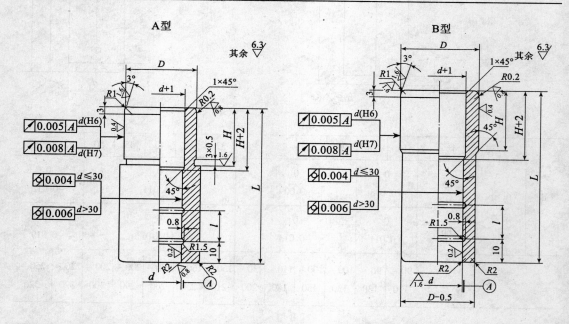

	基本尺寸		16	18	20	22	25	28	32	35	40	45	50	55	60
d	极限偏差	H6	+0.011 0			+0.013 0					+0.016 0			+0.019 0	
		H7	+0.018 0			+0.021 0					+0.025 0			+0.030 0	

续表

D	基本尺寸	25	28	32	35	38	42	45	50	55	60	65	70	76
(r6)	极限偏差	+0.041 +0.028		+0.050 +0.034				+0.060 +0.041					+0.062 +0.043	
L	A 型	60、65	60～70	65、70	65～85	80～95	85～110	100～115	105～125	115～140	125～150	125～160	150～170	160、170
	B 型	40～65	40～70	45～70	50～85	55～95	60～110	65～115	70～125	115～140	125～150	125～160	150～170	160、170
H	A 型	18、23	18～28	23、28	23～33	28～38	33～43	38～48	43、48	43～53	48～58	48～63	53～73	58、73
	B 型	18～23	18～28	23～28	25～33	27～38	30～43	30～48	33～48	43～53	48～58	48～63	53～73	58、73

注：1. 较大的 L 对应较大的 H，$l=8\sim28$mm，油槽数 2～3 个。

2. 材料为 20 钢。

3. 热处理为渗碳深度 0.8～1.2mm，硬度 58～62HRC。

2. 滚动导柱、导套及钢球保持圈

滚动导柱和导套的尺寸见表 2-27 和表 2-28。钢球保持圈的尺寸见表 2-29。

表 2-27　　　　　滚动导柱尺寸（GB/T 2861.3−2008）　　　　　（mm）

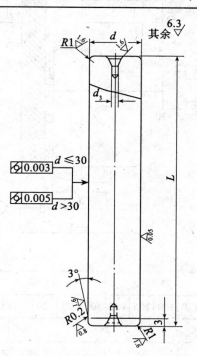

续表

d (h5)	基本尺寸	18	20	22	25				28					32		35	
	极限偏差	0 / −0.009												0 / −0.011			
	L	160			155	160	190	195	155	160	190	195	215	195	215	195	215

注: 1. 材料为 GCr15。

　　2. 热处理为硬度 62～66HRC。

表 2-28　　　　　　　　　滚动导套尺寸（GB/T 2861.8−2008）　　　　　　（mm）

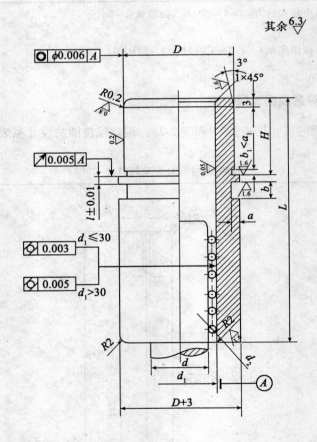

d	18	20	22	25				28					32				35	
L	100			120	100	105	125	100	105	120	125	145	120	125	145	150	120	150
H	33							38					43	48			43	48
d_1	24	26	28	31		33			36				40				43	

d_2	3				4			
D (m5) 基本尺寸	38	40	42	45	48	50	55	58
极限偏差					+0.020 +0.009		+0.024 +0.011	

注：1. d_1 的配合要求应保证滚动导柱、钢球组装后具有 0.01～0.02mm 的径向过盈量。

2. $b_1 = 3～4mm$，$a_1 = 1mm$，$b = 5～6mm$，$a = 3～3.5mm$。

3. 材料为 GCr15。

4. 热处理硬度为 62～66HRC。

表 2-29　　　　　　　　钢球保持圈尺寸（GB/T 2861.10-2008）　　　　　　　（mm）

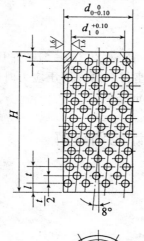

其余 $\sqrt{\dfrac{6.3}{}}$

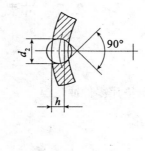

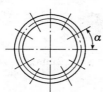

d	18	20	22	25		28			32		35	
d_0	23.5	25.5	27.5	30.5	32.5	35.5			39.5		42.5	
d_1	18.5	20.5	22.5	25.5		28.5			32.5		35.5	
H		64		76		64	76	84	76	84	76	84
a	40°	36°	30°	40°		36°			30°			
d_2		3.1				4.1						
l		3.5				4						
t		6				8						
h		1.8				2.5						

注：材料为 LY11、H62，d 是公称直径。

2.4.5 凸模固定板与垫板

凸模固定板将凸模固定在模座上，其平面轮廓尺寸可与凹模、卸料板外形尺寸相同，但还应考虑紧固螺钉及销钉的位置。固定板的凸模安装孔与凸模采用过渡配合 H7/m6、H7/n6，压装后将凸模端面与固定板一起磨平。凸模固定板型式有圆形和矩形两种，厚度一般取凹模厚度的 0.6~0.8 倍。固定板材料一般采用 Q235 或 45 钢。

垫板的作用是直接承受和扩散凸模传递的压力，以降低模座所受的单位压力，防止模座被局部压陷。是否需用垫板，可按下式校核：

$$p = \frac{F'_z}{A} \tag{2-26}$$

式中，p——凸模头部端面对模座的单位压力（N）；

F'_z——凸模承受的总压力（N）；

A——凸模头部端面支承面积（mm²）。

铸铁 HT250 许用压应力为 90~140MPa，铸钢 ZG310-570 许用压应力为 110~150MPa。如果头部端面上的单位压力 p 大于模座材料的许用压应力时，则需加经淬硬磨平的垫板；反之则不加。垫板厚度一般取 4~12mm。

2.5 冲裁模设计范例详解

1. 题目

通用汽车金属垫片零件冲裁模

2. 原始数据

如图 2-22 所示零件图，材料为 45，厚度为 $t=1.2$mm。

3. 工艺分析

此工件有冲孔和落料两个工序。材料为 45 的优质碳素钢，厚度为 1.2mm，具有良好的冲裁性能。工件结构简单，对称，最小孔边距为 (30-16-5) /2=4.5mm>t=1.2mm。由材料 45 查表 2-2 得 d>t=1.2mm，而最小孔径 d=5 满足要求，尺寸精度一般，适合普通冲裁。

4. 冲裁工艺方案的确定

（1）方案种类

该工件包括落料和两个冲孔工序，可以有以下三套方案：

方案一：先冲孔，再落料。采用单工序模生产。

方案二：冲孔-落料级进模生产。

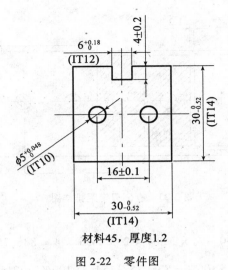

材料45，厚度1.2

图 2-22　零件图

方案三：冲孔落料同时进行的复合模生产。

（2）方案的比较

方案一模具结构简单，制造方面，但是需两副模具，成本较高，而且生产率较低，精度质量不高，难以满足要求。

方案二级进模是一种多工序效率高的加工方法。既能满足题目的精度要求，而且模具数量少，操作方便，生产率高。

方案三精度高也满足要求但操作不方便，而且结构复杂，成本较高。

（3）方案确定

通过以上比较，本套模具采用级进模。

5. 模具结构形式的确定

根据要求，采用弹压导板级进模。

6. 工艺尺寸计算

（1）排样设计

①排样方法的确定。

根据工件的形状，采取有废料直排法，用冲孔落料级进模侧刃定距。

②确定搭边值。

查表 2-15，取最小搭边值：$a = 1.2$，$a_1 = 1.5$。

③确定料宽和步距。

查 "冲模设计手册"，取侧刃切料宽度 $b = 2$，条料剪料公差 $\delta = 0.5$。

料宽 $B = (L + 2a_1 + nb) = 30 + 2 \times 1.5 + 2 \times 2 = 37$

步距 $A = 30 + 1.2 = 31.2$

④计算材料利用率。

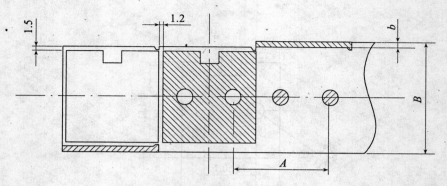

图 2-23　有侧刃定距排样图

$$F = 30 \times 30 - 2 \times 3.14 \times 2.5^2 - 6 \times 4 = 836.75 \text{（mm）}$$

$$\eta = \frac{nF}{BL} \times 100\% = 836.75/1154.4 \times 100\% = 72.5\%$$

⑤画出排样图，如图 2-23 所示。

（2）冲裁力的计算

①冲裁力 F_1。查本书项目 8 表 8-1 材料 45 的抗拉强度为：$\sigma_b = 600\text{MPa}$。

冲裁力 $F_1 = 1.3Lt\sigma_b$

计算 $L = 30 \times 4 + 4 \times 2 + 3.14 \times 5 \times 2 + 31.2 \times 2 + 2 \times 2 = 225.8$（mm）

所以 $F_1 = 1.3 \times 225.8 \times 1.2 \times 600 = 211348.8 = 212$（kN）

②卸料力 $F_x = K_x F_1$，查表 2-17 得：$K_x = 0.05$，则 $F_x = 0.05 \times 212 = 10.6$（kN）。

③推料力 $F_T = K_t F_1 n$，查表 2-17 得：$K_t = 0.055$，$n = 2$，则 $F_T = 2 \times 0.055 \times 212 = 23.32$（kN）。

④顶件力 $F_D = K_d F_1$，查表 2-17 得：$K_d = 0.06$，则 $F_D = 0.06 \times 212 = 12.72$（kN）。

（3）压力机公称的确定

本模具采用的是弹压卸料装置和下出件出料方式，故总压力 $F = F_1 + F_x + F_T = 246\text{kN}$。根据以上结果，选取 JA21-35 压力机。

（4）冲裁压力中心的确定

①设 A、B、C、D、E、F、G 分别为各个图形的几何中心。根据排样图画出如图 2-24 所示的示意图。

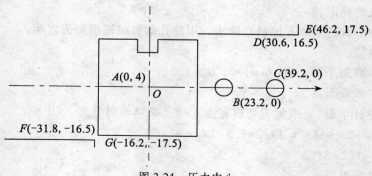

图 2-24　压力中心

②列出压力中心计算数据表。见表 2-30。

表 2-30　　　　　　　　　　　　　压力中心数据表

	长度 L（mm）	各基本要素压力中心的坐标值	
		x	y
A	128	0	4
B	15.7	23.2	0
C	15.7	39.2	0
D	31.2	30.6	16.5
E	2	46.2	17.5
F	31.2	−31.8	−16.5
G	2	−16.2	−17.5

③根据压力中心计算公式得：

$$x_0 = 1002.24/225.8 = 4.4$$
$$y_0 = 512/225.8 = 2.3$$

综上所述，冲裁件的压力中心坐标为（4.4，2.3）。

（5）刃口尺寸的计算。

①加工方法的确定。根据要求，采用配做法。只需保证在配做时保证最小双面合理间隙值 $Z_{min} = 0.132\text{mm}$（查表 2-8）。

表 2-31　　　　　　　　　　　　工作零件刃口尺寸的计算

尺寸分类		尺寸转换	X 值	计算公式	结果
第一类尺寸	30	$30^{0}_{-0.52}$	0.5	$A_j = (A_{max} - X\Delta)^{+\frac{1}{4}\Delta}_{0}$	$29.74^{+0.13}_{0}$
第二类尺寸	5	$5^{0.048}_{0}$	0.75	$B_j = (B_{min} - X\Delta)^{0}_{-\frac{1}{4}\Delta}$	$4.916^{0}_{-0.012}$
	6	$6^{+0.18}_{0}$	1		$5.82^{0}_{-0.045}$
第三类尺寸	16	16 ± 0.1	1	$C_j = \left(C_{min} + \frac{1}{2}\Delta\right) \pm \frac{1}{8}\Delta$	16 ± 0.025
	4	4 ± 0.2	0.5		4 ± 0.05

②采用配做法。先计算各尺寸在模具磨损后的变化情况，分三种情况如下：

第一类尺寸（增大）：30；

第二类尺寸（减小）：5，6；

第三类尺寸（不变）：16，4。

③查表2-8得：$Z_{\min} = 0.132$，$Z_{\max} = 0.180$。系数 x 的确定：查表2-10得。计算结果见表2-31。

④画出落料凹模的尺寸，如图2-25所示。

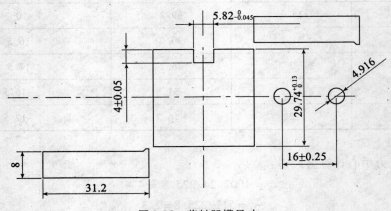

图 2-25　落料凹模尺寸

7．模具总体结构设计

（1）模具类型的选择

由冲压工艺分析可知，采用级进模冲压。

（2）定位方式的选择

本模具采用侧刃定距方式。由于该冲件的厚度 $t = 1.2$，相对厚度不是很大，选择无导向侧刃即可。本模具可取步距偏差为 31.2 ± 0.01，宽度为8。截面简图如图2-26所示。

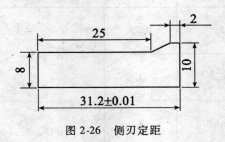

图 2-26　侧刃定距

（3）卸料出件方式的选择

本模具厚度不大，可采用弹压卸料装置，制造简单，操作方便。其简图如图2-27

所示。

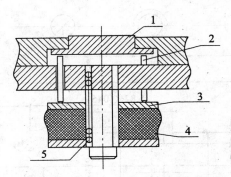

1—顶件块 2—顶杆 3—托盘 4—橡胶 5—弹簧
图 2-27 弹性顶件装置

（4）导柱导套位置的确定

因为是小型冲裁，可采取两个导柱导套。采用中间导柱模架。

8. 主要零部件的设计

（1）工作零部件的结构设计

①凹模的设计。凹模采用整体凹模，轮廓全部采用数控线切割机床即可一次成型。依据压力中心的数据，尽量保证压力中心与模柄中心重合。其凹模外形尺寸设计如下：

根据公式 2-24 和 2-25 计算得：

凹模厚度 $H = kb = 0.4 \times 30 = 12$（$K$ 值查表 2-22）；

凹模壁厚 $C = （1.5 \sim 2）H = 18 \sim 24$；

可取凹模厚度 $H = 30mm$，凹模壁厚 $C = 30mm$；

凹模长度为 $L = 160mm$；

凹模宽度为 $B = 125mm$。

所以选择凹模的外形尺寸为 $160mm \times 125mm \times 30mm$，如图 2-28 所示。

②冲孔凸模。根据零件图，孔的直径小，为节约成本和方便起见，采用阶梯式，其长度为：

$$L = 凹模 + 固定板 + t = 30 + 30 + 1.2 = 61.2 （mm）。（取固定板厚度为 30mm）$$

凸模、凹模采用的是配做法，故其中凸模与凹模之间应保持最小间隙 Z_{min}。

（2）定位零件的设计

采用侧刃定距，定距槽的长度等于步距长度。采用自动送料机构，配合压力机冲程运动，使调料作定时定量地送料。

①导料结构设计。导料系统包括左右导料板，承料板，条料侧压机构等，如图 2-29 所示。

②卸料板的设计。卸料板的周围尺寸与凹模尺寸相同，厚度为 20mm。

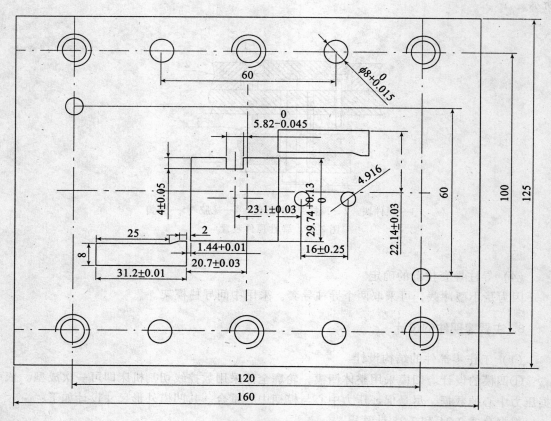

图 2-28 落料凹模零件图

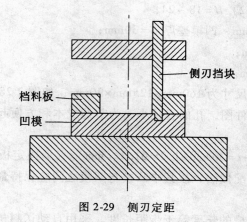

图 2-29 侧刃定距

③卸料螺钉的选用。卸料板采用 6 个 M8 螺钉固定，长度为 $L = h_1 + h_2 + a = 44 + 8 + 15 = 67$（mm），其中，$h_1$ 为弹簧安装高度，h_2 为卸料板工作行程，a 为凹模固定板厚度。)

④模架及其他零部件的设计。该模具采用中间导柱模架，这种模架的导柱在模具中间

位置，冲压时可以防止由于偏心力而引起模具歪曲。以凹模尺寸周边尺寸为依据，查书后表 8-49 选择模架规格：

导柱：$d/mm \times L/mm$ 分别为 $\Phi25 \times 160$，$\Phi28 \times 160$（GB/T2861.1）

导套：$d/mm \times L/mm \times D/mm$ 分别为 $\Phi25 \times 95 \times 38$，$\Phi28 \times 95 \times 38$（GB/2861.6）

上模座厚度 $H_上$ 取 40mm，下模厚度 $H_下$ 取 50mm，上垫板厚度 $H_垫$ 取 10mm，则该模具的闭合高度 $H_闭$ 为：

$$H_闭 = H_上 + H_下 + H_垫 + L - h = 40 + 50 + 10 + 61.2 - 1.5 = 160 \ （mm）$$

可见，该模闭合高度小于 JA21-35 压力机的最大装模高度，因此可以满足使用要求。

9. 模具总装图

通过以上设计，可得到如图 2-30 所示的模具的总装图。模具的上模部分主要由上模座、垫板、冲孔凸模、冲孔凸模固定板等组成；下模由下模座、固定板卸料板等组成。出件由顶件块、顶杆等组成的弹性顶件装置，利用开模力取出工件。卸料是在开模时，弹簧回复弹力，推动卸料板向上运动，从而推出条料。废料直接由漏料孔漏出。

条料送进时利用侧刃定距方式自动送料。

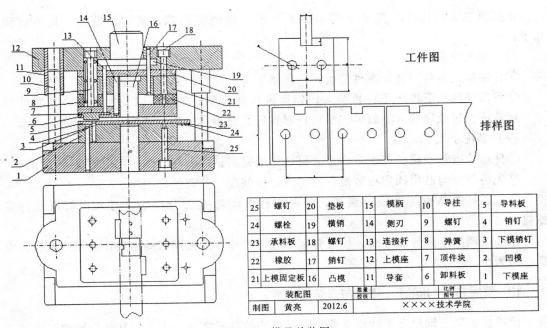

25	螺钉	20	垫板	15	模柄	10	导柱	5	导料板
24	螺栓	19	横销	14	侧刃	9	螺钉	4	销钉
23	承料板	18	螺钉	13	连接杆	8	弹簧	3	下模销钉
22	橡胶	17	销钉	12	上模座	7	顶件块	2	凹模
21	上模固定板	16	凸模	11	导套	6	卸料板	1	下模座

装配图		数量 校核		比例 图号	
制图	黄亮	2012.6	××××技术学院		

图 2-30　模具总装图

10. 冲压设备的选择

通过校核，选择 JA21-35 压力机能满足使用要求。其主要技术参数如下：

公称压力：350kfN；

滑块行程：130mm；

滑块行程次数：50 次 min；

最大封闭高度：280mm；

封闭高度调节量：60mm；

滑块中心线至床身距离：205mm；

立柱距离：428mm

工作台尺寸：380mm×610mm；

工作台孔尺寸：200mm×290mm×260mm；

垫板尺寸：60mm×22.5mm；

滑块底面尺寸：210mm×270mm。

11. 模具零件加工

模具零件加工的关键在工件零件、固定板以及卸料板，可采用线割加工技术。（零件图略）

12. 模具的装配

根据级进模的特点，先装下模，再装上模，并调整间隙，试冲，返修。具体过程如下：

（1）装配下模

①仔细检查各将要装配零件是否符合图纸要求，并做好划线，定位等准备工作。

②将凹模放在下模座上，再装入凹模固定板并调整好间隙，以免发生干涉及零件损坏。接着依次按顺序装入销钉等，最后拧紧螺钉，并再次检查并调整。

（2）装配上模

①仔细检查每个将要装配零件是否符合图纸要求，并做好划线，定位等准备工作。

②先将凸模与凸模固定板装配，再与固定板装配，并调整好间隙。

③把装好的凸模与上模座链接，并再次检查间隙是否合理后，打入销钉以及拧紧螺钉。

④经过调整装好导柱导套，检查合理后进行试冲，并根据试冲结果作出相应调整，直到合格为止。

13. 发展方向与问题（零件与安装精度等）

模具技术是上世纪下半叶制造业中发展最快的技术之一，由于模具的设计和制造是一个非常复杂的过程，并且是一个不断反复的过程。目前，采用具有三维参数化特征造型功能的 CAD 支撑软件，在模具设计中应用并实现模具管理、工艺分析与设计及模具结构设计的一体化是一种较有代表性也很有应用前景的模具 CAD 系统开发方法。

我国模具发展较发达国家很落后，零件的安装和精度均有很大的差距，但反过来说，中国的模具行业就有很大的提升空间。

14. 结束语与致谢

在做本次毕业设计（课程设计）的过程中，对指导老师和各位同学的帮助，表示由衷的感谢！

15. 参考文献

参考本书末的参考文献。

16. 其他设计（封面、封底设计）（略）

项目 3 弯曲模设计指导

将板料、棒料、管料及型材弯曲成具有一定形状和尺寸的弯曲制件的冷冲压工序称为弯曲。弯曲是冲压加工的基本工序之一,应用极为广泛。根据弯曲件的形状和弯曲工序所用设备及工艺装备的不同,弯曲的方法有压弯、折弯、滚弯和拉弯等。

弯曲变形的特点如下:

①弯曲时,弯曲变形只发生在弯曲件的圆角附近,直线部分则不产生塑性变形。

②弯曲时,在弯曲区域内,纤维沿厚度方向变形是不同的,即弯曲后内缘的纤维受压缩而缩短,外缘的纤维受拉伸而伸长,在内缘与外缘之间存在着纤维既不伸长也不缩短的中性层。

③从弯曲件变形区域的横断面来看,变形有两种情况(图 3-1)。

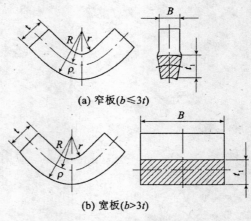

(a) 窄板($b \leqslant 3t$)

(b) 宽板($b > 3t$)

图 3-1 弯曲区域的断面变化

a. 对于窄板($b \leqslant 3t$),在宽度方向产生显著变形,沿内缘宽度增加,沿外缘宽度减小,断面略呈扇形。

b. 对于宽板($b > 3t$),弯曲后在宽度方向无明显变化,断面仍为矩形,这是因为在宽度方向不能自由变形所致。

此外,在弯曲区域内工件的厚度有变薄现象。

3.1　弯曲工艺设计

3.1.1　回弹值和最小弯曲半径的确定

由于影响回弹值的因素很多（与材料的力学性能、板材的厚度、弯曲半径的大小以及弯曲时校正力的大小等因素有关），因此，要在理论上计算回弹是有困难的，通常在模具设计时，按试验总结的数据来选用，经试冲后再对模具工作部分加以修正。

1. 查表法

如弯曲件的相对弯曲半径 r/t 小于 5～8 时，在弯曲变形后弯曲半径变化不大，只考虑角度的回弹，其值可按表 3-1 和表 3-2 查出，再在试模中修正。其他 V 形件校正回弹角查表 3-3，U 形件查表 3-4。

表 3-1　　　　　　　　　　　　V 形件 90° 单角自由弯曲时的回弹角

材料	r/t	板料厚度 t（mm）		
		≤0.8	0.8～2	>2
软钢板 $\sigma_b = 350\mathrm{MPa}$	≤1	4°	2°	0°
黄铜	1～5	5°	3°	1°
铝、锌	>5	6°	4°	2°
中硬钢 $\sigma_b = 400～500\mathrm{MPa}$	≤1	5°	2°	0°
硬黄铜	1～5	6°	3°	1°
硬青铜	>5	8°	5°	3°
硬钢 $\sigma_b > 550\mathrm{MPa}$	≤1	7°	4°	2°
	1～5	9°	5°	3°
	>5	12°	7°	6°
电工钢 CrNi78Ti	≤1	1°	1°	1°
	1～5	4°	4°	4°
	>5	5°	5°	5°
30CrMnSiA	≤2	2°	2°	2°
	2～5	4°30′	4°30′	4°20′
	>5	8°	8°	8°
硬铝 2Al2	≤2	2°	3°	4°30′
	2～5	4°	6°	8°30′
	>5	6°30′	10°	14°
超硬铝 7A04	≤2	2°30′	5°	8°
	2～5	4°	8°	11°30′
	>5	7°	12°	19°

表 3-2　　　　　　　　　　单角 90°校正性弯曲时的回弹角 Δφ

材料	r/t		
	≤1	>1～2	>2～3
Q215、Q235	−1°～1°30′	0°～2°	1°30′～2°30′
紫铜、黄铜、铝	0°～1°30′	0°～3°	2°～4°

2. 计算法

当工件相对弯曲半径 r/t 大于 5～8 时，在弯曲变形后不仅角度回弹较大，而且弯曲半径也有较大变化，模具设计时，可先计算出回弹值，在试模时再修正。

弯曲板料时，常取凸模圆角半径为

$$r_T = \cfrac{1}{\cfrac{1}{r} + \cfrac{3\sigma_s}{Et}} \tag{3-1}$$

凸模圆弧所对中心角为

$$\alpha_T = \frac{r\alpha}{r_T} \tag{3-2}$$

式中，r_T——凸模的圆角半径（mm）；

$\quad\quad r$——弯曲件圆角半径（mm）；

$\quad\quad \alpha_T$——凸模圆弧所对中心角（°）；

$\quad\quad \alpha$——弯曲件弯曲角（°）；

$\quad\quad \sigma_s$——弯曲件材料屈服强度（MPa）；

$\quad\quad E$——材料拉压弹性模量（MPa）；

$\quad\quad t$——材料厚度（mm）。

表 3-3　　　　　　　　　　其他 V 形件校正弯曲时的回弹角

材料	r/t	弯曲角度 α						
		150°	135°	120°	105°	90°	60°	30°
		回弹角 Δα						
2A12Y	2	2°	2°30′	3°30′	4°	4°30′	6°	7°30′
	3	3°	3°30′	4°	5°	6°	7°30′	9°
	4	3°30′	4°30′	5°	6°	7°30′	9°	10°30′
	5	4°30′	5°30′	6°30′	7°30′	8°30′	10°	11°30′
	6	5°30′	6°30′	7°30′	8°30′	9°30′	11°30′	13°30′
	8	7°30′	9°	10°	11°	12°	14°	16°
	10	9°30′	11°	12°	13°	14°	15°	18°
	12	10°30′	13°	14°	15°	16°30′	18°30′	21°

材料	r/t	弯曲角度 α						
		150°	135°	120°	105°	90°	60°	30°
		回弹角 Δα						
2A12M	2	0°30′	1°	1°30′	2°	2°	2°30′	3°
	3	1°	1°30′	2°	2°30′	2°30′	3°	4°30′
	4	1°30′	1°30′	2°	2°30′	3°	4°30′	5°
	5	1°30′	2°	2°30′	3°	4°	5°	6°
	6	2°30′	3°	3°30′	4°	4°30′	5°30′	6°30′
	8	3°	3°30′	4°30′	5°	5°30′	6°30′	7°30′
	10	4°	4°30′	5°	6°	6°30′	8°	9°
	12	4°30′	5°30′	6°	6°30′	7°30′	9°	11°
7A04Y	3	5°	6°	7°	8°	8°30′	9°	11°30′
	4	6°	7°30′	8°	8°30′	9°	12°	14°
	5	7°	8°	8°30′	10°	11°30′	13°30′	16°
	6	7°30′	8°30′	10°	12°	13°30′	15°30′	18°
	8	10°30′	12°	13°30′	15°	16°30′	19°	21°
	10	12°	14°	16°	17°30′	19°	22°	25°
	12	14°	16°30′	18°	19°	21°30′	25°	28°
7A04M	2	1°	1°30′	1°30′	2°	2°30′	3°	3°30′
	3	1°30′	2°	2°30′	2°30′	3°	3°30′	4°
	4	2°	2°30′	3°	3°	3°30′	4°	4°30′
	5	2°30′	3°	3°30′	3°30′	4°	5°	6°
	6	3°	3°30′	4°	4°30′	5°	6°	7°
	8	3°30′	4°	5°	5°30′	6°	7°	8°
	10	4°	5°	5°30′	6°	7°	8°	9°
	12	5°	6°	6°30′	7°	8°	9°	11°

材料	r/t	弯曲角度 α						
		150°	135°	120°	105°	90°	60°	30°
		回弹角 $\Delta\alpha$						
30CrMnSiA（退火）	1	0°30′	1°	1°	1°30′	2°	2°30′	3°
	2	0°30′	1°30′	1°30′	2°	2°30′	3°30′	4°30′
	3	1°	1°30′	2°	2°30′	3°	4°	5°30′
	4	1°30′	2°	3°30′	4°	4°	5°	6°30′
	5	2°	3°30′	3°	4°	4°30′	5°30′	7°
	6	2°30′	3°	4°	4°30′	5°30′	6°30′	8°
	8	3°30′	4°30′	5°	6°	6°30′	8°	9°30′
	10	4°	5°	6°	7°	8°	9°30′	11°30′
	12	5°30′	6°30′	7°30′	8°30′	9°30′	11°	13°30′
20（退火）	1	0°30′	1°	1°	1°30′	1°30′	2°	2°30′
	2	0°30′	1°	1°30′	2°	2°	3°	3°30′
	3	1°	1°30′	2°	2°	2°30′	2°30′	4°
	4	1°	1°30′	2°	2°30′	3°	4°	5°
	5	1°30′	2°	2°30′	3°	3°30′	4°30′	5°30′
	6	1°30′	2°	2°30′	3°	4°	5°	6°
	8	2°	3°	3°30′	4°30′	5°	6°	7°
	10	3°	3°30′	4°30′	5°	5°30′	7°	8°
	12	3°30′	4°30′	5°	6°	7°	8°	9°
1Cr18Ni9Ti	0.5	0°	0°	0°30′	0°30′	1°	1°30′	2°
	1	0°30′	0°30′	1°	1°	1°30′	2°	2°30′
	2	0°30′	1°	1°30′	1°30′	2°	2°30′	3°
	3	1°	1°	2°	2°	2°30′	3°30′	4°
	4	1°	1°30′	2°30′	3°	3°30′	4°	4°30′
	5	1°30′	2°	3°	3°30′	4°	4°30′	5°30′
	6	2°	3°	3°30′	4°	4°30′	5°30′	6°30′

表 3-4   **U 形件弯曲时的回弹角**

材料	r/t	凸模和凹模的间隙 C						
		$0.8t$	$0.9t$	$1t$	$1.1t$	$1.2t$	$1.3t$	$1.4t$
		回弹角 $\Delta\alpha$						
2A12Y	2	−2°	0°	2°30′	5°	7°30′	10°	12°
	3	−1°	1°30′	4°	6°30′	9°30′	12°	14°
	4	0°	3°	5°30′	8°30′	11°30′	14°	16°30′
	5	1°	4°	7°	10°	12°30′	15°	18°
	6	2°	5°	8°	11°	13°30′	16°30′	19°30′
2A12M	2	−1°30′	0°	1°30′	3°	5°	7°	8°30′
	3	−1°30′	0°30′	2°30′	4°	6°	8°	9°30′
	4	−1°	1°	3°	4°30′	6°30′	9°	10°30′
	5	−1°	1°	3°	5°	7°	9°30′	11°
	6	−0°30′	1°30′	3°30′	6°	8°	10°	12°
7A04Y	2	3°	7°	10°	12°30′	14°	16°	17°
	3	4°	8°	11°	13°30′	15°	17°	18°
	4	5°	9°	12°	14°	16°	18°	20°
	5	6°	10°	13°	15°	17°	20°	23°
	6	8°	13°30′	16°	19°	21°	23°	26°
7A04M	2	−3°	−2°	0°	3°	5°	6°30′	8°
	3	−2°	−1°30′	2°	3°30′	6°30′	8°	9°
	4	−1°30′	−1°	2°30′	4°30′	7°	8°30′	10°
	5	−1°	−1°	3°	5°30′	8°	9°	11°
	6	0°	−0°30′	3°30′	6°30′	8°30′	10°	12°
20（退火）	1	−2°30′	−1°	0°30′	1°30′	3°	4°	5°
	2	−2°	−0°30′	1°	2°	3°30′	5°	6°
	3	−1°30′	0°	2°30′	3°	4°30′	6°	7°30′
	4	−1°	0°30′	2°30′	4°	5°30′	7°	9°
	5	−0°30′	1°30′	3°	5°	6°30′	8°	10°
	6	−0°30′	2°	4°	6°	7°30′	9°	11°

材料	r/t	凸模和凹模的间隙 C						
		$0.8t$	$0.9t$	$1t$	$1.1t$	$1.2t$	$1.3t$	$1.4t$
		回弹角 $\Delta\alpha$						
30CrMnSiA	1	$-2°$	$-0°30'$	$0°$	$1°$	$2°$	$4°$	$5°$
	2	$-1°30'$	$-1°$	$1°$	$2°$	$4°$	$5°30'$	$7°$
	3	$-1°$	$0°$	$2°$	$3°30'$	$5°$	$6°30'$	$8°30'$
	4	$-0°30'$	$1°$	$3°$	$5°$	$6°30'$	$8°30'$	$10°$
	5	$0°$	$1°30'$	$4°$	$6°$	$8°$	$10°$	$11°$
	6	$0°30'$	$2°$	$5°$	$7°$	$9°$	$11°$	$13°$
1Cr18Ni9Ti	1	$-2°$	$-1°$	$-0°30'$	$0°$	$0°30'$	$1°30'$	$2°$
	2	$-1°$	$-0°30'$	$0°$	$1°$	$1°30'$	$2°$	$3°$
	3	$-0°30'$	$0°$	$1°$	$2°$	$2°30'$	$3°$	$4°$
	4	$0°$	$1°$	$2°$	$2°30'$	$3°$	$4°$	$5°$
	5	$0°30'$	$1°30'$	$2°30'$	$3°$	$4°$	$5°$	$6°$
	6	$1°30'$	$2°$	$3°$	$4°$	$5°$	$6°$	$7°$

弯曲圆形截面棒料时，凸模圆角半径为

$$r_T = \cfrac{1}{\cfrac{1}{r} + \cfrac{3.4\sigma_s}{Ed}} \qquad (3\text{-}3)$$

式中，d——圆杆件直径（mm）。其余符号同上。

3. 最小弯曲半径

弯曲时，弯曲半径愈小，板料外表面变形程度愈大，如果弯曲半径过小，则板料的外表面将超过材料的最大许可变形程度而发生裂纹。因此，弯曲工艺受到最小弯曲半径的限制。所以工件上的弯曲半径无特殊要求时，应尽量取大一些，不要小于最小弯曲半径值，板料最小弯曲半径值见表 3-5。表 3-6 为管材弯曲时允许的最小弯曲半径。

表 3-5   板料最小弯曲半径

材　料	退火或正火		冷作硬化	
	弯　曲　线　位　置			
	垂直辗压纹向	平行辗压纹向	垂直辗压纹向	平行辗压纹向
08，10	0.1t	0.4t	0.4t	0.8t
15，20	0.1t	0.5t	0.5t	1t

材　料	退火或正火		冷作硬化	
	弯　曲　线　位　置			
	垂直辗压纹向	平行辗压纹向	垂直辗压纹向	平行辗压纹向
25，30	$0.2t$	$0.6t$	$0.6t$	$1.2t$
35，40	$0.3t$	$0.8t$	$0.8t$	$1.5t$
45，50	$0.5t$	$1t$	$1t$	$1.7t$
55，60	$0.7t$	$1.3t$	$1.3t$	$2t$
65Mn，T7	$1t$	$2t$	$2t$	$3t$
1Cr18Ni9Ti	$1t$	$2t$	$2t$	$4t$
硬铝（软）	$1t$	$1.5t$	$1.5t$	$2.5t$
硬铝（硬）	$2t$	$3t$	$3t$	$4t$
磷青铜	—	—	$1t$	$3t$
黄铜（半硬）	$0.1t$	$0.35t$	$0.5t$	$1.2t$
黄铜（软）	$0.1t$	$0.35t$	$0.35t$	$0.8t$
紫铜	$0.1t$	$0.35t$	$1t$	$2t$
铝	$0.1t$	$0.35t$	$0.5t$	$1t$
镁合金 MB1	加热到 300～400°C		冷作硬化状态	
	$2t$	$3t$	$6t$	$8t$
钛合金 BT5	加热到 300～400°C		冷作硬化状态	
	$3t$	$4t$	$5t$	$6t$

注：1. 当弯曲线与材料纤维方向成一定角度时，可采用垂直和平行于纤维方向两者的中间数值。

　　2. 在冲裁或剪切后没有退火的毛坯，应按冷作硬化状态取值。

　　3. 弯曲时应将冲裁件有毛刺的一面放在弯曲件的内层。

表 3-6　　　　　　　　　　　　　钢管及铝管的最小弯曲半径　　　　　　　　　　　　　（mm）

管壁厚度 t	最小弯曲半径 $r_{\min}$
$0.02D$	$4D$
$0.05D$	$3.6D$
$0.10D$	$3D$
$0.15D$	$2D$

注：D 为管子直径（mm）。

3.1.2 弯曲件毛坯尺寸计算

弯曲件毛坯尺寸计算是按弯曲中性层长度不变的原则进行的，常见的几类弯曲件毛坯尺寸计算见表 3-7 ~ 表 3-9，公式中系数 x、x_1、x_2 见表 3-10 ~ 表 3-12。表 3-9 中，ρ 为中性层弯曲半径，$\rho = r + xt$（x 可查表 3-12 和表 3-13）。

表 3-7　　　　　　　　　　弯曲件在 $r \leqslant 0.5t$ 的弯曲件毛坯长度尺寸计算公式

序号	弯曲性质	弯曲形状	公式
1	单角弯曲	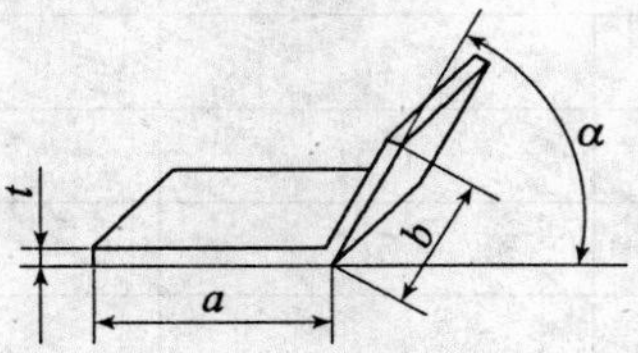	$L = a + b + \dfrac{\alpha}{90°} \times 0.5t$
		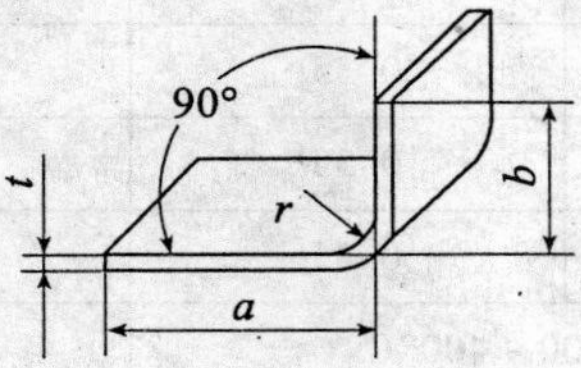	$L = a + b + 0.4t$
		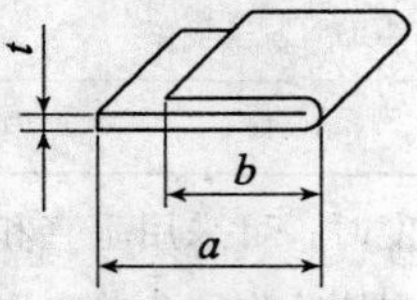	$L = a + b - 0.43t$
2	一次同时弯曲两个角	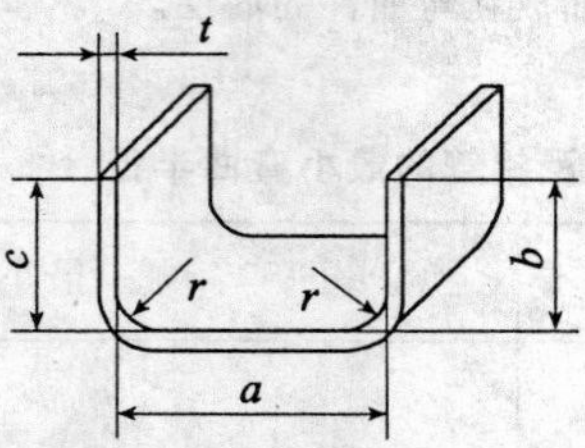	$L = a + b + c + 0.6t$
3	一次同时弯曲三个角	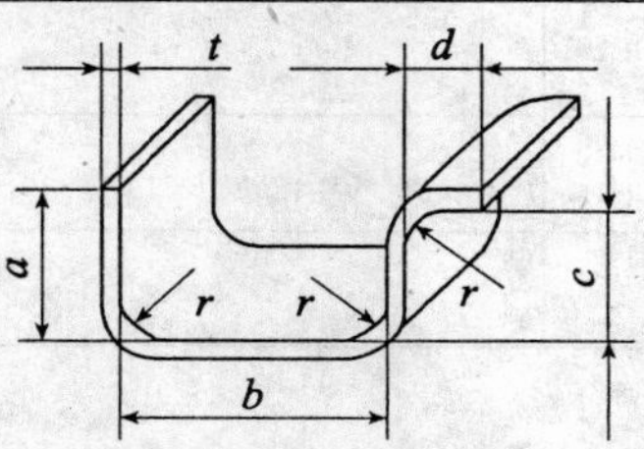	$L = a + b + c + d + 0.75t$
	第一次弯曲底部两角，第二次弯曲另一个角		$L = a + b + c + d + t$

序号	弯曲性质	弯曲形状	公式
4	一次同时弯曲四个角	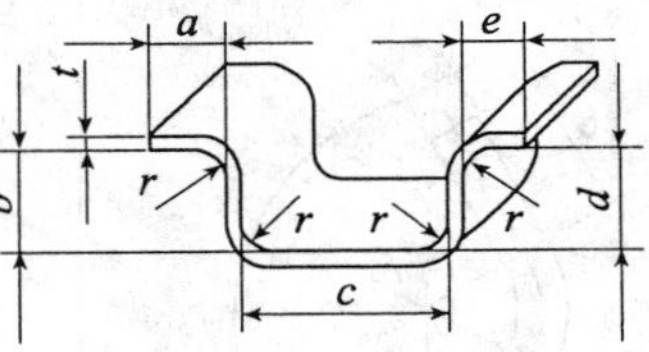	$L = a + c + e + b + d + t$
	分两次弯曲，每一次同时弯曲两个角		$L = a + c + e + b + d + 1.2t$

表 3-8　　　　　　　　　**各种形状弯曲件展开长度计算公式（$r>0.5t$）**

序号	弯曲特征	简图	公式
1	双直角弯曲	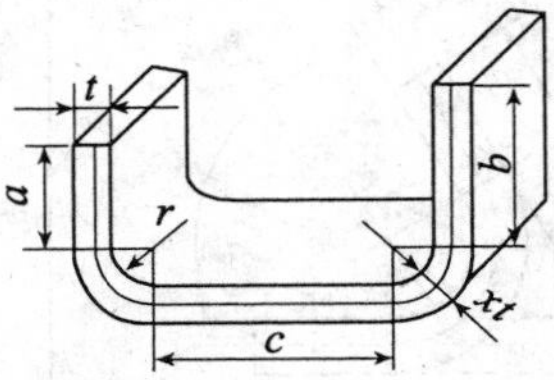	$L = a + b + c + \pi(r + xt)$
2	四直角弯曲	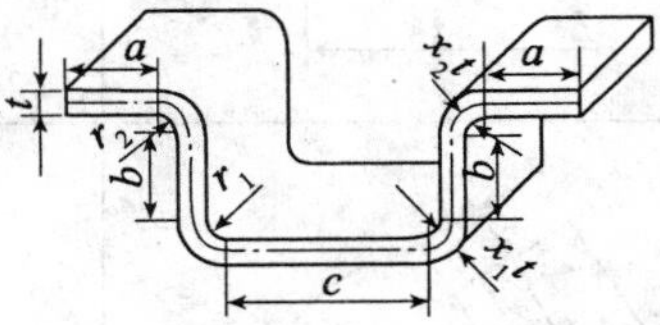	$L = 2a + 2b + c + \pi(r_1 + x_1 t)$ $+ \pi(r_2 + x_2 t)$
3	半圆形弯曲	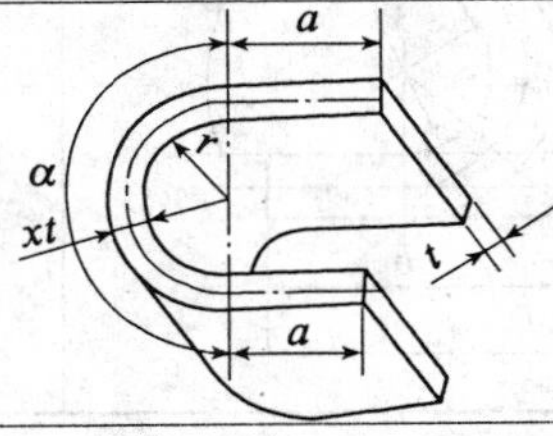	$L = 2a + \dfrac{\pi\alpha}{180°}(r + xt)$
4	圆形弯曲	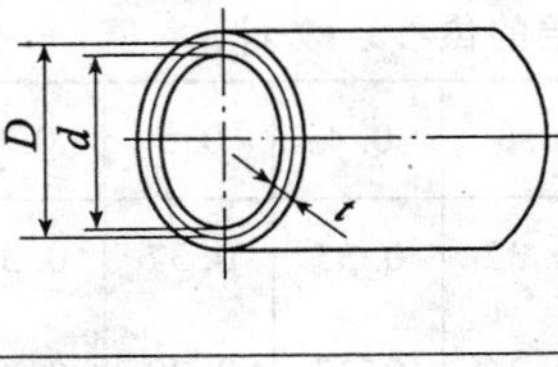	$L = \pi D = \pi(d + 2xt)$
5	吊环	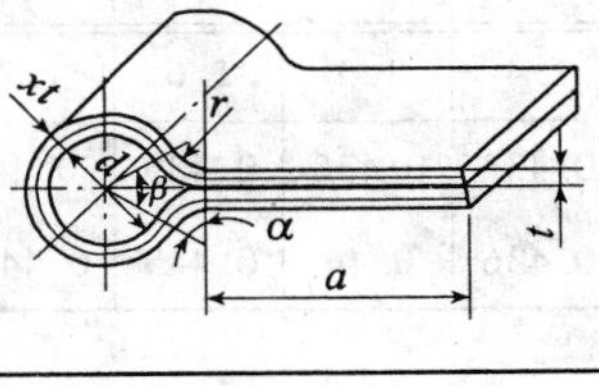	$L = 2a + (d + 2xt)\dfrac{(360° - \beta)\pi}{360°}$ $+ 2\left[\dfrac{(r + xt)\pi\alpha}{180°}\right]$

75

表 3-9   弯曲部分展开长度的计算公式

序号	计算条件	弯曲部分简图	公式
1	尺寸给在外形的切线上	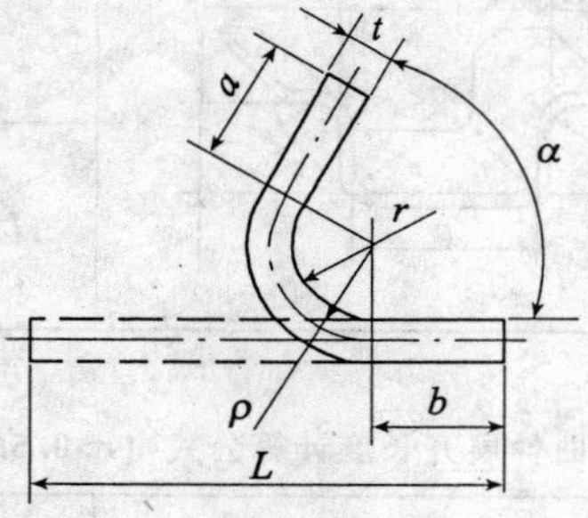	$L = a + b + \dfrac{\pi(180° - \alpha)}{180°}\rho - 2(r + t)$
2	尺寸给在外表面之交点上	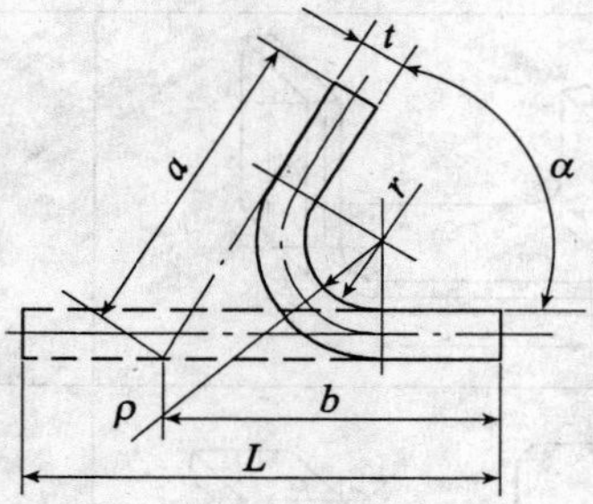	$L = a + b + \dfrac{\pi(180° - \alpha)}{180°}\rho - \cot\dfrac{\alpha}{2}(r + t)$
3	尺寸给在半径中心	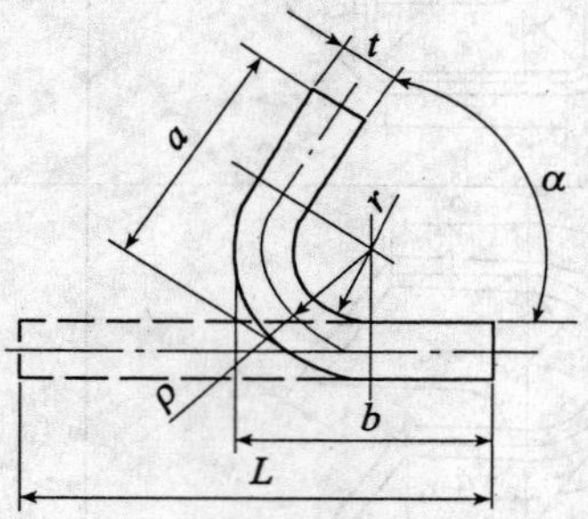	$L = a + b + \dfrac{\pi(180° - \alpha)}{180°}\rho$

表 3-10   中性层的位移系数 x_1、x_2 值

r/t	0.1	0.15	0.2	0.25	0.3	0.4	0.5	0.6	0.7	0.8	0.9
x_1	0.23	0.26	0.29	0.31	0.32	0.35	0.37	0.38	0.39	0.40	0.405
x_2	0.30	0.32	0.33	0.35	0.36	0.37	0.38	0.39	0.40	0.408	0.414
r/t	1	1.1	1.2	1.3	1.4	1.5	1.6	1.7	1.8	1.9	2.0
x_1	0.41	0.42	0.424	0.429	0.433	0.436	0.439	0.44	0.445	0.447	0.449
x_2	0.42	0.425	0.43	0.433	0.436	0.44	0.443	0.446	0.45	0.452	0.455

r/t	2.5	3	3.5	3.75	4	4.5	5	6	10	15	30
x_1	0.458	0.464	0.468	0.47	0.472	0.474	0.477	0.479	0.488	0.493	0.496
x_2	0.46	0.47	0.473	0.475	0.476	0.478	0.48	0.482	0.49	0.495	0.498

注：1. x_1 适用于有顶板或压板的 V 形弯曲或 U 形弯曲。

2. x_2 适用于无顶板的 V 形弯曲。

表 3-11　　　　　　　　卷圆时中性层位移系数 x_1 值

r/t	>0.5~0.6	>0.8~0.8	>0.8~1	>1~1.2	>1.2~1.5	>1.5~1.8	>1.8~2	>2~2.2	>2.2
x_1	0.76	0.73	0.7	0.67	0.64	0.61	0.58	0.54	0.5

表 3-12　　　　　　　　圆杆件弯曲中性层偏移量系数 x 值

r/d	>1	≤1	≤0.5	≤0.25
x	0.5	0.51	0.53	0.55

表 3-13　　　　　　　　铰链弯曲中性层偏移量系数 x 值

r/t	≥0.5~0.6	>0.6~0.8	>0.8~1	>1~1.2	>1.2~1.5	>1.5~1.8	>1.8~2	>2~2.2	>2.2
x	0.76	0.73	0.7	0.67	0.64	0.61	0.58	0.54	0.5

3.1.3　弯曲力的计算

弯曲力是弯曲工艺和模具设计的重要依据。弯曲力的大小受弯曲件的材料性能、形状、弯曲方法和模具结构等多种因素的影响，很难用理论分析的方法进行精确的计算，因而通常采用经验公式进行概略计算。

1. 自由弯曲时弯曲力的计算

用冲模弯曲时，若在弯曲终了时不对弯曲件的圆角及直边进行校正，则为自由弯曲。常见弯曲件自由弯曲时弯曲力的经验公式见表 3-14。

表 3-14   自由弯曲时弯曲力的经验计算公式

弯曲公式	简 图	经验公式
V 形自由弯曲	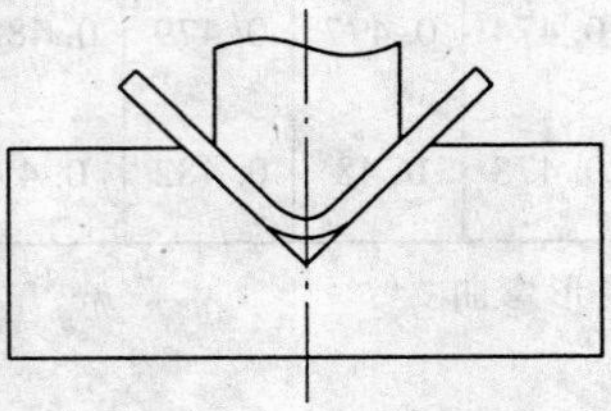	$F = \dfrac{Bt^2 \sigma_b}{1000(r + t)}$
U 形件自由弯曲	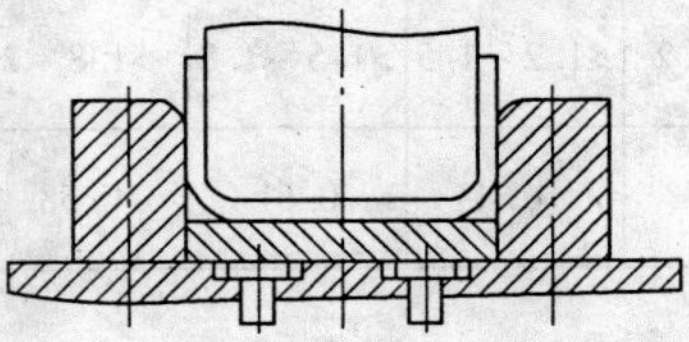	$F = \dfrac{2Bt^2 \sigma_b}{1000(r + t)}$
L 形件弯曲	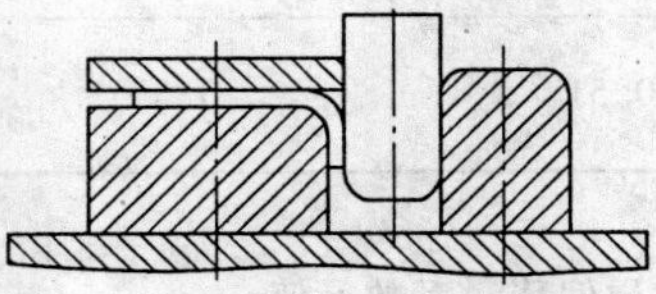	$F = \dfrac{Bt^2 \sigma_b}{1000(r + t)}$
多角同时弯曲	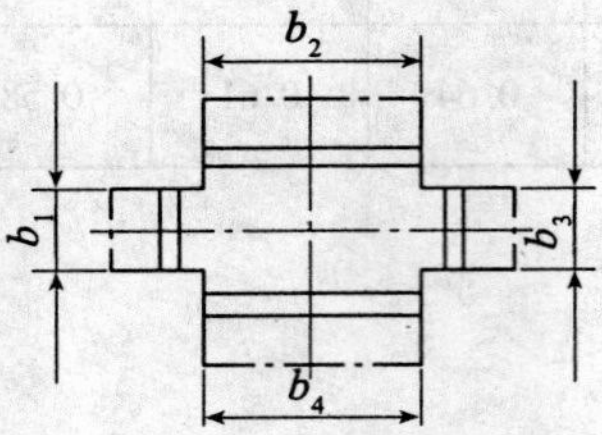	$F = \dfrac{(b_1 + b_2 + b_3 + b_4)t^2 \sigma_b}{1000(r + t)}$

式中，F——弯曲力（kN）；

      b——弯曲线长度（mm）；

      B——弯曲件宽度（mm）；

      t——弯曲件料厚（mm）；

      r——弯曲件圆角半径（mm）；

      σ_b——材料的抗拉强度极限（MPa）；

    自由弯曲时，除了弯曲力以外，有时还有压料力、顶件力等其他工艺力，弯曲的工艺

总力应为

$$F_{\Sigma} = F + F_1 + F_2 + \cdots \qquad (3\text{-}4)$$

式中，F_{Σ} ——弯曲工艺总力（kN）；

　　　F ——弯曲力（kN）；

　　　F_1 ——压料力（kN），常取 $F_1 = (0.3 \sim 0.8)F$；

　　　F_2 ——顶件力（kN），常取 $F_2 = (0.3 \sim 0.8)F$。

2. 校正弯曲时的弯曲力计算

校正弯曲时，由于校正力远大于压弯力，因而一般只计算校正力，计算公式为

$$F_{校} = qA/1000 \qquad (3\text{-}5)$$

式中，$F_{校}$ ——校正力（kN）；

　　　q ——单位校正力（MPa），其值查表 3-15；

　　　A ——弯曲件上被校正部分在垂直于弯曲力方向的平面上的投影面积（mm^2）。

表 3-15　　　　　　　　　　　校正弯曲时单位压力 q 值（MPa）

材料	材料厚度 t（mm）			
	≤1	>1～3	>3～6	>6～10
铝	10～20	20～30	30～40	40～50
黄铜	20～30	30～40	40～60	60～80
10、15、20 钢	30～40	40～60	60～80	80～100
25、30 钢	40～50	50～70	70～100	100～120

3. 压力机的选择

压力机的规格按下式选取：

自由弯曲 　　　　　　$F_{\Sigma} \leq (0.3 \sim 0.8)F_g$ 　　　　　　　(3-6)

校正弯曲 　　　　　　$F_{校} \leq (0.7 \sim 0.8)F_g$ 　　　　　　　(3-7)

式中，F_{Σ} ——弯曲工艺总力（kN）；

　　　F_g ——压力机公称压力（kN）；

　　　$F_{校}$ ——校正力（kN）。

按上式选取压力机后，还需对压力机封闭高度、行程和模具安装尺寸等进行校核，必要时还需校核压力机的行程——负荷曲线。

3.2　弯曲模结构设计

3.2.1　弯曲模工作部分尺寸计算

弯曲模工作部分的尺寸是指与工件弯曲成形直接有关的凸、凹模尺寸和凹模的深度，

如图 3-2 所示。

1. 凸模工作尺寸

当弯曲件的相对圆角半径 $r/t > (5 \sim 8)$ 时，r_T 由回弹计算决定。

当 $(5 \sim 8) > r/t > r_{min}/t$ 时，一般取 $r_T = r$。

当 $r/t < r_{min}/t$ 时，取 $r_T \geqslant r_{min}$，弯曲后通过整形工序使 r 达到要求。

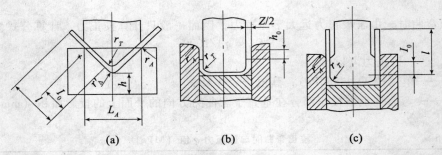

图 3-2 凸、凹模工作部分尺寸

2. 凹模工作尺寸

凹模口圆角半径 r_A 的大小直接影响坯料的弯曲成形。r_A 太小，弯曲时坯料拉入凹模的阻力大，厚度易拉薄，表面易擦伤。r_A 太大，会影响毛坯定位的准确性。对称弯曲时，凹模两边的 r_A 大小不一致，将因两边流动阻力不一致使坯料在弯曲过程中产生偏移。r_A 的取值可参考表 3-16。

表 3-16   凹模口圆角半径 r_A

材料厚度 t（mm）	≤1	>1-2	>2-3	>3-4	>4-5	>5-6	>6-7	>7-8	>8-10
凹模口圆角半径 r_A（mm）	3	5	7	9	10	11	12	13	15

V 形件作自由弯曲时，凹模底部圆角半径 r_A 无特殊要求，需要时甚至可在凹模底部开退刀槽。V 形件作校正弯曲时，凹模底部圆角半径取：

$$r_A = (0.6 \sim 0.8)(r_T + t) \tag{3-8}$$

凹模的深度应适当。凹模太浅，则坯料两端的自由部分很长，弯曲件回弹大，直边部分不平直。凹模太深，则浪费模具钢材，且要求压力机有较大的行程。

凹模深度及其他尺寸参见表 3-17。表中 A 型、B 型、C 型对应图 3-2（a）、（b）、（c）。

表 3-17　　　　　　　　　　　　　凹模工作部分尺寸

型号	尺寸	材料厚度 t（mm）								>7 ~ 8
		≤1	>1 ~ 2	>2 ~ 3	>3 ~ 4	>4 ~ 5	>5 ~ 6	>6 ~ 7		>7 ~ 8
	h（mm）	4	7	11	15	18	22	25		28
	H（mm）	20	30	40	45	55	65	70		80
A 型	弯曲件直边长度 L（mm）	凹模斜边长度 b（mm）　　$b \geqslant r_A$								
	20	6	10	15	15	20	—	—		—
	30	10	15	15	20	20	25	25		25
	50	20	20	25	25	30	30	35		35
	75	25	25	30	30	35	35	40		40
	100	30	30	35	35	40	40	45		45
B 型	m（mm）	3	4	5	6	8	10	15		20
C 型	弯曲件直边长度 L（mm）	凹模深度 h（mm）　　$h \geqslant 3r_A$								
	≤20 ~ 30	15	20	25	25	—	—	—		—
	>50 ~ 70	20	25	30	30	35	35	—		—
	>75 ~ 100	25	30	35	35	40	40	40		40
	>100 ~ 150	30	35	40	40	50	50	50		50

注：其他尺寸：a 型　凹模口部尺寸 $l = 2b\sin\phi_0/2$，但 $l \leqslant 0.8A$，ϕ_0 为弯曲件的弯曲角，A 为展开长度；b 型 $l \geqslant (r_T + 3t)$。

3. 弯曲凸模和凹模的间隙

弯曲 V 形件时，凸、凹模间隙是通过调节压力机的闭合高度来控制的，不需要在模具设计时考虑。

弯曲 U 形类弯曲件时，凸、凹模间隙对制件质量和模具寿命有重要影响。凸、凹模间隙减小，弯曲时的摩擦力和弯曲力将增加。间隙太小时，制件直边料厚变薄，表面容易出现划痕，同时还会降低凹模寿命。间隙过大时，制件回弹量增大，误差增加，从而降低制件精度。因此，必须根据弯曲件材料厚度、力学性能和弯曲件的高度、尺寸精度合理选择凸、凹模的间隙。

弯曲有色金属：

$$\frac{Z}{2} = t_{min} + nt \tag{3-9}$$

弯曲黑色金属：

$$\frac{Z}{2} = t + nt = (n + 1)t \tag{3-10}$$

式中，Z——弯曲凸、凹模的双面间隙（mm）；

      t——材料厚度的基本尺寸（或中间尺寸）（mm）；

      t_{min}——材料厚度的最小厚度（mm）；

      n——间隙系数，见表3-18。

表 3-18   间隙系数 n 值

弯曲件高度 H（mm）	材料厚度 t（mm）								
	≤0.5	>0.5~2	>2~4	>4~5	<0.5	>0.5~2	>2~4	>4~7.5	>7.5~12
	$B \leqslant 2H$				$B > 2H$				
10	0.05	0.05	0.04	—	0.10	0.10	0.08	—	—
20	0.05	0.05	0.04	0.03	0.10	0.10	0.08	0.06	0.06
35	0.07	0.05	0.04	0.03	0.15	0.10	0.08	0.06	0.06
50	0.10	0.07	0.05	0.04	0.20	0.15	0.10	0.06	0.06
75	0.10	0.07	0.05	0.05	0.20	0.15	0.10	0.10	0.08
100	—	0.07	0.05	0.05	—	0.15	0.10	0.10	0.08
150	—	0.10	0.07	0.05	—	0.20	0.15	0.10	0.10
200	—	0.10	0.07	0.07	—	0.20	0.15	0.15	0.10

注：B 为材料弯曲宽度（mm）；H 为直边高度（mm）。

4．凸模与凹模的工作尺寸及公差

弯曲 U 形件时，应根据弯曲件的使用要求、尺寸精度和模具的磨损规律来确定凸、凹模的工作尺寸及公差。

如图 3-3（a）所示，弯曲件标注外形尺寸时，应以凹模为计算基准件，间隙取在凸模上，弯曲件标注单向负偏差时，其计算公式为：

$$L_A = (L_{max} - 0.75\Delta)_0^{+\delta_A} \tag{3-11}$$

$$L_T = (L_A - Z)_{-\delta_T}^0 \tag{3-12}$$

如图 3-3（b）所示，弯曲件标注内形尺寸时，应以凸模为计算基准件，间隙取在凹模上，弯曲件标注单向正偏差时，其计算公式为：

$$L_T = (L_{min} + 0.75\Delta)_{-\delta_T}^0 \tag{3-13}$$

$$L_A = (L_T + Z)_0^{+\delta_A} \tag{3-14}$$

式中，L_T——凸模的基本尺寸（mm）；

L_A——凹模的基本尺寸（mm）；

L_{max}——弯曲件的最大极限尺寸（mm）；

L_{min}——弯曲件的最小极限尺寸（mm）；

Δ——弯曲件的尺寸公差（mm）；

δ_T、δ_A——凸、凹模的制造公差（mm），按 IT7~9 级确定，或取（1/3~1/4）Δ；

Z——凸、凹模双面间隙（mm）。

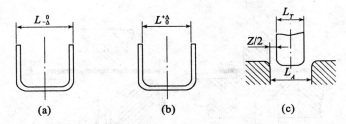

图 3-3 凸、凹模工作部分尺寸计算

3.2.2 弯曲模结构设计要点与注意事项

弯曲模具设计要保证毛坯放置在模具上可靠定位，压弯后从模具中取出工件要方便。在压弯过程中，应防止毛坯的滑动。为了减小回弹，在冲程结束时应使工件在模具中得到校正。弯曲模的结构设计应考虑在制造与维修中减小回弹。

1. 毛坯制备和工序安排

①准备毛坯时应尽量使后续弯曲工序的弯曲线与材料轧纹方向成一定的夹角。

②弯曲工序一般是先弯外角，后弯内角。前次弯曲必须使后次弯曲有合适的定位基准，后次弯曲不影响前次弯曲的成形精度。

③确定弯曲方向时，应尽量使毛坯的冲裁断裂带处于弯曲件的内侧。冲压方向的选择见图 3-4。图 3-4（a）对称进料，无侧力，弯曲件两侧均受到校正，但是定位精度差。图 3-4（b）是单侧进料，侧力较大，弯曲件两侧校正程度不同，定位精度较高。

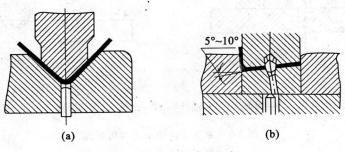

图 3-4 弯曲件冲压方向

2. 毛坯的压紧和定位

毛坯压紧的基本方式见图 3-5。毛坯定位的基本结构型式参看图 3-6。图 3-6（a）是通过外形定位来固定凹模，板材变形后即脱离定位板，定位可靠性较差，反顶力不足时，毛坯极易错动，定位操作较方便。图 3-6（b）通过孔定位来固定凹模，板料变形过程中不脱离定位销，定位可靠，但顶块和凹模有配合要求。图 3-6（c）是 V 形弯曲的活动凹模，板料未变形部分始终紧贴在凹模平面上，定位可靠。图 3-6（d）是 U 形弯曲活动凹模，适合弯曲角小于 90°的 U 形件，两侧的活动凹模镶块可在圆腔内回转。

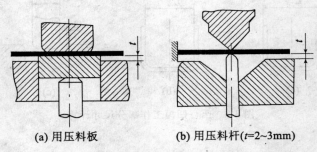

(a) 用压料板　　　　　　　　(b) 用压料杆(t=2~3mm)

图 3-5　毛坯压紧的基本方式

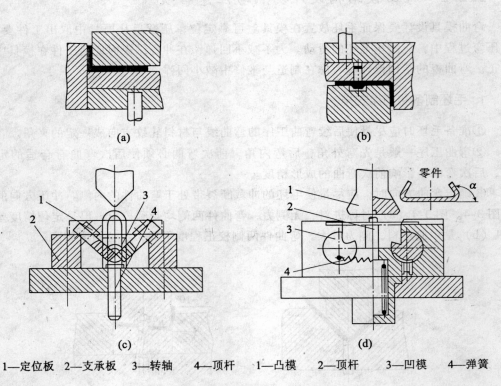

(a)　　　　　　　　　　　　　(b)

(c)　　　　　　　　　　　　　(d)

1—定位板　2—支承板　3—转轴　4—顶杆　　1—凸模　2—顶杆　3—凹模　4—弹簧

图 3-6　毛坯定位的基本结构型式

3．减小回弹的措施

减小凸、凹模的间隙能在一定程度上减小弯曲件的回弹，减小回弹的措施见表 3-19。弯曲级进模的设计见项目 6。

表 3-19　　　　　　　　　　　　减小弯曲件回弹的措施

常用结构简图	作用与方法
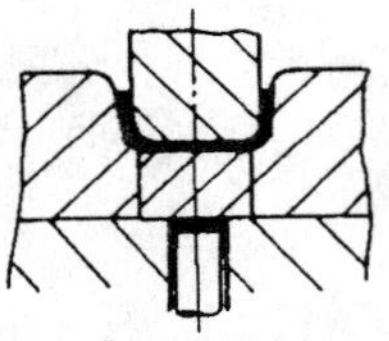	减少顶板宽度，使圆角部分得到充分校正
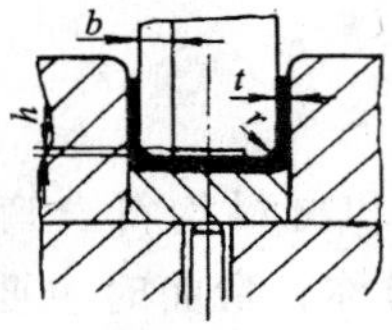	减少凸模底部接触面积，加强变形区的校正力 $b = r + (1.5 \sim 2)t$ $h = (0.08 \sim 0.1)t$
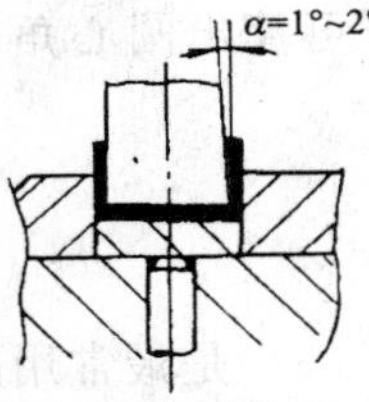 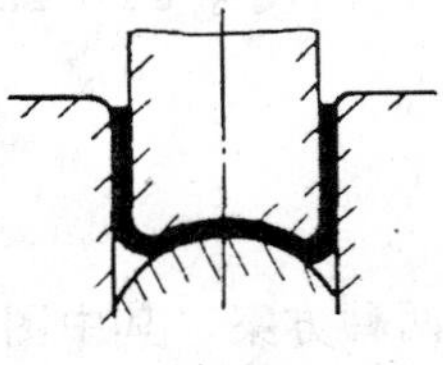	修正凸模两侧和底部形状
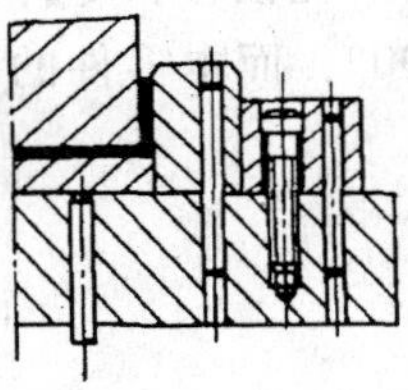 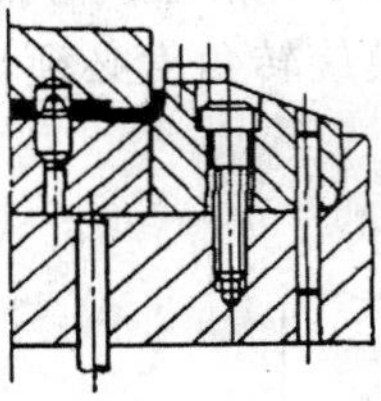	采用挡块或者窝座，提高模具结构刚性

3.3　弯曲模设计范例详解

弯曲成形如图 3-7 所示微型轿车压板零件，材料为 10 钢，厚度为 1mm，中批量生产，采用落料、冲孔—弯曲复合模。

1．零件的工艺分析

根据零件的结构形状和批量要求，本项目此时只考虑弯曲工序。试设计可采用落料、

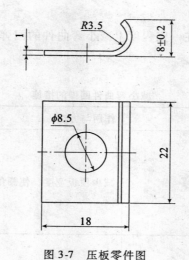

图 3-7 压板零件图

冲孔—弯曲两道工序冲压成形。该零件的结构、尺寸、精度和材料均符合弯曲工艺性要求，相对弯曲半径 $r/t=3.5<5$，回弹量不大。但零件形状不对称，弯曲时主要解决好坯料的偏移问题。

零件的弯曲部位是 $R3.5\text{mm}$ 的圆弧，按图中标注的尺寸 $8±0.2\text{mm}$，可算出圆心角为 $135°\sim147°$，故应按 $147°$ 设计模具。

2. 模具结构方案的确定

弯曲该类零件常见的模具结构有图 3-8 所示的两种方案。其中图 3-8（a）是最常用的弯曲模，但用于本零件时定位困难，且左、右摩擦力不相等，弯曲时会产生偏移，零件尺寸难以保证；图 3-8（b）是滚轴式弯曲模，其凹模旋转角度必须小于 $90°$，而本零件的弯头部位接近半圆，也不宜采用这种方案。

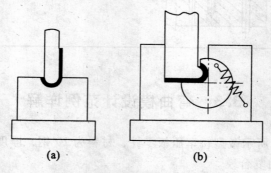

图 3-8 弯曲模结构方案示意图

考虑上述两种方案都不可行，本模具采用的是楔块式弯曲模，模具结构如图 3-9 所示。弯曲前，顶件块 7 与滑块 8 （兼作凹模）的上表面平齐，坯料以 $\phi 8.5$ 的孔套在定位销上定位。上模下行时，凸模 4 与顶件块将坯料压紧。继续下行，坯料在凸模与滑块的作用下开始弯曲，当凸模在弹簧 2 的作用下到达下止点时，完成圆弧的预弯曲。此时，滑块在斜楔 5 的作用下向左运动，当上模继续下行到达下止点时，滑块使零件弯曲成形，并产生校正力。上模回程时，凸模受弹簧 2 的作用先不动，滑块在弹簧 9 的作用下随斜楔 5 的上升向右移动复位，继而凸模上升，顶件块将零件顶出。该模具中，坯料受定位销的限制和顶件块的压紧作用，避免了弯曲时的偏移。同时，将凸模作成活动式，实现了用同一滑块进行预弯和弯曲的先后动作，并避免了凸模回程时与滑块产生的干涉。

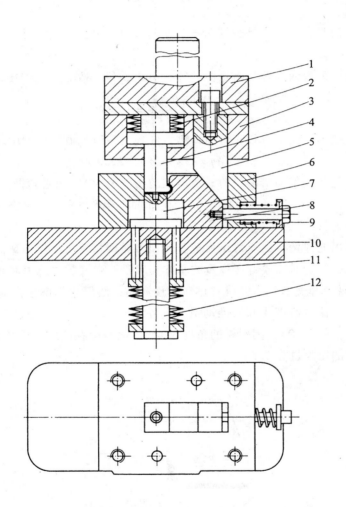

1—上模座　2—凸模背压弹簧　3、6—固定板　4—凸模　5—斜楔　7—顶件块

8—滑块　9—复位弹簧　10—下模座　11—顶杆　12—弹顶器

图 3-9　压板弯曲模结构总图

3. 有关工艺与设计计算

（1）坯料的展开长度

弯曲件由直边和圆弧两部分组成，圆弧部分中性层位移系数由 $r/t = 3.5$ 查表 3-10 得 $x = 0.468$。经计算，圆弧中心角 $\alpha = 141°$，直线部分长度，$l = 18\text{mm} - 4.5\text{mm} = 13.5\text{mm}$，故坯料的展开长度为

$$L_z = l + \frac{\pi\alpha}{180}(r + xt) = 13.5 \text{ mm} + \frac{3.14 \times 141}{180} \times (3.5 + 0.41 \times 1) \text{ mm} = 23.1 \text{mm}$$

（2）弯曲力

弯曲过程有两步，第一步是凸模向下运动的弯曲，第二步是通过滑块向左压圆弧的弯曲，并施加校正力。

第一步，弯曲的弯曲力按自由弯曲计算，由表 3-14，取 $\sigma_b = 400\text{MPa}$，得

$$F_1 = \frac{0.6KBt^2\sigma_b}{(r + t)} = 1525\text{N}$$

第二步，弯曲的弯曲力按校正弯曲计算，由式（3-5），取 $q = 30\text{MPa}$，得

$$F_2 = Aq = 22 \times 8 \times 30\text{N} = 5280\text{N}$$

校正力是通过斜楔传递给滑块的，取斜楔的角度为 45°，故总弯曲力为

$$F = F_1 + F_2 = 1525\text{N} + 5280\text{N} = 6805\text{N}$$

（3）弹簧

本模具中采用的弹簧有凸模背压弹簧、弹顶器弹簧和滑块复位弹簧。

①凸模背压弹簧。对凸模背压弹簧的基本要求是：弹簧的预压力必须大于初始弯曲力 1525N，以便实现由弹簧的弹力完成对坯料的预弯曲；凸模达到下止点时才开始与凸模固定板有相对运动，这时斜楔才开始推动滑块向左运动 2.5mm（由凸、凹模间隙及工作部位尺寸关系确定，图 3-10），因斜楔的角度为 45°，故凸模在固定板中的行程也是 2.5mm，也即弹簧进一步的压缩量为 2.5mm。

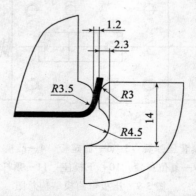

图 3-10　凸模与滑块（凹模）工作部位尺寸关系

由于需要弹簧产生的弹力较大，而弹簧尺寸又受安装空间的限制，因此只宜采用弹力较大的碟形弹簧。通过初步计算并对照有关碟形弹簧标准规格，选用 8 片外径 $\phi 50$mm、料厚 2mm 的碟形弹簧组成弹簧组，每片弹簧的允许变形量为 1.05mm，允许载荷为 4770N。设定每片弹簧的预压量为 0.35mm，则具有的预压力为 4770N×0.35/1.05 = 1590N，8 片弹簧的预压高度为 0.35mm×8 = 2.8mm，总压缩量为 2.8mm+2.5mm = 5.3mm，没有超过弹簧的允许变形量 1.05mm×8 = 8.4mm。

②弹顶器弹簧。弹顶器弹簧的预压力同样要大于 1525N。同时，根据弯曲件尺寸要求并考虑凹模强度，凸模从接触坯料到弯曲成形需下行 14mm，也即弹顶器的工作行程为 14mm。

弹顶器弹簧也采用与凸模背压弹簧相同的规格，考虑行程大的特点，用 40 片组成弹簧组，则其最大允许变形量为 1.05mm×40 = 42mm。弹簧的预压力可取 1590N，则总预压量为 0.35mm×40 = 14mm。加上弹顶器的工作行程为 14mm，因此弹簧的总压缩量为 14mm+14mm = 28mm，也没有超过弹簧的允许变形量 42mm。

由于凸模背压弹簧每片的压缩量与弹顶器弹簧相同，受力也相同，因弹顶器弹簧每片弹簧的压缩量为 28mm/40 = 0.7mm，故凸模背压弹簧的总压缩量为 0.7mm×8 = 5.6mm，减去预压的 2.8mm，则凸模在固定板中的相对移动量为 5.6mm − 2.8mm = 2.8mm。因此上述选用的两组弹簧都能符合模具设计要求。

③滑块复位弹簧。滑块复位弹簧只要求在上模回程时能使滑块可靠复位，可采用一般圆柱螺旋压缩弹簧。查表 8-33，选用弹簧 1.6×16×19.6GB/T2089—2009，弹簧的极限压缩量 h_j = 5.075mm，极限工作压力 F_j = 79.6N。

（4）回弹

因圆弧部分的相对弯曲半径 r/t = 3.5<5，故半径的回弹值可以忽略。凸模工作部分设计成半圆形，补偿角度的回弹量也足够，因此也不必计算。为了保证其形状，施加校正力以保证弯曲件的质量。

（5）凸模与滑块（凹模）工作部位尺寸确定

滑块（凹模）在初始位置要配合凸模完成第一次弯曲，然后滑块在斜楔的作用下向左移动，完成圆弧部位的弯曲成形。凸模与凹模的间隙用式（3-9）计算，由表 3-18 查出系数 n = 0.10，则

$$Z/2 = t_{\max} + nt = 1.1\text{mm} + 0.1 \times 1\text{mm} = 1.2\text{mm}$$

因弯曲半径的回弹值可以忽略，故凸模圆角半径 r_T = r = 3.5mm。凹模的圆角取 r_A = 3t = 3mm。凸模与滑块（凹模）工作部位尺寸关系如图 3-10 所示。由图 3-10 可看出，当滑块移动行程为 2.5mm 时，就可使滑块的 R4.5mm 的圆心与凸模圆心重合，因此滑块的行程即为 2.5mm。

由前述可知，当凸模到达下止点后，上模还可能下降的距离为 8.4mm − 5.6mm = 2.8mm（其中，8.4mm 是弹簧允许变形量），而滑块的行程为 2.5mm，斜楔角度为 45°，因此可以满足设计要求。

4. 主要模具零件的设计

（1）凸模

凸模上部的圆柱是碟形弹簧的导向杆，至下止点时，凸模的上顶面与垫板接触，对工件施加压力。凸模上部圆柱的直径稍小于弹簧内径（$\phi25.4$mm），取 $\phi24$mm。圆柱的高度是弹簧压缩变形后的高度，每片弹簧高度是图 3-10 凸模与滑块工作部位尺寸关系为 3.4mm，工作时的总压缩量是 0.7mm，故圆柱的高度为（3.4-0.7）mm×8 = 21.6mm。凸模的中间部位是圆柱形台肩，直径取 $\phi50$mm，下部为工作部分，具体凸模零件尺寸见图 3-11。

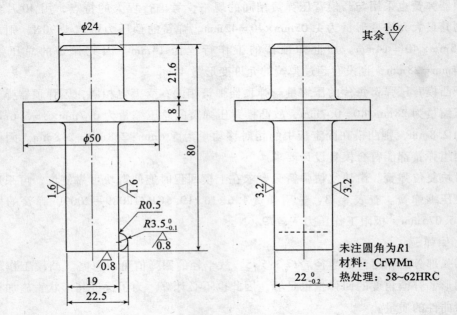

图 3-11　凸模零件图

（2）滑块

滑块的斜面、底面和台阶面是滑动工作面，表面要求光滑。滑块的上面是坯料定位面，侧面圆弧部位是弯曲凹模的工作部位，具体结构和尺寸如图 3-12 所示。滑块的右侧装有螺栓和弹簧，用于滑块的复位。

（3）斜楔

斜楔的横截面为矩形，其宽度可比滑块的宽度略小，取 21mm，长度取 24mm。斜楔的斜面及与斜面相对的侧面是滑动工作面，斜楔与凸模固定板采用 H7/k6 配合，并用 M10 的螺栓将斜楔固定在垫板上。为了便于调整圆弧部位的间隙，并控制校正力的大小，斜楔与固定板之间可设置调整垫片。

（4）顶件块

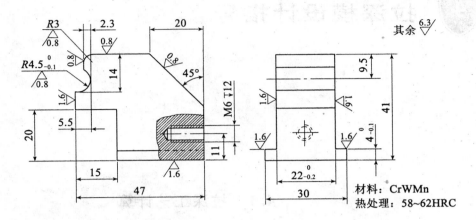

图 3-12　滑块零件

　　顶件块在弹顶器的作用下，与凸模形成足够的压紧力而完成第一次弯曲，并对坯料起定位作用。顶件块上部为矩形，其宽度与坯料相等，上面设有定位销，弯曲前坯料的 $\phi 8.5$ 孔套在定位销上定位。顶件块下部为圆柱形，外径可与碟形弹簧外径相等，底面通过 4 个顶杆与弹顶器相接触。当模具处于开启状态时，顶件块在弹顶器的作用下，其上表面与滑块等高，以便于坯料的定位。

项目 **4** 拉深模设计指导

4.1 拉深工艺计算

拉深（又称拉伸、拉延、压延、引伸等）是将一定形状的平板毛坯冲压成各种开口空心件，或以开口空心件为毛坯，减小直径，增大高度的一种冲压加工方法。

拉深工艺可分为不变薄拉深和变薄拉深。不变薄拉深通过减小毛坯或半成品的直径来增加拉深件高度，拉深过程中材料厚度的变化很小，可以近似认为拉深件壁厚等于毛坯厚度。变薄拉深是以开口空心件为毛坯，通过减小壁厚的方式来增加拉深件高度，拉深过程中筒壁厚度有显著变薄。

4.1.1 圆筒形件的不变薄拉深

1. 修边余量的确定

一般在拉深成形后，工件口部或凸缘周边不齐，必须进行修边，以达到工件的要求。因此，在按照工件图样计算毛坯尺寸时，必须加上修边余量后再进行计算。修边余量可参考表 4-1 和表 4-2。

2. 毛坯尺寸的计算

（1）形状简单的旋转体拉深件的毛坯直径

首先将拉深件划分成若干个简单的几何形状，如图 4-1 所示，分别求出各部分的面积并相加，即得工件面积为

$$A = a_1 + a_2 + a_3 + a_4 + a_5 = \sum a \tag{4-1}$$

毛坯面积为

$$A_0 = \frac{\pi}{4} D^2 \tag{4-2}$$

按照拉深前后毛坯与工件表面积相等的原则，故 $A = A_0$。

表 4-1　　　　　　　　　　　无凸缘圆筒形拉深件的修边余量 Δh　　　　　　　　　　　（mm）

工件高度 h	工件的相对高度 h/d				附图
	≥0.5~0.8	>0.8~1.6	>1.6~2.5	>2.5~4	
≤10	1.0	1.2	1.5	2	
>10~20	1.2	1.6	2	2.5	
>20~50	2	2.5	3.3	4	
>50~100	3	3.8	5	6	
>100~150	4	5	6.5	8	
>150~200	5	6.3	8	10	
>200~250	6	7.5	9	11	
>250	7	8.5	10	12	

表 4-2　　　　　　　　　　　有凸缘圆筒形拉深件的修边余量 ΔR　　　　　　　　　　　（mm）

凸缘直径 d_1	凸缘的相对直径 d_1/d				附图
	≤1.5	>1.5~2	>2~2.5	>2.5	
≤25	1.8	1.6	1.4	1.2	
>25~50	2.5	2.0	1.8	1.6	
>50~100	3.5	3.0	2.5	2.2	
>100~150	4.3	3.6	3.0	2.5	
>150~200	5.0	4.2	3.5	2.7	
>200~250	5.5	4.6	3.8	2.8	
>250	6	5	4	3	

毛坯直径为

$$D = \sqrt{\frac{4}{\pi}A} = \sqrt{\frac{4}{\pi}\sum a} \tag{4-3}$$

式中，A——拉深件的表面积；

　　a——分解成简单几何形状的表面积，其计算公式见表 4-3。

对于常用的拉深件，其毛坯直径计算公式可查表 4-4 直接求得。

（2）形状复杂的旋转体毛坯的直径

形状复杂的旋转体拉深件，求毛坯直径时，须利用下列法则，即任何形状的母线 AB

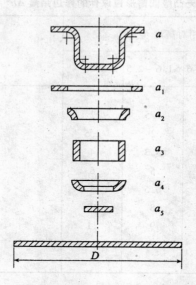

图 4-1　筒形件毛坯尺寸的确定

绕轴线 yy 旋转，所得到的旋转体面积等于母线长度 L 与其重心绕轴线旋转所得周长 $2\pi x$ 的乘积（x 是该段母线重心至轴线的距离），如图 4-2 所示。即旋转体的表面积为

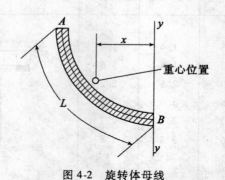

图 4-2　旋转体母线

$$A = 2\pi L x \qquad\qquad (4\text{-}4)$$

一般对整个曲线长 L 及其重心 x 不易计算，故可把母线分成若干容易计算的简单形状曲线，各段曲线长为 l_1，l_2，$\cdots$，l_n，各段的重心与轴之距离为 x_1，x_2，$\cdots$，x_n，此时旋转体的表面积为

$$
\begin{aligned}
A &= 2\pi l_1 x_1 + 2\pi l_2 x_2 + \cdots + 2\pi l_n x_n \\
&= 2\pi \sum_{i=1}^{n} l_i x_i \\
&= 2\pi L x
\end{aligned}
$$

毛坯面积为
$$A_0 = \frac{\pi D^2}{4}$$

据拉深前、后面积相等，故毛坯直径为

$$D = \sqrt{8 \sum_{i=1}^{n} l_i x_i} \qquad\qquad (4-5)$$

表 4-3 　　　　　　　**简单几何形状的表面积计算公式**

序号	名称	几何形状	面积 a
1	圆	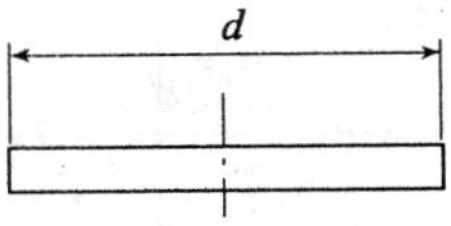	$a = \frac{\pi d^2}{4} = 0.78 d^2$
2	环	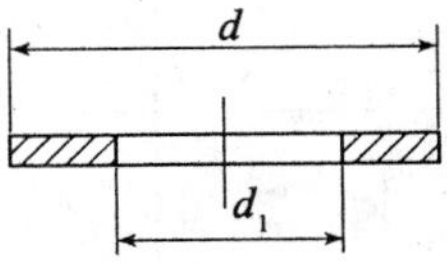	$a = \frac{\pi}{4}(d^2 - d_1^2)$
3	筒形	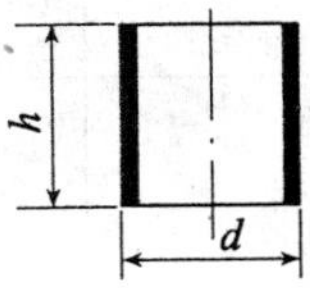	$a = \pi d h$
4	锥形	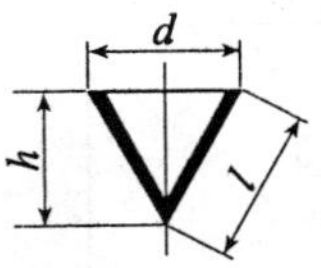	$a = \frac{\pi d l}{2}$ 或 $a = \frac{\pi}{4} d \sqrt{d^2 + 4h^2}$
5	截头锥形	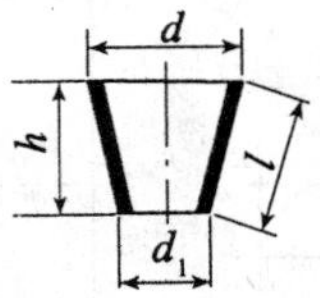	$a = \pi l\left(\frac{d + d_1}{2}\right)$ $l = \sqrt{h^2 + \left(\frac{d - d_1}{2}\right)^2}$
6	半球面	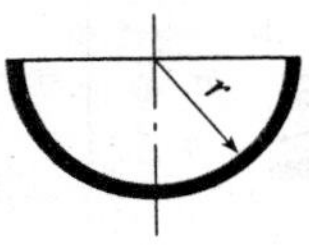	$a = 2\pi r^2$

序号	名称	几何形状	面积 a
7	小半球面	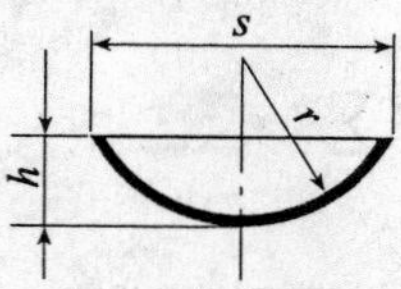	$a = 2\pi rh$ 或 $a = \dfrac{\pi}{4}(s^2 + 4h^2)$
8	球带	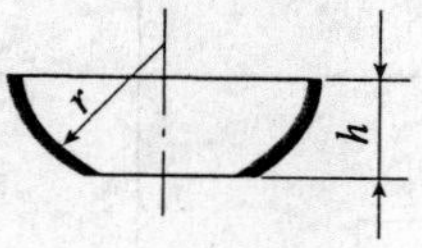	$a = 2\pi rh$
9	1/4 的凸球带	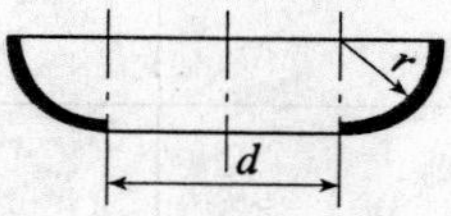	$a = \dfrac{\pi}{2}r(\pi d + 4r)$
10	1/4 的凹球带	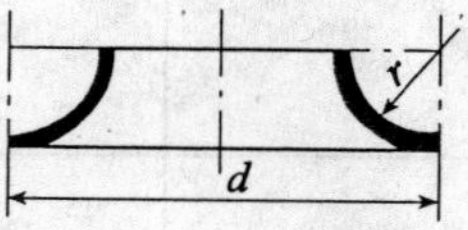	$a = \dfrac{\pi}{2}r(\pi d - 4r)$
11	凸形球环	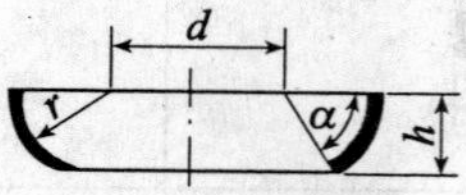	$a = \pi(dl + 2rh)$ $h = r\sin\alpha$ $l = \dfrac{\pi r\alpha}{180°}$
12	凹形球环	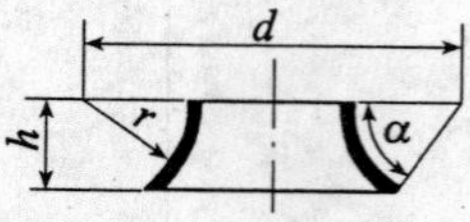	$a = \pi(dl - 2rh)$ $h = r\sin\alpha$ $l = \dfrac{\pi r\alpha}{180°}$
13	凸形球环	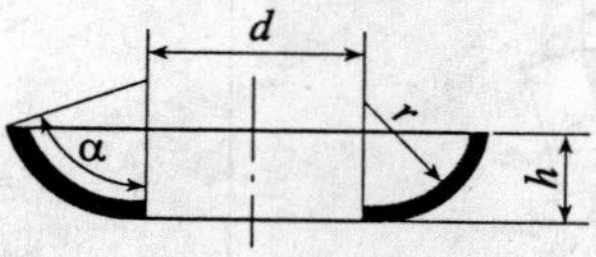	$a = \pi(dl + 2rh)$ $h = r(1 - \cos\alpha)$ $l = \dfrac{\pi r\alpha}{180°}$
14	凹形球环	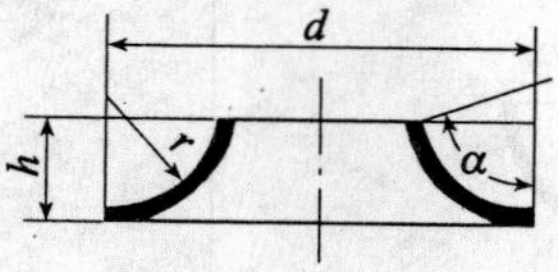	$a = \pi(dl - 2rh)$ $h = r(1 - \cos\alpha)$ $l = \dfrac{\pi r\alpha}{180°}$

序号	名称	几何形状	面积 a
15	凸形球环	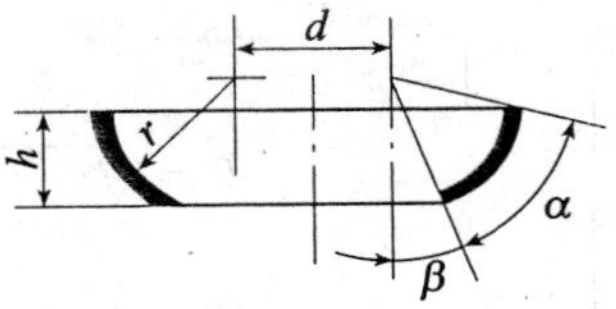	$a = \pi(dl + 2rh)$ $h = r[\cos\beta - \cos(\alpha + \beta)]$ $l = \dfrac{\pi r\alpha}{180°}$
16	凹形球环	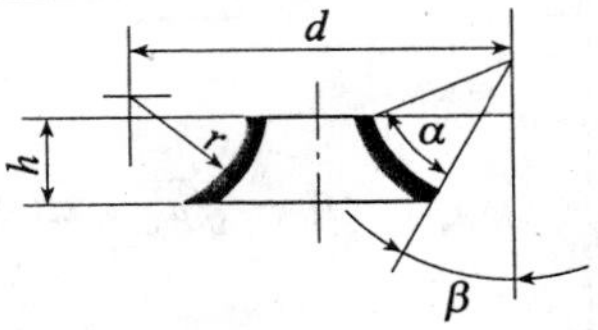	$a = \pi(dl - 2rh)$ $h = r[\cos\beta - \cos(\alpha + \beta)]$ $l = \dfrac{\pi r\alpha}{180°}$

表 4-4　　　　　　　　　**常用旋转体拉深件毛坯直径的计算公式**

序号	工件形状	毛坯直径 D
1	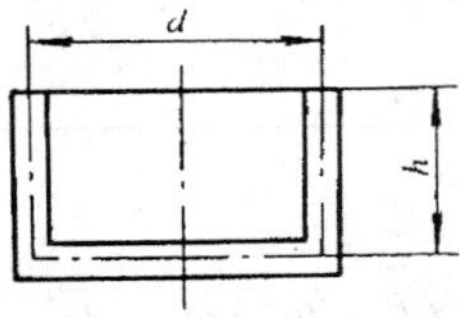	$D = \sqrt{d^2 + 4dh}$
2	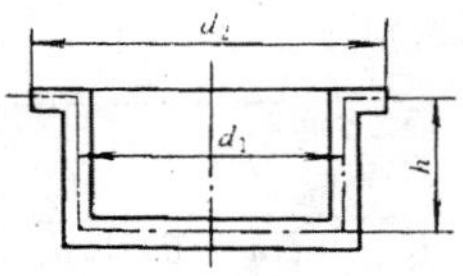	$D = \sqrt{d_2^2 + 4d_1 h}$
3	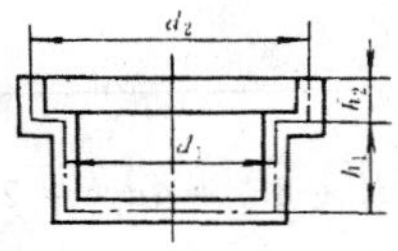	$D = \sqrt{d_2^2 + 4(d_1 h_1 + d_2 h_2)}$
4	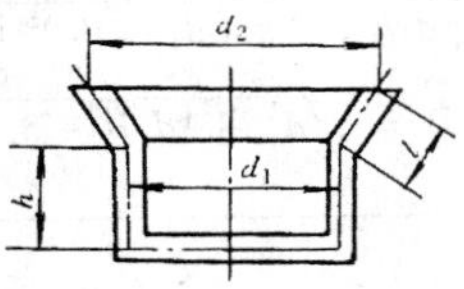	$D = \sqrt{d_1^2 + 4d_1 h + 2l(d_1 + d_2)}$
5	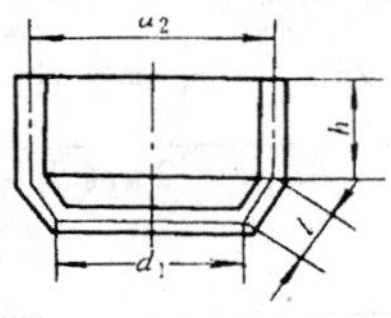	$D = \sqrt{d_1^2 + 2l(d_1 + d_2) + 4d_2 h}$

序号	工件形状	毛坯直径 D
6		$D = \sqrt{d_1^2 + 2l(d_1 + d_2)}$
7		$D = \sqrt{d_1^2 + 2l(d_1 + d_2) + d_3^2 - d_2^2}$
8		$D = \sqrt{d_1^2 + 2r(\pi d_1 + 4r)}$
9		$D = \sqrt{d_1^2 + 6.28 r d_1 + 8r^2 + d_3^2 - d_2^2}$
10		$D = \sqrt{d_1^2 + 4d_2 h + 6.28 r d_1 + 8r^2}$ 或 $D = \sqrt{d_1^2 + 4d_2 H - 1.72 r d_2 - 0.56 r^2}$
11		$D = \sqrt{d_1^2 + 2\pi r_2 d_1 + 8r_2^2 + 4d_2 h + 2\pi r_1 d_2 + 4.56 r_1^2 + d_4^2}$ 若 $r_1 = r_2 = r$ 时，则 $D = \sqrt{d_1^2 + 4d_2 h + 2\pi r(d_1 + d_2) + 4\pi r^2 + d_4^2 - d_3^2}$ 或 $D = \sqrt{d_1^2 + 4d_2 H - 3.44 r d_2}$
12		$D = \sqrt{d_1^2 + 2\pi r_2 d_1 + 8r_2^2 + 4d_2 h + 2\pi r_1 d_2 + 4.56 r_1^2}$ 若 $r_1 = r_2 = r$ 时，则 $D = \sqrt{d_1^2 + 4d_2 h + 2\pi r(d_1 + d_2) + 4\pi r^2}$

序号	工件形状	毛坯直径 D
13	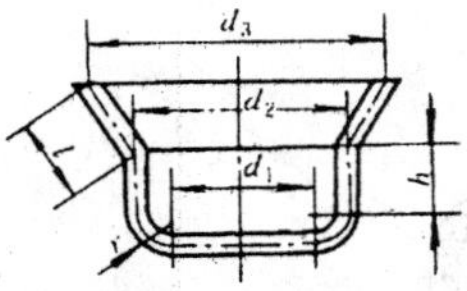	$D = \sqrt{d_1^2 + 2\pi r d_1 + 8r^2 + 4d_2 h + 2l(d_2 + d_3)}$
14	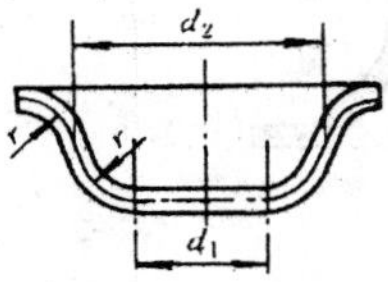	$D = \sqrt{d_1^2 + 2\pi r(d_1 + d_2) + 4\pi r^2}$
15	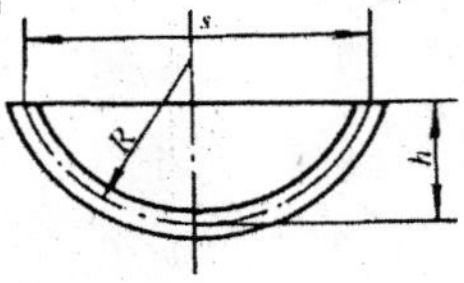	$D = \sqrt{8Rh}$ 或 $D = \sqrt{s^2 + 4h^2}$
16	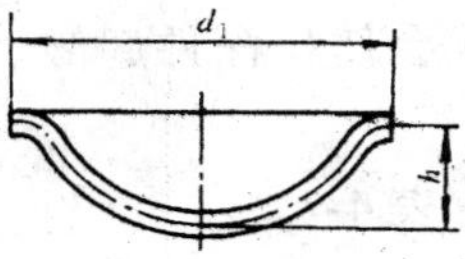	$D = \sqrt{d_1^2 + 4h^2}$
17	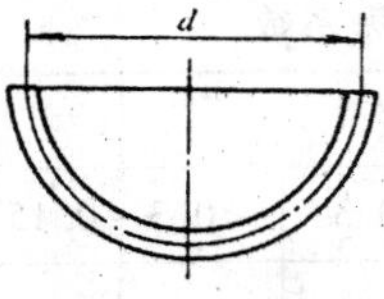	$D = \sqrt{2d^2} = 1.414d$
18	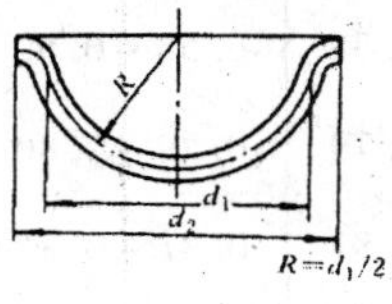	$D = \sqrt{d_1^2 + d_2^2}$
19	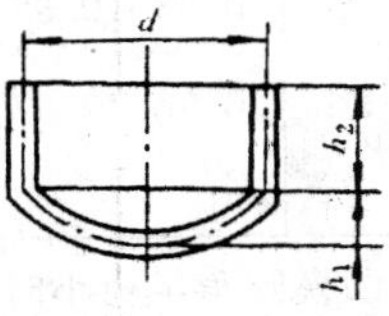	$D = \sqrt{d^2 + 4(h_1^2 + dh_2)}$
20	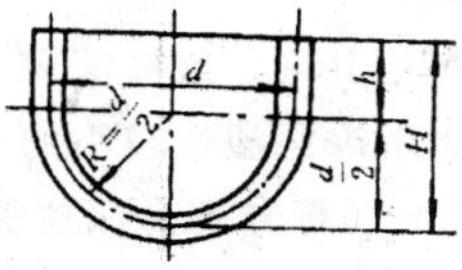	$D = 1.414\sqrt{d^2 + 2dh}$　或 $D = 2\sqrt{dH}$

求毛坯直径通常用解析法，该法适用于直线和圆弧相连接的形状，图4-3就是采用上述公式求毛坯直径的例子。

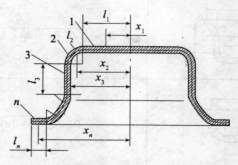

图4-3　由直线和圆弧连接的母线

3. 圆筒形拉深件的拉深系数和拉深次数

（1）无凸缘圆筒形件的拉深系数

在制定拉深工艺时，如果拉深系数 m 取得过小，就会使拉深件起皱、断裂或严重变薄。因此选用拉深系数 m 不能小于极限拉深系数。

目前生产中采用的各种材料极限拉深系数见表4-5～表4-7。

表4-5　　　　　　　　　　　无凸缘筒形件用压边圈拉深时的拉深系数

拉深系数	毛坯的相对厚度 t/D（%）					
	≤2～1.5	<1.5～1.0	<1.0～0.6	<0.6～0.3	<0.3～0.15	<0.15～0.08
m_1	0.48～0.50	0.50～0.53	0.53～0.55	0.55～0.58	0.58～0.60	0.60～0.63
m_2	0.73～0.75	0.75～0.76	0.76～0.78	0.78～0.79	0.79～0.80	0.80～0.82
m_3	0.76～0.78	0.78～0.79	0.79～0.80	0.80～0.81	0.81～0.82	0.82～0.84
m_4	0.78～0.80	0.80～0.81	0.81～0.82	0.82～0.83	0.83～0.85	0.85～0.86
m_5	0.80～0.82	0.82～0.84	0.84～0.85	0.85～0.86	0.86～0.87	0.87～0.88

注：1. 凹模圆角半径大时 r_A =（8～15）t，拉深系数取小值，凹模圆角半径小时 r_A =（4～8）t，拉深系数取大值。

2. 表中拉深系数适用于 08、10S、15S 钢与软黄铜 H62、H68。当拉深塑性更大的金属时（05、08Z 及 10Z 钢、铝等），应比表中数值减小 1.5%～2%。而当拉深塑性较小的金属时（20、25、Q235、酸洗钢、硬铝、硬黄铜等），应比表中数值增大 1.5%～2%（符号 S 为深拉深钢；Z 为最深拉深钢）。

表 4-6   无凸缘筒形件不用压边圈拉深时的拉深系数

毛坯的相对厚度 t/D（%）	各次拉深系数					
	m_1	m_2	m_3	m_4	m_5	m_6
0.4	0.90	0.92	—	—	—	—
0.6	0.85	0.90	—	—	—	—
0.8	0.80	0.88	—	—	—	—
1.0	0.75	0.85	0.90	—	—	—
1.5	0.65	0.80	0.84	0.87	0.90	—
2.0	0.60	0.75	0.80	0.84	0.87	0.90
2.5	0.55	0.75	0.80	0.84	0.87	0.90
3.0	0.53	0.75	0.80	0.84	0.87	0.90
3 以上	0.50	0.70	0.75	0.78	0.82	0.85

注：此表适用于 08、10 及 15Mn 等材料。

表 4-7   其他金属材料的拉深系数

材料名称	牌号	第一次拉深 m_1	以后各次拉深 m_n
铝和铝合金	L6（M）、L4（M）、LF21（M）	0.52~0.55	0.70~0.75
硬铝	LY12（M）、LY11（M）	0.56~0.58	0.75~0.80
黄铜	H62	0.52~0.54	0.70~0.72
	H68	0.50~0.52	0.68~0.72
纯铜	T2、T3、T4	0.52~0.55	0.72~0.80
无氧铜		0.50~0.58	0.75~0.82
镍、镁镍、硅镍		0.48~0.53	0.70~0.75
铜镍合金		0.50~0.56	0.74~0.84
白铁皮		0.58~0.65	0.80~0.85
酸洗钢板		0.54~0.58	0.75~0.78
不锈钢	Cr13	0.52~0.56	0.75~0.78
	Cr18Ni	0.50~0.52	0.70~0.75
	1Cr18Ni9Ti	0.52~0.55	0.78~0.81
	Cr18Ni11Nb、Cr23Ni18	0.52~0.55	0.78~0.80
镍铬合金	Cr20Ni80Ti	0.54~0.59	0.78~0.84
合金结构钢	30CrMnSiA	0.62~0.70	0.80~0.84
可伐合金		0.65~0.67	0.85~0.90
钼铱合金		0.72~0.82	0.91~0.97
钽		0.65~0.67	0.84~0.87
铌		0.65~0.67	0.84~0.87
钛及钛合金	TA2、TA3	0.58~0.60	0.80~0.85
锌	TA5	0.60~0.65	0.80~0.85
		0.65~0.70	0.85~0.90

注：1. 表中 M 表示退火状态。

2. 凹模圆角半径 r_A <6t 时拉深系数取大值；凹模圆角半径 $r_A \geqslant$（7~8）t 时拉深系数取小值。

3. 材料相对厚度 $\frac{t}{D} \geqslant 0.62\%$ 时拉深系数取小值；材料相对厚度 $\frac{t}{D} < 0.62\%$ 时拉深系数取大值。

（2）无凸缘圆筒形件拉深次数的确定

拉深次数通常只能概略地估计，最后通过工艺计算来确定。初步确定无凸缘圆筒形件拉深次数的方法有以下几种：

①计算法：

$$n = 1 + \frac{\lg(d_n/m_1 D)}{\lg m_n} \tag{4-6}$$

式中，n——拉深次数；

$\quad\quad d_n$——工件直径（mm）；

$\quad\quad D$——毛坯直径（mm）；

$\quad\quad m_1$——第一次拉深系数；

$\quad\quad m_n$——以后各次的平均拉深系数。

上式算得的拉深次数 n，一般不是整数，不能用四舍五入法取整，应采用较大整数值。

②查表法：根据拉深件的相对高度和毛坯相对厚度 $\frac{t}{D}$，由表4-8直接查出拉深次数。

表 4-8 　　　　　　　　　无凸缘筒形拉深件的最大相对高度 h/d 的拉深次数

拉深次数	毛坯相对厚度 t/D（%）					
n	≤2～1.5	<1.5～1	<1～0.6	<0.6～0.3	<0.3～0.15	<0.15～0.08
1	0.94～0.77	0.84～0.65	0.70～0.57	0.62～0.5	0.52～0.45	0.46～0.38
2	1.88～1.54	1.60～1.32	1.36～1.1	1.13～0.94	0.96～0.83	0.9～0.7
3	3.5～2.7	2.8～2.2	2.3～1.8	1.9～1.5	1.6～1.3	1.3～1.1
4	5.6～4.3	4.3～3.5	3.6～2.9	2.9～2.4	2.4～2.0	2.0～1.5
5	8.9～6.6	6.6～5.1	5.2～4.1	4.1～3.3	3.3～2.7	2.7～2.0

注：1. 大的 h/d 比值适用于在第一道工序内大的凹模圆角半径（由 $t/D = 2\%$ ～1.5% 时的 $r_A = 8t$ 到 $t/D = 0.15\%$ ～0.08% 时的 $r_A = 15t$）；小的比值适用于小的凹模圆角半径（$r_A = 4t$ ～ $8t$）。

2. 表中拉深次数适用于08及10钢的拉深件。

③推算法：根据 $\frac{t}{D}$ 值查出 m_1，m_2，…，然后从第一道工序开始依次求半成品直径，即

$$d_1 = m_1 D$$
$$d_2 = m_2 d_1$$
$$\cdots\cdots$$
$$d_n = m_n d_{n-1} \tag{4-7}$$

一直计算到得出的直径不大于工件要求的直径为止。可以求出拉深次数，还可知道中间工序的尺寸。

④查图法：先在图 4-4 中横坐标上找到相当毛坯直径 D 的点，从此点作一垂线。再从纵坐标上找到相当于工件直径 d 的点，并由此点作水平线，与垂线相交，根据交点，便可决定拉深次数。如交点位于两斜线之间，应取较大的次数。此线图适用酸洗软钢板的圆筒形拉深件，图 4-4 中的粗斜线用于材料厚度为 $0.5 \sim 2.0\text{mm}$ 的情况，细斜线用于材料厚度为 $2 \sim 3\text{mm}$ 的情况。

（3）各次拉深工件圆角半径 r 及高度的确定

①圆角半径 r_T。确定各次拉深半成品工件的内底角半径（即凸模圆角半径 r_T）时，一般取 $r_T = (3 \sim 5)\,t$，若拉深较薄的材料，其数值应适当加大。

各次拉深成形的半成品，除最后一道工序外，中间各次拉深时：

$$r_{A1} = 0.8\sqrt{(D - d_1)\,t} \tag{4-8}$$

取

$$r_{T1} = (0.6 \sim 1)\,r_{A1} \tag{4-9}$$

式中，D——毛坯直径（mm）；

$\quad d_1$——第一次拉深工件直径（mm）；

$\quad t$——材料厚度（mm）；

$\quad r_{A1}$——第一次拉深凹模的圆角半径（mm）；

$\quad r_{T1}$——第一次拉深凸模的圆角半径（mm）。

中间各过渡工序的圆角半径逐渐减小，但不小于 $2t$。

②各次拉深高度的计算。各次拉深高度公式为

$$h_1 = 0.25\left(\frac{D^2}{d_1} - d_1\right) + 0.43\,\frac{r_1}{d_1}(d_1 + 0.32r_1)$$

$$h_2 = 0.25\left(\frac{D^2}{d_2} - d_2\right) + 0.43\,\frac{r_2}{d_2}(d_2 + 0.32r_2)$$

$$\vdots$$

$$h_n = 0.25\left(\frac{D^2}{d_n} - d_n\right) + 0.43\,\frac{r_n}{d_n}(d_n + 0.32r_n) \tag{4-10}$$

式中，$h_1,\ h_2,\ \cdots,\ h_n$——各次拉深半成品的高度（mm）；

$\quad d_1,\ d_2,\ \cdots,\ d_n$——各次拉深半成品的直径（mm）；

$\quad r_1,\ r_2,\ \cdots,\ r_n$——各次拉深后半成品的底角半径（mm）；

$\quad D$——毛坯直径（mm）。

$\left(\text{当料厚等于 1mm 时，} r_1 = r_{T1}，\text{料厚大于 1mm 时，} r_1 = r_{T1} + \dfrac{t}{2}\right)$

（4）有凸缘圆筒形件的拉深系数

拉深有凸缘圆筒形件时，不能用无凸缘筒形件的首次拉深系数 m_1，因为无凸缘筒形件拉深时是将凸缘部分全部变成工件的侧表面，而有凸缘拉深时，相当无凸缘拉深过程的

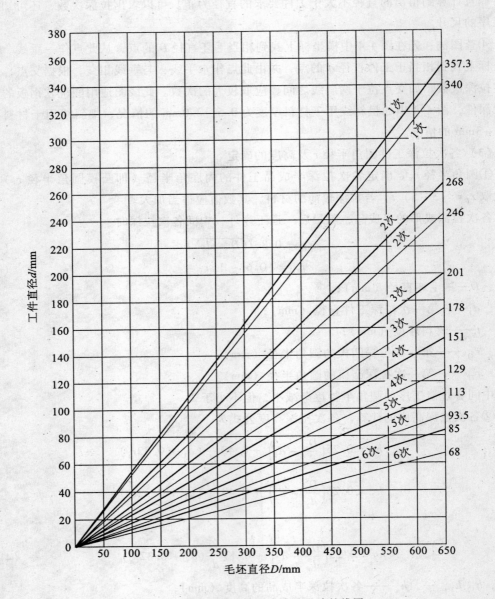

图 4-4 确定拉深次数及半成品尺寸的线图

中间阶段。因此，用 $m_1 = \dfrac{d_1}{D}$ 不能表达各种不同情况下的实际变形程度。

有凸缘筒形件首次拉深的许可变形程度可用相应于 $\dfrac{d_t}{d_1}$ 不同比值的最大相对拉深高度

$\dfrac{h_1}{d_1}$ 来表示，见表 4-9。

有凸缘筒形件首次拉深时的最小拉深系数列于表 4-10。

多次拉深的方法是：根据表 4-9 查出第一次拉深允许的最大相对高度 $\dfrac{h_1}{d_1}$ 之值，判断是否一次拉成，若 $\dfrac{h}{d} \leqslant \dfrac{h_1}{d_1}$ 时，则可一次拉出，若 $\dfrac{h}{d} > \dfrac{h_1}{d_1}$ 时，则需要多次拉出；从表 4-10 中查出首次极限拉深系数 m_1 或根据表 4-9 中查得的相对拉深高度拉成凸缘直径等于零件尺寸 d_t 的中间过渡形状，以后各次拉深均保持 d_t 不变，按表 4-5 中的拉深系数逐步减小筒形部分直径，直到拉成零件为止。

表 4-9　　　　　　　　带凸缘筒形件第一次拉深的最大相对高度 h_1/d_1

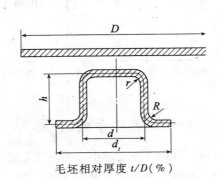

毛坯相对厚度 $t/D(\%)$

凸缘相对直径 $\dfrac{d_t}{d_1}$	>0.06 ~ 0.2	>0.2 ~ 0.5	>0.5 ~ 1	>1 ~ 1.5	>1.5
≤1.1	0.45 ~ 0.52	0.50 ~ 0.62	0.57 ~ 0.70	0.60 ~ 0.80	0.75 ~ 0.90
>1.1 ~ 1.3	0.40 ~ 0.47	0.45 ~ 0.53	0.50 ~ 0.60	0.56 ~ 0.72	0.65 ~ 0.80
>1.3 ~ 1.5	0.35 ~ 0.42	0.40 ~ 0.48	0.45 ~ 0.53	0.50 ~ 0.63	0.58 ~ 0.70
>1.5 ~ 1.8	0.29 ~ 0.35	0.34 ~ 0.39	0.37 ~ 0.44	0.42 ~ 0.53	0.48 ~ 0.58
>1.8 ~ 2.0	0.25 ~ 0.30	0.29 ~ 0.34	0.32 ~ 0.38	0.36 ~ 0.46	0.42 ~ 0.51
>2.0 ~ 2.2	0.22 ~ 0.26	0.25 ~ 0.29	0.27 ~ 0.33	0.31 ~ 0.40	0.35 ~ 0.45
>2.2 ~ 2.5	0.17 ~ 0.21	0.20 ~ 0.23	0.22 ~ 0.27	0.25 ~ 0.32	0.28 ~ 0.35
>2.5 ~ 2.8	0.13 ~ 0.16	0.15 ~ 0.18	0.17 ~ 0.21	0.19 ~ 0.24	0.22 ~ 0.27
>2.8 ~ 3.0	0.10 ~ 0.13	0.12 ~ 0.15	0.14 ~ 0.17	0.16 ~ 0.20	0.18 ~ 0.22

注：1. 适用于 08、10 钢。d_1 为第一次拉深的直径，d_t 为凸缘筒形件的直径。

2. 较大值相应于零件圆角半径较大情况，即 r_A、r_T 为（10 ~ 20）t；较小值相应于零件圆角半径较小情况，即 r_A、r_T 为（4 ~ 8）t。

表 4-10   带凸缘筒形件第一次拉深时的拉深系数 m_1

凸缘相对直径 $\dfrac{d_t}{d_1}$	毛坯相对厚度 t/D （%）				
	≥0.06~0.2	>0.2~0.5	>0.5~1.0	>1.0~1.5	>1.5
≤1.1	0.59	0.57	0.55	0.53	0.50
>1.1~1.3	0.55	0.54	0.53	0.51	0.49
>1.3~1.5	0.52	0.51	0.50	0.49	0.47
>1.5~1.8	0.48	0.48	0.47	0.46	0.45
>1.8~2.0	0.45	0.45	0.44	0.43	0.42
>2.0~2.2	0.42	0.42	0.42	0.41	0.40
>2.2~2.5	0.38	0.38	0.38	0.38	0.37
>2.5~2.8	0.35	0.35	0.34	0.34	0.33
>2.8~3.0	0.33	0.33	0.32	0.32	0.31

注：适用于 08、10 钢。d_1 为第一次拉深的直径，d_t 为凸缘筒形件的直径。

4.1.2 圆筒形件工序尺寸的计算

毛坯在拉深过程中，其相对厚度越小，毛坯抗失稳性能越差，越容易起皱；相对厚度越大，越稳定，越不容易起皱。拉深时，对较薄的材料，为防止起皱，常采用压边圈压住毛坯。而较厚的材料由于稳定性较好可不用压边圈。判断拉深时毛坯是否会起皱，即是否采用压边圈，是个相当复杂的问题，在处理生产中的实际问题时，可按表 4-11 近似判断。

表 4-11   采用或不采用压边圈的条件

拉深方法	第一次拉深		以后各次拉深	
	t/D （%）	m_1	t/D （%）	m_n
用压边圈	<1.5	<0.60	<1	<0.80
可用可不用	1.5~2.0	0.60	1~1.5	0.80
不用压边圈	>2.0	>0.60	>1.5	>0.80

1. 无凸缘的圆筒形件计算步骤

①选取修边余量 Δh，按表 4-1 选取。

②预算毛坯直径 D，按表 4-4 序号 10 公式计算（h 或 H 必须加上修边余量）。

③计算毛坯相对厚度 t/D，并按表 4-11 判断是否用压边圈拉深。

④计算总的拉深系数，并判断能否一次拉成。根据工件直径 d 和毛坯直径 D 算出总拉深系数 $m_总 = d/D$。由表 4-5 或表 4-6 选取 m_1。如果 $m_总 \geq m_1$，则说明工件可一次拉成，

否则，需多次拉深。

⑤确定拉深次数 n，查表 4-8。

⑥初步确定各次拉深系数。按表 4-5 或表 4-7 初步确定 n 次拉深系数 m_1，m_2，…，m_n。

⑦调整拉深系数，计算各次拉深后的直径。$d_1 = m_1 D$，$d_2 = m_2 d_1$，…，$d_n = m_n d_{n-1}$。

若 $d_n < d$ 时，各次拉深系数适当放大 k 值：

$$k = \sqrt[n]{\frac{d}{d_n}} \tag{4-11}$$

按修正的拉深系数计算各次拉深直径：

$$d_1 = m_1 D k, \quad d_2 = m_2 d_1 k, \quad \cdots, \quad d_n = m_n d_{n-1} k = d$$

⑧确定各次拉深凸、凹模的圆角半径。

$$r_A = 0.8 \sqrt{(D - d_1) t} \tag{4-12}$$

$$r_T = (0.6 \sim 1) r_A \tag{4-13}$$

凸模圆角半径逐渐减小，最后一次拉深，凸模圆角半径应等于工件的圆角半径值。如果工件圆角半径 $r < (2 \sim 3) t$，取 $r_T \geq (2 \sim 3) t$，增加整形工序，以达到工件要求的圆角半径。

⑨计算各次拉深半成品高度

$$h_n = 0.25 \left(\frac{D^2}{d_n} - d_n \right) + 0.43 \frac{r_n}{d_n} (d_n + 0.32 r_n) \tag{4-14}$$

⑩绘制工序图。

2. 有凸缘圆筒形件计算步骤

①根据表 4-2 选定修边余量，预算毛坯直径，按表 4-4 序号 11 公式计算。

②根据表 4-9 中的 h_1/d_1，判断是否可一次拉成。当 $h/d \leq h_1/d_1$ 时，可一次拉成。否则需要多次拉深。

③根据表 4-10 选取 m_1，计算 $d_1 = m_1 D$。初选第一次的相对凸缘直径为 $\frac{d_t}{d_1} = 1.1$。

④计算第一次拉深模的凸、凹模圆角半径。

$$r_{A1} = r_{T1} = 0.8 \sqrt{(D - d_1) t} \tag{4-15}$$

⑤根据拉深第二原则，修正毛坯直径，并计算第一次拉深高度 h_1：

$$h_n = \frac{0.25}{d_1} (D_1^2 - d_1^2) + 0.43 (r_{T1} + r_{A1}) + \frac{0.14}{d_1} (r_{T1}^2 - r_{A1}^2) \tag{4-16}$$

⑥验算 m_1 是否选得正确，查表 4-9。如果计算得到的 h_1/d_1 不大于表中给出的 h_1/d_1 数值，说明选择合适，否则要重新调整。

⑦根据表 4-5 选取以后各次拉深系数 m_2、m_3、…、m_n，计算拉深后的直径：$d_2 = m_2 d_1$，$d_3 = m_3 d_2$，…，$d_n = m_n d_{n-1}$。

若 $d_n<d$ 时，重新调整 $k = \sqrt[n]{\dfrac{d}{d_n}}$，$d_2 = m_2 k d_1$，$d_3 = m_3 k d_2$，$\cdots$，$d_n = m_n k d_{n-1}$。

⑧计算以后各次拉深模的凸、凹模圆角半径。

⑨根据第二拉深原则，计算以后各次拉深的相当毛坯直径 D_n 和各次拉深高度 h_n：

$$h_n = \frac{0.25}{d_n}(D_n^2 - d_t^2) + 0.43(r_{Tn} + r_{An}) + \frac{0.14}{d_n}(r_{Tn}^2 - r_{An}^2) \tag{4-17}$$

⑩绘制工序图。

4.1.3　特殊形状零件的拉深

1. 阶梯形零件的拉深

旋转体阶梯形件（图4-5）的拉深与圆筒形件的拉深基本相同，即每一阶梯相当于相应圆筒形件的拉深。

（1）一次可拉成的阶梯形件

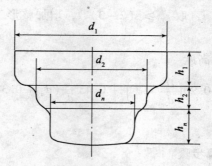

图 4-5　阶梯形拉深件

当材料的相对厚度较大（$t/D>0.01$），而阶梯之间的直径之差和工件高度较小时，可用一道工序拉深成形。判断是否可用一道工序拉深成形的两种方法如下：

①算出工件高度与最小直径之比 $\dfrac{h}{d_n}$ 和 $\dfrac{t}{D}$，按表4-8查得拉深次数，若拉深次数为1，则可一次拉出。

②用经验公式来校验：

$$m_y = \frac{\dfrac{h_1}{h_2}\dfrac{d_1}{D} + \dfrac{h_2 d_2}{h_3 D} + \cdots + \dfrac{h_{n-1}}{h_n}\dfrac{d_{n-1}}{D} + \dfrac{d_n}{D}}{\dfrac{h_1}{h_2} + \dfrac{h_2}{h_3} + \cdots + \dfrac{h_{n-1}}{h_n} + 1} \tag{4-18}$$

式中，h_1，h_2，$\cdots$，h_n——各级阶梯的高度（mm）；

　　　d_1，d_2，$\cdots$，d_n——由大至小的各阶梯直径（mm）；

　　　D——毛坯直径（mm）。

m_y——阶梯形工件的假想拉深系数,将 m_y 与圆筒形件的第一次拉深极限值 m_1 比较,如果 $m_y \geqslant m_1$,可以一次拉出。其中,m_1 见表4-5,否则就需要多次拉深。

(2)多次拉深的阶梯形零件

①若任意两相邻阶梯直径的比值 d_n/d_{n-1} 大于相应无凸缘圆筒形件的极限拉深系数时,拉深顺序为由大阶梯到小阶梯依次拉深,如图4-6(a)所示。

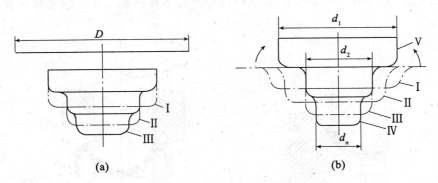

图4-6 阶梯形零件的拉深程序

②若任意两相邻阶梯直径的比值 d_n/d_{n-1} 小于相应无凸缘圆筒形件的极限拉深系数时,由直径 d_{n-1} 拉深到 d_n 按有凸缘圆筒件的拉深工序计算方法,其拉深顺序由小阶梯到大阶梯依次拉深,如图4-6(b)所示。

2. 半球形和抛物线形零件的拉深

半球形和抛物线形件的拉深特点在于:拉深开始时,凸模与毛坯中间部分只有一点接触(图4-7)。

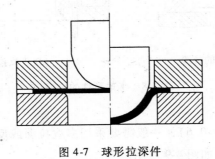

图4-7 球形拉深件

①半球形件的拉深,由于拉深系数为常数,所以只需一次拉深。拉深方法如下:

a. $t/D > 3\%$ 时,不用压边圈即可拉成,但必须在行程末了对零件进行校正。如图4-8(a)所示。

b. 当 $t/D = 0.5\% \sim 3\%$ 时，需用压边圈或用反向拉深方法（图4-8（b））。

c. 当 $t/D < 0.5\%$ 时，则采用有拉深肋的凹模（图4-8（c））或反向拉深。

d. 对于尺寸大的薄球面形工件进行拉深时，可不用有拉深肋的凹模，也不用压边圈而采用正反拉深一次成形的拉深方法，如图4-8（d）所示。

②抛物线形件的拉深。

a. 浅的抛物线形件（$h/d < 0.6$），其拉深特点与半球件差不多，因此拉深方法与半球形件相似。

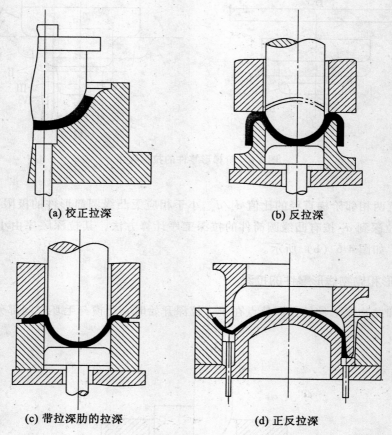

(a) 校正拉深　　　　　　　　(b) 反拉深

(c) 带拉深肋的拉深　　　　　(d) 正反拉深

图4-8　半球形件的拉深

b. 深抛物线形件（$h/d > 0.6$），一般需要采用多次拉深或反向拉深。

抛物线形件的形状尺寸如图4-9所示。

3. 锥形件的拉深

锥形件的拉深除具有半球形件拉深的特点外，还由于工件口部与底部直径差别大，回弹现象特别严重。因此这种零件的拉深比半球形件更困难。

锥形件的形状如图 4-10 所示。根据锥形件的高度，其拉深可分为三类：

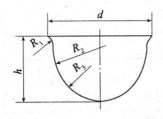

图 4-9 抛物线形件

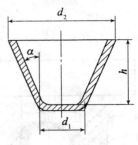

图 4-10 锥形件

（1）浅锥形件

当工件高度 $h \leqslant$（$0.25 \sim 0.3$）d_2 时，称为浅锥形件，一般可一次拉成。当 $\alpha > 45°$ 时回弹大，常采用有拉深肋的模具，如图 4-11 所示。

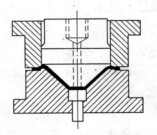

图 4-11 浅锥形件拉深

（2）中锥形件

当工件高度 $h =$（$0.4 \sim 0.7$）d_2 时，称中锥形件。

当 $t/D > 2.5\%$ 时，可一次拉成，不用压边，只需要在工作行程终了对工件进行整形，如图 4-12 所示。

当 $t/D = 1.5\% \sim 2\%$ 时，可一次拉成，但因材料较薄，为防起皱，要用强力压边。

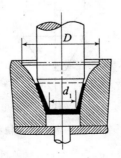

图 4-12 无压边拉深

111

当 $t/D<1.5\%$ 时，须采用 2~3 次拉深。第一次拉成带有大圆角的圆筒形或半球形件，然后再拉成所需要的形状。其模具结构如图 4-13 所示。

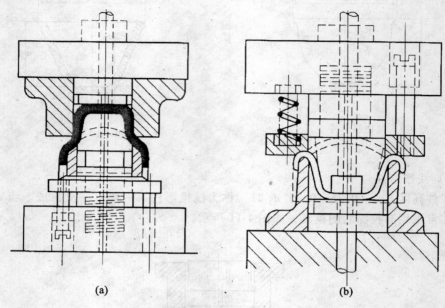

(a)   (b)

图 4-13　锥形件拉深模

（3）深锥形件

当工件高度 $h>0.8d_2$ 时，称为深锥形件。深锥形需要多次拉深，采用逐步成形的方法。拉深过程如图 4-14 所示。

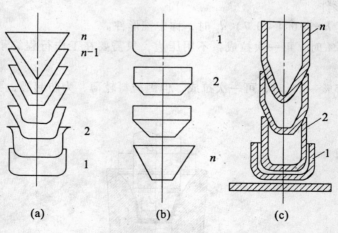

(a)   (b)   (c)

图 4-14　深锥形件的拉深

4.1.4　盒形件的拉深

1. 盒形件毛坯尺寸的计算

（1）低盒形件毛坯尺寸的计算$\left(\dfrac{h}{b} \leqslant 0.7 \sim 0.8\right)$

低盒形件指的是一次拉深成形或两次拉深，但第二工序仅用来校形以减小壁部转角及底部圆角。其毛坯尺寸计算常用毛坯展开计算法。

① 对于方形盒拉深件可采用圆形毛坯（图 4-15（a））。

当 $r = r_底$ 时，毛坯直径为

$$D = 1.13\sqrt{b^2 + 4b(h - 0.43r) - 1.72r(h + 0.33r)} \tag{4-19}$$

当 $r \neq r_底$ 时，毛坯直径为

$$D = 1.13\sqrt{b^2 + 4b(h - 0.43r_底) - 1.72r(h + 0.5r) - 4r_底(0.11r_底 - 0.18r)} \tag{4-20}$$

② 对于尺寸为 $b_1 \times b$ 的矩形盒拉深件，可以看作由两个宽度为 b 的半正方形和中间为 $(b_1 - b)$ 的直边所组成。这时毛坯形状是由两个平行边所组成的长圆形（图 4-15（b））。

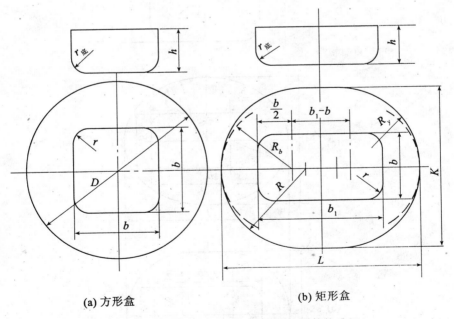

(a) 方形盒　　　　　　　　(b) 矩形盒

图 4-15　角部圆角半径大的低盒形拉深件的毛坯

长圆形毛坯的圆弧半径为

$$R_b = \frac{D}{2} \tag{4-21}$$

式中，R_b——毛坯的圆弧半径；

D——尺寸为 $b_1 \times b$ 的假想方形盒的毛坯直径。

长圆形毛坯的长度为

$$L = 2R_b + (b_1 - b) = D + (b_1 - b) \qquad (4\text{-}22)$$

长圆形毛坯的宽度为

$$K = \frac{D(b - 2r) + [b + 2(h - 0.43r_{底})](b_1 - b)}{b_1 - 2r} \qquad (4\text{-}23)$$

当 $K \approx L$ 时，毛坯成为圆形，$R = 0.5K$。

当 $\dfrac{b_1}{b} < 1.3$，且 $\dfrac{h}{b} < 0.8$ 时，$K = 2R_b = D$。

（2）高矩形盒件毛坯尺寸的计算 $\left(\dfrac{h}{b} \leqslant 0.7 \sim 0.8 \right)$

高矩形盒件必须采用多道工序拉深才能最后成形。毛坯尺寸根据盒形件表面积与毛坯表面积相等的原则求得。毛坯外形可为窄边半径 R_b 及宽边半径 R_{b1} 所构成的椭圆形（图 4-16（a）），或由半径为 $R = 0.5K$ 的两个半圆和两条平行边所构成的长圆形（图 4-16（b））。

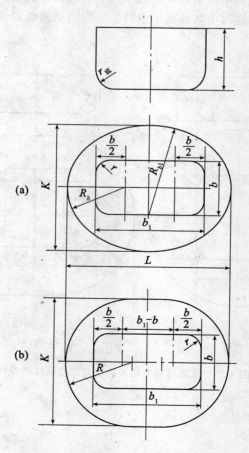

图 4-16　矩形件多工序拉深的毛坯形状

R_b 、L 和 K 可根据式（4-21）~式（4-23）计算。

椭圆形宽边的圆弧半径：

$$R_{b1} = \frac{0.25(L^2 + K^2) - LR_b}{K - 2R_b}$$

（4-24）

当矩形盒的尺寸 b_1 与 b 相差不大，且有很大的相对高度时，可直接采用圆形毛坯。

2. 盒形件的工序计算

（1）低盒形件工序尺寸计算程序

①计算毛坯尺寸。

表 4-12 　　　　　　　在一道工序内所能拉深的矩形盒的最大相对高度 h/b

角部的相对圆角半径 r/b	毛坯相对厚度 t/D （%）			
	2.0 ~ 1.5	1.5 ~ 1.0	1.0 ~ 0.5	0.5 ~ 0.2
0.30	1.2 ~ 1.0	1.1 ~ 0.95	1.0 ~ 0.9	0.9 ~ 0.85
0.20	1.0 ~ 0.9	0.9 ~ 0.82	0.85 ~ 0.70	0.8 ~ 0.7
0.15	0.9 ~ 0.75	0.8 ~ 0.7	0.75 ~ 0.65	0.7 ~ 0.6
0.10	0.8 ~ 0.6	0.7 ~ 0.55	0.65 ~ 0.5	0.6 ~ 0.45
0.05	0.7 ~ 0.5	0.6 ~ 0.45	0.55 ~ 0.4	0.5 ~ 0.35
0.02	0.5 ~ 0.4	0.45 ~ 0.5	0.4 ~ 0.3	0.35 ~ 0.25

注：1. 除了 r/b 和 t/D 外，许可拉深高度尚与矩形盒的绝对尺寸有关，故对较小尺寸的盒形件（$b<$ 100mm）取上限值，对大尺寸盒形件取较小值。

2. 对于其他材料，应根据金属塑性的大小，选取表中数据作一定的修正。例如 1Cr18Ni9Ti 和铝合金的修正系数为 1.1 ~ 1.15，20 钢、25 钢为 0.85 ~ 0.9。

②计算相对高度 $\dfrac{h}{b}$，与表 4-12 所列的 $\dfrac{h}{b_0}$ 相比，若 $\dfrac{h}{b} \leqslant \dfrac{h}{b_0}$，则不能一次拉成。

③校核角部的拉深系数。

$$m = \frac{r}{R_y}$$

（4-25）

式中，m——圆角处的假想拉深系数；

r——角部的圆角半径；

R_y——毛坯圆角部分的假想半径。

当 $r = r_底$ 时，拉深系数用 $\dfrac{h}{r}$ 来表示，因为

$$m = \frac{d}{D} = \frac{2r}{2\sqrt{2rh}} = \frac{1}{\sqrt{2\dfrac{h}{r}}}$$

（4-26）

盒形件第一次拉深系数 m_1 列于表 4-13，若 $m \geqslant m_1$，则可一次拉成。若 $m<m_1$，则不能一次拉成。

或根据 $\dfrac{h}{r}$ 值进行核算。盒形件第一次拉深许可的最大比值 $\dfrac{h}{r}$ 列于表 4-14。

表 4-13　　　　　　　盒形件角部的第一次拉深系数 m_1（材料：08、10）

$\dfrac{r}{b_0}$	毛坯相对厚度 t/D（%）							
	0.3 ~ 0.6		0.6 ~ 1.0		1.0 ~ 1.5		1.5 ~ 2.0	
	矩形	方形	矩形	方形	矩形	方形	矩形	方形
0.025	0.31		0.30		0.29		0.28	
0.05	0.32		0.31		0.30		0.29	
0.10	0.33		0.32		0.31		0.30	
0.15	0.35		0.34		0.33		0.32	
0.20	0.36	0.38	0.35	0.36	0.34	0.35	0.33	0.34
0.30	0.40	0.42	0.38	0.40	0.37	0.39	0.36	0.38
0.40	0.44	0.48	0.42	0.45	0.41	0.43	0.40	0.42

表 4-14　　　　　　盒形件第一次拉深许可的最大比值 h/r（材料：10）

$\dfrac{r}{b_0}$	方形盒			矩形盒		
	毛坯相对厚度 t/D（%）					
	0.3 ~ 0.6	0.6 ~ 1	1 ~ 2	0.3 ~ 0.6	0.6 ~ 1	1 ~ 2
0.4	2.2	2.5	2.8	2.5	2.8	3.1
0.3	2.8	3.2	3.5	3.2	3.5	3.8
0.2	3.5	3.8	4.2	3.8	4.2	4.6
0.1	4.5	5.0	5.5	4.5	5.0	5.5
0.05	5.0	5.5	6.0	5.0	5.5	6.0

注：对塑性较差的金属拉深时，h/r_1 的数值取比表值减小 5% ~ 7%，对塑性更大的金属拉深时，取比表中数值大 5% ~ 7%。

（2）高盒形件工序尺寸的计算程序

①初步估算拉深系数。对于高盒形件，一般需要多次拉深，先拉成较大的圆角，后逐次减小圆角半径，直到达到工件要求。

各次拉深的圆角半径 $r_n = m_n r_{n-1}$。

盒形件所需的拉深次数根据相对高度可由表 4-15 查出。以后各次的拉深系数必须大于表 4-16 所列值。

②确定各工序半成品形状及尺寸。一般高盒形件需要多次拉深，在前几次拉深时，采用过渡形状（方形盒多用圆形过渡，矩形盒则用椭圆形或圆形过渡，而在最后一次才拉成方形盒或矩形盒），因此需要确定各道工序的过渡形状。

表 4-15　　　　　　　　盒形件多次拉深所能达到的最大相对高度 h/b

拉深次数	毛坯相对厚度 t/b（%）			
	0.3 ~ 0.5	0.5 ~ 0.8	0.8 ~ 1.3	1.3 ~ 2.0
1	0.50	0.58	0.65	0.75
2	0.70	0.80	1.0	1.2
3	1.20	1.30	4.6	2.0
4	2.0	2.2	2.6	3.5
5	3.0	3.4	4.0	5.0
6	4.0	4.5	5.0	6.0

表 4-16　　　　　　　盒形件以后各次许可拉深系数 m_n（材料：08、10）

$\dfrac{r}{b}$	毛坯相对厚度 t/D（%）			
	0.3 ~ 0.6	0.6 ~ 1	1 ~ 1.5	1.5 ~ 2
0.025	0.52	0.50	0.48	0.45
0.05	0.56	0.53	0.50	0.48
0.10	0.60	0.56	0.53	0.50
0.15	0.65	0.60	0.56	0.53
0.20	0.70	0.65	0.60	0.56
0.30	0.72	0.70	0.65	0.60
0.40	0.75	0.73	0.70	0.67

　　确定高方形件多次拉深的过渡形状有两种方法（图 4-17），工序尺寸计算程序及有关公式列于表 4-17。

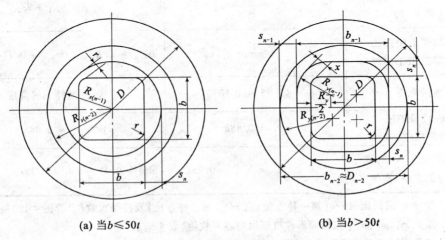

(a) 当 $b \leqslant 50t$　　　　　　(b) 当 $b > 50t$

图 4-17　高正方形盒多次拉深的各道工序程序图

117

表 4-17 高方形盒多工序拉深的计算程序与计算公式

决定的数值		计算方法和计算公式	
		第一种方法（图 4-17(a)）	第二种方法（图 4-17(b)）
相对厚度		$t/b \geqslant 2\%$; $b \leqslant 50t$	$t/b < 2\%$; $b > 50t$
毛坯直径	$r = r_{底}$	$D = 1.13\sqrt{b^2 + 4b(h - 0.43r) - 1.72r(h + 0.33r)}$	
	$r \neq r_{底}$	$D = 1.13\sqrt{b^2 + 4b(h - 0.43r_{底}) - 1.72r(h + 0.5r) - 4r_{底}(0.11r_{底} - 0.18r)}$	
角部计算尺寸 $b_y < b$		—	$b_y \approx 50t$
工序间距离		$S_n \leqslant 10t$	
(n–1)道工序 (倒数第二道)半径		$R_{s(n-1)} = 0.5b + s_n$	$R_{y(n-1)} = 0.5b_y + s_n$
(n–1)道工序宽度		—	$b_{n-1} = b + 2s_n$
角部间隙(包括 t 在内)		$x = s_n + 0.41r - 0.207b$	$x = s_n + 0.41r - 0.207b_y$
(n–2)道工序半径		$R_{s(n-2)} = R_{s(n-1)}/m_2$ $= 0.5Dm_1$	$R_{y(n-2)} = R_{y(n-1)}/m_{n-1}$
工序间距离		—	$s_{n-1} = R_{y(n-2)} - R_{y(n-1)}$
(n–2)道工序宽度 (当 n=4)		—	$b_{n-2} = b_{n-1} + 2s_{n-1}$
(n–2)道工序直径 (倒数第三道工序时)		—	$D_{n-2} = 2[R_{y(n-1)}/m_{n-1} + 0.7(b - b_y)]$
盒的高度		$h = (1.05 \sim 1.10)h_0$	h_0 —图样上的高度
(n–1)道工序 (倒数第二道)高度		$h_{n-1} = 0.88h$	$h_{n-1} \approx 0.88h$
第一次拉深[(n–2)或 (n–1)道工序]高度		$h_1 = h_{n-2} = 0.25(\dfrac{D}{m_1} - d_1) + 0.43\dfrac{r_1}{d_1}(d_1 + 0.32r)$	

注：1. 尺寸 s_n 根据比值 r/b(第一种方法)或 r/b_y(第二种方法)及拉深次数(参看图 4-19)决定。

2. 系数 m_1、m_2、m_{n-1} 根据筒形件拉深用的表列数值(表 4-5)。

3. 在作图时修正计算值是允许的。

4. 上列拉深方法,也适用于材料相对厚度大于表中数值的情况下。

确定高矩形盒多次拉深的过渡形状也有两种方法(图4-18),工序尺寸计算程序及有关公式列于表4-18。

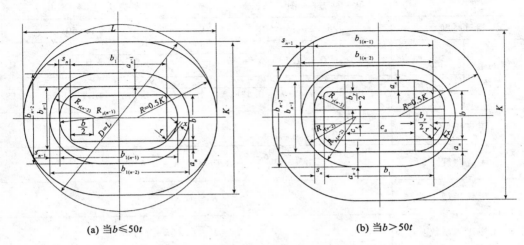

(a) 当$b \leqslant 50t$　　　　　　　　　　(b) 当$b > 50t$

图4-18　高矩形盒多次拉深的各道工序程度

为了使最后一道工序拉深成形顺利,盒形件均将第$(n-1)$道工序拉深成具有与工件相同的平底尺寸,壁与底相接成45°斜面,并带有较大的圆角半径,如图4-20所示。

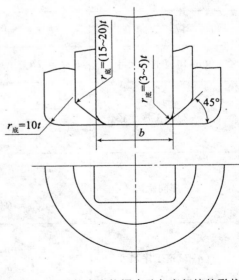

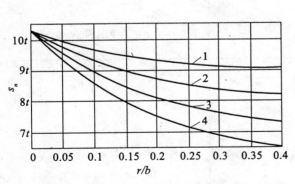

图4-19　s_n数值与比值r/b及预拉深次数
(1~4)的关系曲线

图4-20　矩形件多次拉深直壁与底相接的形状

表 4-18　　　　　　　　　　　高矩形盒的多工序拉深的计算程序与计算公式

决定的数值		计算方法和计算公式	
		第一种方法（图 4-18(a)）	第二种方法（图 4-18(b)）
相对厚度		$t/b \geqslant 2\%$; $b \leqslant 50t$	$t/b < 2\%$; $b > 50t$
假想的毛坯直径	$r = r_{底}$	$D = 1.13\sqrt{b^2 + 4b(h - 0.43r)} - 1.72r(h + 0.33r)$	
	$r \neq r_{底}$	$D = 1.13\sqrt{b^2 + 4b(h - 0.43r_{底})} - 1.72r(h + 0.5r) - 4r_{底}(0.11r_{底} - 0.18r)$	
毛坯长度		$L = D + (b_1 - b)$	
毛坯宽度		$K = D\dfrac{b - 2r}{b_1 - 2r} + [b + 2(h - 0.43r)]\dfrac{b_1 - b}{b_1 - 2r}$	
毛坯半径		$R = 0.5K$	
工序比例系数		$x_1 = (K - b)/(L - b_1)$	
工序间距离		$S_n = a_n \leqslant 10t$	
角部计算尺寸 $B_y < B$		—	$b_y \approx 50t$
$(n-1)$ 道工序半径		$R_{s(n-1)} = 0.5b + s_n$	$R_{y(n-1)} = 0.5b_y + s_n$
角部间隙（包含 t 在内）		$x = s_n + 0.41r - 0.207b$	$x = s_n + 0.41r - 0.207b_y$
$(n-1)$ 道工序尺寸		$b_{n-1} = 2R_{s(n-1)}$; $b_{1(n-1)} = b_1 + 2s_n$	$b_{n-1} = b + 2a_n$; $b_{1(n-1)} = b_1 + 2s_n$
$(n-2)$ 道工序半径		$R_{s(n-2)} = R_{s(n-1)}/m_{n-1}$	$R_{y(n-2)} = R_{y(n-1)}/m_{n-1}$ $R_{s(n-2)} = b_{n-2}/2$
工序间距离		$s_{n-1} = \dfrac{R_{s(n-2)} - R_{s(n-1)}}{x_1}$ $a_{n-1} = R_{s(n-2)} - R_{s(n-1)}$	$s_{n-1} = R_{y(n-2)} - R_{y(n-1)}$ $a_{n-1} = xs_{n-1}$
$(n-2)$ 道工序尺寸		$b_{n-2} = 2R_{s(n-2)}$ $b_{1(n-2)} = b_1 + 2(s_n + s_{n-1})$	$b_{n-2} = b + 2(a_n + a_{n-1})$ $b_{1(n-2)} = b_1 + 2(s_n + s_{n-1})$
盒的高度		$h = (1.05 \sim 1.1)h_0$	h_0 图样上的高度
工序高度		$h_{n-1} \approx 0.88h$	$h_{n-2} \approx 0.86h_{n-1}$

注：参看表 4-17 注。

4.2　拉深力和压边力的计算

4.2.1　拉深力的计算

计算拉深力的目的是为了合理地选用压力机和设计拉深模具。总的冲压力为拉深力与压边力之和。

表 4-19

计算拉深力的常用公式

拉深件型式	拉深工序	公　式	查系数 k 的表格编号
无凸缘的筒形零件	第 1 次 第 2 次及以后各次	$F_L = \pi d_1 t \sigma_b k_1$ $F_L = \pi d_2 t \sigma_b k_2$	表 4-20 表 4-21
宽凸缘的筒形零件	第 1 次	$F_L = \pi d_1 t \sigma_b k_3$	表 4-22
带凸缘的锥形及球形件	第 1 次	$F_L = \pi d_k t \sigma_b k_3$	表 4-22
椭圆形盒形件	第 1 次 第 2 次及以后各次	$F_L = \pi d_{cT1} t \sigma_b k_1$ $F_L = \pi d_{cT2} t \sigma_b k_2$	表 4-20 表 4-21
低的矩形盒（一次工序拉深）	—	$F_L = (2b_1 + 2b - 1.72r) t \sigma_b k_4$	表 4-23
高的方形盒（多工序拉深）	第 1 次及 2 次以后各次	与筒形件同 $F_L = (4b - 1.72r) t \sigma_b k_5$	表 4-20、表 4-21 表 4-24
高的矩形盒（多工序拉深）	第 1 次及第 2 次以后各次	与椭圆盒形件同 $F_L = (2b_1 + 2b - 1.72r) t \sigma_b k_5$	表 4-20、表 4-21 表 4-24
任意形状的拉深件	—	$F_L = L t \sigma_b k_6$	表 4-25
变薄拉深（圆筒形零件）	—	$F_L = \pi d_n (t_{n-1} - t_n) \sigma_b k_7$	表 4-26

在实际生产中拉深力可按表 4-19 中的经验公式计算求得。

表 4-19 中公式符号意义如下：

F_L——拉深力（N）；

d_1 和 d_2——筒形件的第一次及第二次工序直径，根据料厚中线计算（mm）；

t——材料厚度（mm）；

d_{cT1} 及 d_{cT2}——椭圆形零件的第一次及第二次工序后的平均直径（mm）；

d_n——n 次工序后的零件外径（mm）；

b_1 和 b——盒形件的长与宽（mm）；

r——盒形件的角部圆角半径(mm);

t_{n-1} 及 d_n——(n-1)次及 n 次拉深工序后的壁厚(mm);

σ_b——材料抗拉强度(MPa);

L——凸模周边长度(mm);

k_1、k_2、k_3、k_4、k_5、k_6、k_7——拉深系数。

表 4-20　　　　　　　　筒形件第一次拉深时的系数 k_1 值(08、10、15 钢)

相对厚度 t/D(%)	第一次拉深系数 m_1									
	0.45	0.48	0.50	0.52	0.55	0.60	0.65	0.70	0.75	0.80
5.0	0.95	0.85	0.75	0.65	0.60	0.50	0.43	0.35	0.28	0.20
2.0	1.10	1.00	0.90	0.80	0.75	0.60	0.50	0.42	0.35	0.25
1.2		1.10	1.00	0.90	0.80	0.68	0.56	0.47	0.37	0.30
0.8			1.10	1.00	0.90	0.75	0.60	0.50	0.40	0.33
0.5				1.10	1.00	0.82	0.67	0.55	0.45	0.36
0.2					1.10	0.90	0.75	0.60	0.50	0.40
0.1						1.10	0.90	0.75	0.60	0.50

注:1. 当凸模圆角半径 r_r = (4 ~ 6)t 时,系数 k_1 应按表中数值增加 5%。

　　2. 对于其他材料,根据材料塑性的变化,对查得值作修正(随塑性减低而增大)。

表 4-21　　　　　　　　筒形件第二次拉深时的系数 k_2 值(08、10、15 钢)

相对厚度 t/D(%)	第一次拉深系数 m_2									
	0.7	0.72	0.75	0.78	0.80	0.82	0.85	0.88	0.90	0.92
5.0	0.85	0.70	0.60	0.50	0.42	0.32	0.28	0.20	0.15	0.12
2.0	1.10	0.90	0.75	0.60	0.52	0.42	0.32	0.25	0.20	0.14
1.2		1.10	0.90	0.75	0.62	0.52	0.42	0.30	0.25	0.16
0.8			1.00	0.82	0.70	0.57	0.46	0.35	0.27	0.18
0.5			1.10	0.90	0.76	0.63	0.50	0.40	0.30	0.20
0.2				1.00	0.85	0.70	0.56	0.44	0.33	0.23
0.1				1.10	1.00	0.82	0.68	0.55	0.40	0.30

注:1. 当凸模圆角半径 r_r = (4 ~ 6)t,表中 k_2 值应加大 5%。

　　2. 对于第 3、4、5 次拉深的系数 k_2,由同一表格查出其相应的 m_n 及 t/D 的数值,但需根据是否有中间退火工序而取表中较大或较小的数值;

　　　　无中间退火时—— k_2 取较大值(靠近下面的一个数值);

　　　　有中间退火时—— k_2 取较小值(靠近上面的一个数值)

　　3. 对于其他材料,根据材料塑性的变化,对查得值作修正(随塑性减低而增大)。

表 4-22　　　　　　　　　　宽凸缘筒形件第一次拉深时的系数 k_3 值(08、10、15 钢)

凸缘相对直径 d_t/d_1	第一次拉深系数 m_1(用于 $t/D=0.6\%\sim2\%$)										
	0.35	0.38	0.40	0.42	0.45	0.50	0.55	0.60	0.65	0.70	0.75
3.0	1.0	0.9	0.83	0.75	0.68	0.56	0.45	0.37	0.30	0.23	0.18
2.8	1.1	1.0	0.9	0.83	0.75	0.62	0.50	0.42	0.34	0.26	0.20
2.5		1.1	1.0	0.9	0.82	0.70	0.56	0.46	0.37	0.30	0.22
2.2			1.1	1.0	0.90	0.77	0.64	0.52	0.42	0.33	0.25
2.0				1.1	1.0	0.85	0.70	0.58	0.47	0.37	0.28
1.8					1.1	0.95	0.80	0.65	0.53	0.43	0.33
1.5						1.10	0.90	0.75	0.62	0.50	0.40
1.3							1.0	0.85	0.70	0.56	0.45

注:1. 当凸模圆角半径 $r_T=(4\sim6)t$,表中 k_3 值应加大 5%。

　　2. 对于其他材料,根据材料塑性的变化,对查得值作修正(随塑性减低而增大)。

表 4-23　　　　　　　　由一次拉深成的低矩形件的系数 k_4 值(08、10、15 钢)

毛坯相对厚度 t/D(%)				角部相对圆角半径				
2~1.5	1.5~1.0	1.0~0.6	0.6~0.3	0.3	0.2	0.15	0.10	0.05
盒形件相对高度 h/b				系数 k_4 值				
1.0	0.95	0.9	0.85	0.7	—	—	—	—
0.90	0.85	0.76	0.70	0.6	0.7	—	—	—
0.75	0.70	0.65	0.60	0.5	0.6	0.7	—	—
0.60	0.55	0.50	0.45	0.4	0.5	0.6	0.7	—
0.40	0.35	0.30	0.25	0.3	0.4	0.5	0.6	0.7

注:对于其他材料,根据材料塑性的变化,对查得值作修正(随塑性减低而增大)。

表 4-24　由空心的筒形或椭圆形毛坯拉深高盒形件最后工序的系数 k_5 值(08、10、15 钢)

毛坯相对厚度(%)			角部相对圆角半径				
$\dfrac{t}{D}$	$\dfrac{t}{d_1}$	$\dfrac{t}{d_2}$	0.3	0.2	0.15	0.1	0.05
			系数 k_5 值				
2.0	4.0	5.5	0.40	0.50	0.60	0.70	0.80
1.2	2.5	3.0	0.50	0.60	0.75	0.80	1.0
0.8	1.5	2.0	0.55	0.65	0.80	0.90	1.1
0.5	0.9	1.1	0.60	0.75	0.90	1.0	—

注:1. 对于矩形盒,d_1、d_2 为第 1 及第 2 道工序椭圆形毛坯的小直径。对于方形盒,d_1、d_2 为第 1 及第 2 道工序圆筒毛坯的小直径。

　　2. 对于其他材料,须视材料塑性好与差(与 08、15 钢相比较),查得的 k_5 值再作或小或大的修正。

表 4-25　　　　　　　　　　　　工序的系数 k_6 值

制作复杂程度	难加工件	普通加工件	易加工件
k_6	0.9	0.8	0.7

表 4-26　　　　　　　　　　变薄拉深工序的系数 k_7 值

材料	黄铜	钢
k_7	1.6 ~ 1.8	1.8 ~ 2.25

4.2.2　压边力和压边装置的设计

1. 压边圈的条件

在拉深过程中,压边圈的作用是用来防止工件边或凸缘起皱的。随着拉深深度的增加而需要的压边力应减少。至于拉深时是否采用压边圈,可由表 4-11 的条件决定。

压边力的计算公式见表 4-27。p 值可直接由表 4-28 或表 4-29 中查得。

表 4-27　　　　　　　　　　　　压边力的计算公式

拉深情况	公式
拉深任何形状的工件	$F_Y = Ap$
筒形件第一次拉深(用平毛坯)	$F_Y = \dfrac{\pi}{4} \left[D^2 - (d_1 + 2r_A)^2 \right] p$
筒形件以后各次拉深(用筒形毛坯)	$F_Y = \dfrac{\pi}{4} \left[d_{n-1}^2 - (d_n + 2r_A)^2 \right] p$

注:A 为压边圈的面积(mm^2);p 为单位压边力(MPa);D 为毛坯直径(mm);$d_1,\cdots,d_n$ 为拉深件直径(mm);r_A 为凹模圆角半径(mm)。

表 4-28   在单动压力机上拉深时单位压边力的数值

材　料	单位压边力 p/(MPa)
铝	0.8 ~ 1.2
纯铜、硬铝(退火的或刚淬好火的)	1.2 ~ 1.8
黄铜	1.5 ~ 2
压轧青铜	2 ~ 2.5
20 钢、08 钢、镀锡钢板	2.5 ~ 3
软化状态的耐热钢	2.8 ~ 3.5
高合金钢、高锰钢、不锈钢	3 ~ 4.5

表 4-29   在双动压力机上拉深时单位压边力的数值

工件复杂程度	单位压边力 p/(MPa)
难加工件	3.7
普通加工件	3
易加工件	2.5

2. 压边装置的类型

(1)弹性压边装置

弹性压边装置用于一般单动压力机。常用的弹性元件有气垫、弹簧垫和橡胶垫,见图 4-21。弹性压边装置见图 4-22。

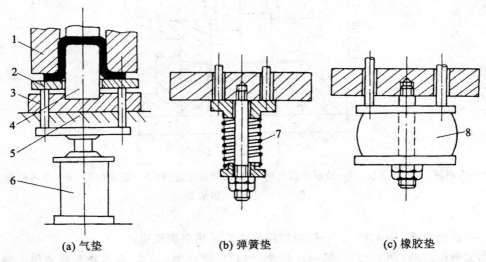

(a) 气垫   (b) 弹簧垫   (c) 橡胶垫

1—凹模　2—压边圈　3—下模板　4—凸模　5—压力机工作台　6—汽缸　7—弹簧　8—橡胶

图 4-21　弹性压边的方式

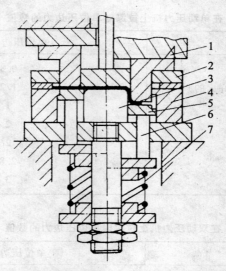

1—冲裁凸模兼拉深凹模　2—卸料板　3—拉深凸模
4—冲裁凹模　5—压边圈兼顶出器　6—顶杆　7—弹簧
图 4-22　弹性压边装置

(2)刚性压边装置

刚性压边装置用于双动压力机上。压边圈安装于外滑块,这种压边的特点是压边力不随压力机行程变化,拉深效果较好,模具结构简单,见图 4-23。压边圈的形式如下。

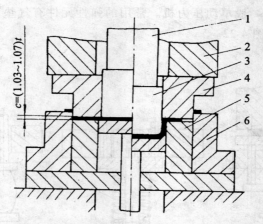

1—内滑块　2—外滑块　3—拉深凸模　4—落料凸模兼压边圈　5—拉深凹模　6—落料凹模
图 4-23　刚性压边装置

①平面压边圈(图 4-24)。一般的拉深模中均采用平面压边圈。

②弧形压边圈(图 4-25)。第一次拉深,相对厚度 $t/D<0.3\%$,且有小凸缘或很大圆角半径的工件,采用弧形压边圈。

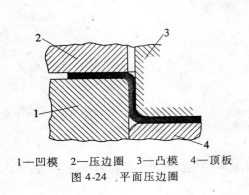

1—凹模　2—压边圈　3—凸模　4—顶板

图 4-24　平面压边圈

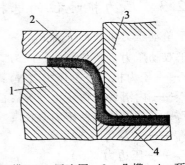

1—凹模　2—压边圈　3—凸模　4—顶板

图 4-25　弧形压边圈

③带限位装置的压边圈（图 4-26）。对于整个拉深行程中，压边力需保持均衡和防止压边圈将毛坯夹得过紧的拉深件，采用带限位装置的压边圈。使压边圈和凹模之间保持一定的间隙 s，拉深宽凸缘件时，$s = t +（0.05 \sim 0.1）$ mm；拉深铝合金件时，$s = 1.1t$；拉深钢件时，$s = 1.2t$；t 为材料厚度。

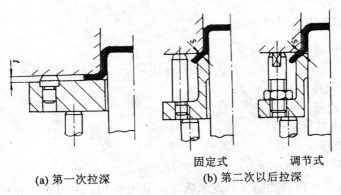

(a) 第一次拉深　　　　(b) 第二次以后拉深

图 4-26　带限位装置的压边圈

④局部压边圈（图 4-27）。拉深带宽凸缘的工件时，压边圈与毛坯的接触面积要减小，常采用的有两种局部压边法。

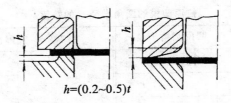

$h = (0.2 \sim 0.5)t$

图 4-27　局部压边的压边圈

4.2.3 压力机吨位的选择

对于单动压力机：$F > F_拉 + F_压$

对于双动压力机：$F_1 > F_拉$，$F_2 > F_压$

式中，F——压力机的公称压力（N）；

　　　F_1——内滑块公称压力（N）；

　　　F_2——外滑块公称压力（N）；

　　　$F_拉$——拉深力（N）；

　　　$F_压$——压边力（N）。

拉深与落料、冲孔等工序复合冲压时，其压力机吨位应结合滑块的许用压力曲线选择。

4.3 拉深模结构设计

4.3.1 拉深模工作零件设计

1. 拉深凸、凹模的圆角半径

（1）凹模的圆角半径 r_A

①公式计算法。公式如下：

$$r_A = 0.8\sqrt{(D-d)\,t} \tag{4-27}$$

式中，r_A——凹模圆角半径（mm）；

　　　D——毛坯直径（mm）；

　　　d——凹模内径（mm）；

　　　t——材料厚度（mm）。

当工件直径 $d > 200\text{mm}$ 时，$r_{min} = 0.039d + 2\text{mm}$。

②查表法。根据材料的性能和厚度来确定，见表 4-30。一般对于钢的拉深件 $r_A = 10t$，对于有色金属（铝、黄铜、紫铜）拉深件，$r_A = 5t$。

上面公式（4-27）求出的 r_A 值用作首次拉深，以后各次拉深时，r_A 值应逐渐减小，其关系式为

$$r_{An} = (0.6 \sim 0.8)\, r_{A(n-1)} \qquad (r_{An} > 2t) \tag{4-28}$$

表 4-30　　　　　　　　　　　　　　拉深凹模的圆角半径 r_A 的数值

材料	厚度 t（mm）	凹模圆角半径 r_A	材料	厚度 t（mm）	凹模圆角半径 r_A
钢	<3	$(10 \sim 6)\,t$	铝、黄铜、紫铜	<3	$(8 \sim 5)\,t$
	3 ~ 6	$(6 \sim 4)\,t$		3 ~ 6	$(5 \sim 3)\,t$
	>6	$(4 \sim 2)\,t$		>6	$(3 \sim 1.5)\,t$

注：1. 对于第一次拉深和较薄的材料，应取表中的最大极限值；

　　2. 对于以后各次拉深和较厚的材料，应取表中的最小极限值。

（2）凸模的圆角半径 r_T

首次拉深：
$$r_{T1} = (0.6 \sim 1) r_{A1}$$

中间过渡工序的拉深：
$$r_{T(n-1)} = \frac{d_{n-1} - d_n - 2t}{2}$$

式中，d_{n-1}、d_n——前后两道工序中毛坯的过渡直径，最后一道工序时，$d_n = d$（d 为工件直径）。

并且要求 $r_{Tn} \geq (2 \sim 3) t$，否则需要通过整形工序达到零件要求。

对矩形件，为便于最后一道工序的成形，在各过渡工序中，凸模底部有与工件相似的矩形，然后用 45°斜角向侧壁过渡。

2. 拉深凸、凹模间隙

拉深模间隙 $z/2$（单面）一般比毛坯厚度略大一些，单面间隙值按下式计算：
$$z/2 = t_{max} + ct \tag{4-29}$$

式中，t_{max}——板料的最大厚度，$t_{max} = t + \Delta$，Δ 为板料的正偏差；

c——间隙系数，考虑板料增厚现象，其值查表 4-31。

表 4-31   间隙系数 c

拉深工序数		材料厚度 t（mm）		
		0.5 ~ 2	2 ~ 4	4 ~ 6
1	第一次	0.2（0）	0.1（0）	0.1（0）
2	第一次	0.3	0.25	0.2
	第二次	0.1（0）	0.1（0）	0.1（0）
3	第一次	0.5	0.4	0.35
	第二次	0.3	0.25	0.2
	第三次	0.1（0）	0.1（0）	0.1（0）
4	第一、二次	0.5	0.4	0.35
	第三次	0.3	0.25	0.2
	第四次	0.1（0）	0.1（0）	0.1（0）
5	第一、二、三次	0.5	0.4	0.35
	第四次	0.3	0.25	0.2
	第五次	0.1（0）	0.1（0）	0.1（0）

注：1. 表中数值适用于一般精度（未注公差尺寸的极限偏差）工件的拉深工作；

2. 末道工序括弧内的数字，适用于较精密拉深件（IT11 ~ IT13 级）。

在实际生产中，不用压边圈拉深易起皱，单边间隙取板料厚度上限值的 1～1.1 倍。间隙较小值用于末次拉深或用于精密拉深件。较大值用于中间工序的拉深或不精密的拉深件。

有压边圈拉深时，单边间隙值可查表4-32。对于精度要求高的工件，为了使拉深后回弹很小，表面质量好，常采用负间隙拉深，其间隙值取 $z/2 = (0.9～0.95)\,t$。

盒形件间隙系数 c 根据零件尺寸精度要求选取：当精度要求高时，$c = (0.9～1.05)\,t$；当尺寸精度要求不高时，$c = (1.1～1.3)\,t$。

表 4-32　　　　　　　　　　　有压边圈拉深时的单边间隙值

总拉深次数	拉深工序	单边间隙 $z/2$
1	一次拉深	1～1.1t
2	第一次拉深 第二次拉深	1.1t 1～1.05
3	第一次拉深 第二次拉深 第三次拉深	1.2t 1.1t 1～1.05t
4	第一、二次拉深 第三次拉深 第四次拉深	1.2t 1.1t 1～1.05t
5	第一、二、三次拉深 第四次拉深 第五次拉深	1.2t 1.1t 1～1.05t

注：1. t 为材料厚度，取材料允许偏差的中间值。
　　2. 当拉深精密工件时，最末一次拉深间隙取 $Z/2$。

盒形件最后一次拉深的间隙最重要。这时间隙大小沿周边是不均匀的，直边部分按弯曲工艺取小间隙；圆角部分按拉深工艺取大间隙，因角部金属变形量最大。按式（4-29）决定间隙后，角部间隙要再比直边部分增大 0.1t。如果工件要求内径尺寸，则此增大值由修整凹模得到。如果工件要求外形尺寸，则由修整凸模得到。

4.3.2　拉深模工作零件尺寸计算公式

1. 凸、凹模计算公式

确定凸模和凹模工作部分尺寸时，应考虑模具的磨损和拉深件的弹复，其尺寸公差只在最后一道工序考虑。对最后一道工序的拉深模，其凸模、凹模的尺寸及其公差应按工件尺寸标注方式的不同，由表 4-33 所列公式进行计算。表 4-33 中，D_A 为凹模尺寸；d_T 为凸模尺寸；D 为拉深件外形的基本尺寸；d 为拉深件内形的基本尺寸；$Z/2$ 为凸、凹模的单边间隙；δ_A 为凹模的制造公差；δ_T 为凸模的制造公差；D_{max}、d_{max}、D_{min}、d_{min} 分别为外径和内径的最大极限尺寸和最小极限尺寸。

表 4-33　　　　　　　　　　拉深模工作部分尺寸计算公式

尺寸标方式		凹模尺寸 D_A	凸模尺寸 d_T
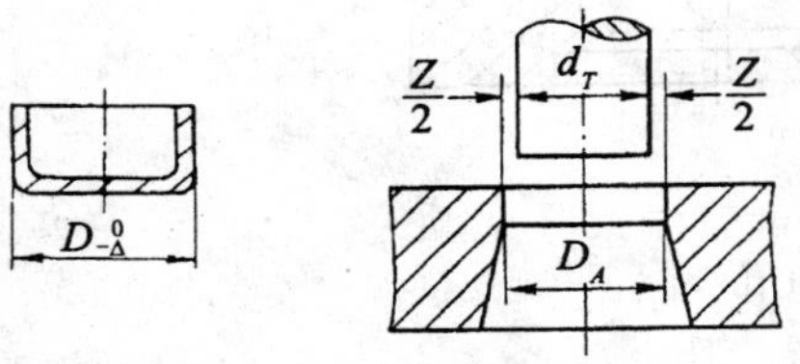 标注外形尺寸		$D_A = (D_{max} - 0.75\Delta)_0^{+\delta_A}$	$d_T = (d_{max} - 0.75\Delta - z)_{-\delta_T}^0$
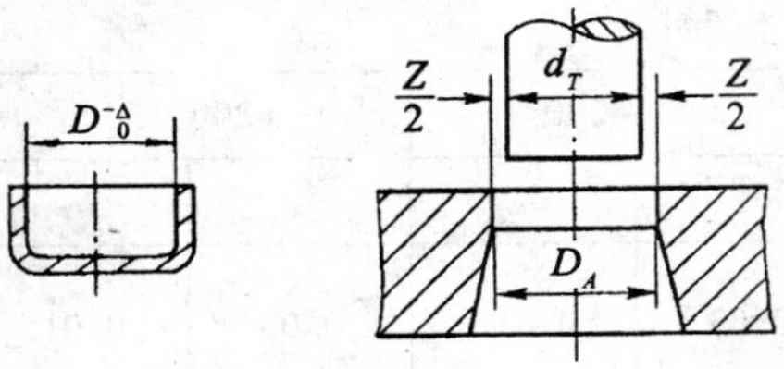 标注内形尺寸		$D_A = (D_{min} + 0.4\Delta + z)_0^{+\delta_A}$	$d_T = (d_{min} + 0.4\Delta)_{-\delta_T}^0$

2. 公差确定

对圆形凸、凹模的制造公差，根据工件的材料厚度与工件直径来选择，其数值列于表 4-34。

非圆形凸、凹模的制造公差可根据工件公差来选定，若拉深件公差为 IT12 级以上，则凸、凹模制造公差采用 IT8、IT9 级精度；若为 IT14 级以下时，则凸、凹模制造公差采用 IT10 级精度。若采用配作时，只在凸模或凹模上标注公差，另一个按间隙配作。

而对于多次拉深时的中间过渡工序，毛坯尺寸公差没有严格限制，模具尺寸及公差取等于毛坯过渡尺寸。

3. 拉深凸模的通气孔尺寸

工件在拉深时，由于空气压力的作用或者润滑油的粘性等因素，使工件很容易粘附在凸模上。为使工件不至于紧贴在凸模上，设计凸模时，应有通气孔，拉深凸模通气孔如图 4-28 所示。

对一般中小型件的拉深，可直接在凸模上钻出通气孔，孔的大小根据凸模尺寸大小而定，见表 4-35。

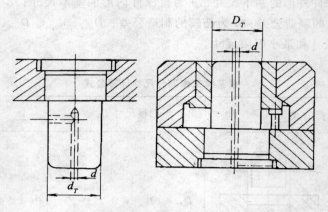

图 4-28　拉深凸模出气孔

表 4-34　　　　　　　　　圆形拉深模凸、凹模的制造公差　　　　　　　　　　（mm）

材料厚度	工件直径的基本尺寸							
	≤10		>10~50		>50~200		>200~500	
	δ_A	δ_T	δ_A	δ_T	δ_A	δ_T	δ_A	δ_T
0.25	0.015	0.010	0.02	0.010	0.03	0.015	0.03	0.015
0.35	0.020	0.010	0.03	0.020	0.04	0.020	0.04	0.025
0.50	0.030	0.015	0.04	0.030	0.05	0.030	0.05	0.035
0.80	0.040	0.025	0.06	0.035	0.06	0.040	0.06	0.040
1.00	0.045	0.030	0.07	0.040	0.08	0.050	0.08	0.060
1.20	0.055	0.040	0.08	0.050	0.09	0.060	0.10	0.070
1.50	0.065	0.050	0.09	0.060	0.10	0.070	0.12	0.080
2.00	0.080	0.055	0.11	0.070	0.12	0.080	0.14	0.090
2.50	0.095	0.060	0.13	0.085	0.15	0.100	0.17	0.120
3.50	—	—	0.15	0.100	0.18	0.120	0.20	0.140

注：1. 表列数值用于未精压的薄钢板。

　　2. 如用精压钢板，则凸模及凹模的制造公差，等于表列数值的 20%~25%。

　　3. 如用有色金属，则凸模及凹模的制造公差，等于表列数值的 50%。

表 4-35　　　　　　　　　拉深凸模通气孔尺寸　　　　　　　　　　（mm）

凸模尺寸 D_T	≤10	>10~50	>50~200	>200~500	>500
出气孔直径 d	5	6.5	8	8	9.5

132

4.3.3　拉深模的结构设计

1. 拉深凸、凹模的结构

在设计拉深模时，必须合理选择凸、凹模的结构形式。图 4-29 为不用压料的一次拉深成形时所用的凹模结构形式。其中图 4-29（a）适宜于大件，图 4-29（b）、图 4-29（c）适宜于小件锥形凹模，图 4-29（d）适宜于等切面曲线形状凹模对抗失稳起皱有利。图 4-30 为二次以上的拉深，该结构适宜于二次以上的拉深。首次拉深凹模圆角处采用锥形，锥角为 30°，第二次拉深凹模圆角采用圆弧形。

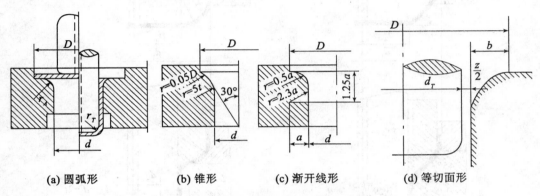

(a) 圆弧形　　**(b) 锥形**　　**(c) 渐开线形**　　**(d) 等切面形**

图 4-29　无压料一次拉深成形的凹模结构

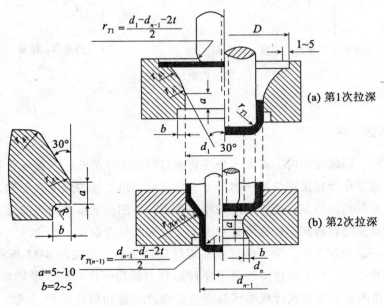

图 4-30　二次以上的拉深

图 4-31 为用压边圈的拉深凸、凹模，图 4-31（a）为斜角的凸模和凹模，适于工件尺寸 $d>100$mm 的情况，图 4-31（b）为有圆角半径的凸模和凹模，多用于拉深较小的工件（$d \leqslant 100$mm）。

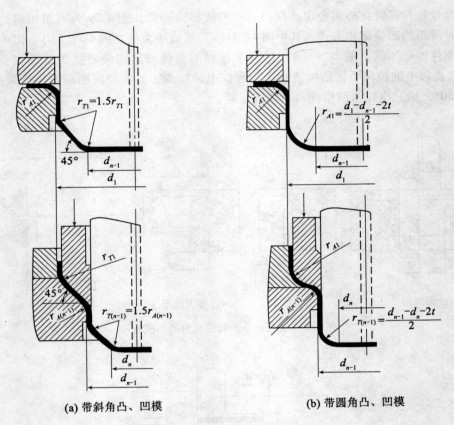

(a) 带斜角凸、凹模　　　　　　　　　(b) 带圆角凸、凹模

图 4-31　用压边圈的拉深凸、凹模

2. 拉深模结构的工艺性

设计拉深凸、凹模结构时，必须十分注意前后两道工序的凸、凹模形状和尺寸的正确关系，做到前道工序所得工序件形状和尺寸有利于后一道工序的成形和定位，而后一道工序的压料圈的形状与前道工序所得工序件相吻合，拉深凹模的锥角要与前道工序凸模的斜角一致，尽量避免坯料转角部在成形过程中不必要的反复弯曲。

对于最后一道拉深工序，为了保证成品零件底部平整，应按图 4-32 所示确定凸模圆角半径。对于盒形件，$n-1$ 次拉深所得工序件形状对最后一次拉深成形影响很大。因此，$n-1$ 次拉深凸模的形状应该设计成底部具有与拉深件底部相似的矩形（或方形），然后用 45° 斜角向壁部过渡（图 4-32（c）），这样有利于最后拉深时金属的变形。

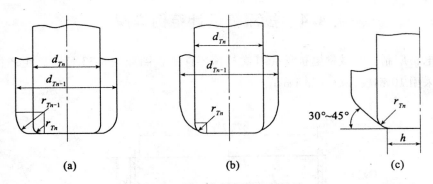

图 4-32　最后拉深凸模底部设计

拉深模结构应尽量简单。在充分保证工件质量的前提下，应以数量少、重量轻、制造和装配方便的零件来组成拉深模。拉深模上的各零部件，应尽可能利用本单位现有的设备能力来制造，结构应尽量与现有的冲压设备相适应。

拉深模结构应使安装调试与维修尽量方便，模架及零部件应尽量选择通用件。

3. 拉深模设计特点

①拉深工艺计算要求有较高的准确性，拉深凸模长度的决定必须满足工件拉深高度的要求，且拉深凸模上必须设计通气孔。设计落料-拉深复合模时，由于落料凹模的磨损比拉深凸模的磨损快，所以落料凹模上应预先加大磨损余量，普通落料凹模应高出拉深凸模约 $2 \sim 6mm$。

②第一次拉深以后的工序所用凸模高度（包括本工序中拉深工件的高度与压边圈的高度）比较长，选用凸模材料时须考虑热处理时的弯曲变形。同时须注意凸模在模板上的定位要可靠。

③在有凸缘的拉深工序中，工件的高度取决于上模的行程，使用中为便于模具调整，最好在模具上设计限位柱，当压力机滑块在下止点位置时，模具应在限程的位置闭合。

④设计非旋转体工件（如矩形）的拉深模时，其凸模和凹模在模板上的装配位置必须准确可靠，以防止松动后发生旋转、偏移，影响工件质量，严重时会损坏模具。

⑤压边圈与毛坯接触的一面要平整，不应有孔或槽，否则拉深时毛坯起皱会陷到孔或槽里，引起拉裂。拉深时由于工作行程较大，故对控制压边力用的弹性元件（如弹簧和橡皮）的压缩量应认真计算。

⑥在带料上直接（不裁成单个毛坯）进行连续拉深，零件拉成后才从带料上冲裁下来的方法称为带料连续拉深。这种拉深方法生产率高，但模具结构比较复杂，并且在拉深过程中不能进行中间退火，因此材料的塑性要好。这类模具主要用于生产批量大，零件形状不大（一般 $d<50mm$），材料厚度在 $2mm$ 以内的工件。

4.4 拉深模设计范例详解

神龙电机厂制造的微型电机外壳首次拉深零件工件图如图 4-33 所示，生产批量为大量，材料采用 10 钢板，料厚为 1mm。

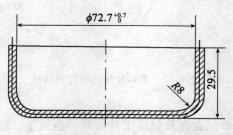

图 4-33 无凸缘低圆筒形工件

设计步骤如下：

1. 工艺分析

此工件为无凸缘圆筒形工件，要求内形尺寸，没有厚度不变的要求。此工件的形状满足拉深的工艺要求。可用拉深工序加工。

工件底部圆角半径 $r=8mm$，大于拉深凸模圆角半径 $r_T=4\sim6mm$（见表 4-30，首次拉深凹模的圆角半径 $r_A=6t=6mm$，而 $r_T=(0.6\sim1)r_A=4\sim6mm$，$r>r_T$），满足首次拉深对圆角半径的要求。尺寸 $\phi72.7_0^{+0.7}mm$，按公差表 8-13 查得为 IT14 级，满足拉深工序对工件公差等级的要求。10 钢的拉深性能较好。总之，该工件的拉深工艺性较好，需进行如下的工序计算，来判断拉深次数。

（1）计算毛坯直径 D

如图 4-33 所示，$h=(29.5-0.5)mm=29mm$，$d=(72.7+0.35+1)mm=74mm$。工件的图相对高度 $h/d=29mm/74mm=0.4$。根据相对高度从表 4-1 中查得修边余量 $\Delta h=2mm$。

由表 4-4 查得无凸缘圆筒形拉深工件的毛坯尺寸计算公式为：

$$D=\sqrt{d^2+4dH-1.72rd-0.56r^2}$$

将 $d=74mm$，$H=h+\Delta h=(29+2)mm=31mm$，$r=(8+0.5)mm=8.5mm$ 代入，即得毛坯的直径为：

$$D=\sqrt{74^2+4\times74\times31-1.72\times8.5\times74-0.56\times8.5^2}\,mm=116mm$$

（2）判断拉深次数

工件总的拉深系数 $m_总=d/D=74mm/116mm=0.64$。毛坯的相对厚度 $t/D=1mm/$

116mm = 0.0086。

根据表 4-11 判断拉深时是否需要压边。因 0.045（1－m）= 0.045×（1－0.64）= 0.0162，而 t/D = 0.0086<0.045（1－m）= 0.0162。故需加压边圈。

由相对厚度可以从表 4-5 中查得首次拉深的极限拉深系数 m_1 = 0.54。

因 $m_总$>m_1，故工件只需一次拉深。

2. 确定工艺方案

本工件首先需要落料，制成直径 D = 116mm 的圆片（参见项目 2），然后以 D = 116mm 的圆板料为毛坯进行拉深，拉深成为内径为 $\phi72.7_0^{+0.7}$ mm、内圆角 r 为 8mm 的无凸缘圆筒，最后按 h = 29.5mm 进行修边。

3. 进行必要的计算

（1）计算压边力、拉深力

①由表 4-27 确定压边力的计算公式为：

$$F_Q = \frac{\pi}{4}\left[D^2 - (d_1 + 2r_{凹})^2\right] \times p$$

式中，$r_A = r_T$ = 8mm，D = 116mm，d_1 = 74mm，由表 4-28 查得 p = 2.7MPa。

把各已知数据代入上式，得压边力为：

$$F_Q = \frac{\pi}{4}\left[116^2 - (74 + 2 \times 8)^2\right] \text{mm}^2 \times 2.7\text{MPa} = 11350\text{N}$$

②用表 4-19 的公式计算拉深力：

$$F = K\pi dt\sigma_b$$

已知 m = 0.64，由表 4-20 中查得 K = 0.75（插值法），10 钢的强度 σ_b = 440MPa，将 K = 0.75，d = 74mm，t = 1mm，σ_b = 440MPa 代入上式，即

$$F = （0.75 \times 3.14 \times 74 \times 1 \times 440）\text{N} = 76700\text{N}$$

③采用单动压力机，压力机的公称压力为：

$$F_压 \geqslant 1.4（F + F_Q）= 1.4 \times（76700 + 12600）\text{N} = 125020\text{N}$$

故压力机的公称压力要大于 125kN。

（2）模具工作部分尺寸的计算

①拉深模的间隙。由表 4-31 查得拉深模的单边间隙为：

$$Z/2 = 1.1t = 1.1\text{mm}$$

则拉深模的间隙　　　　　　$Z = 2 \times 1.1\text{mm} = 2.2\text{mm}$。

②拉深模的圆角半径。凹模的圆角半径 r_A 按表 4-30 选取，r_A = 8t = 8mm。圆角半径 r_T 等于工件的内圆角半径，即 $r_T = r$ = 8mm。

③凸、凹模工作部分的尺寸和公差。由于工件要求内形尺寸。则以凸模为设计基准。

凸模尺寸的计算公式见表 4-33。

$$d_T = (d_{min} + 0.4\Delta)^0_{-\delta_T}$$

将模具凸模公差按 IT10 级选取，则 $\delta_T = 0.12mm$。把 $d_{min} = 72.7mm$，$\Delta = 0.7mm$，$\delta_T = 0.12mm$ 代入上式，则凸模尺寸为：

$$d_T = (d_{min} + 0.4\Delta)^0_{-\delta_T} = 72.98^0_{-0.12mm}$$

间隙取在凹模上，则凹模的尺寸按表 4-33 里面的公式计算，即

$$d_A = (d_{min} + x\Delta + Z_{min})^{+\delta_d}_0$$

把 $d_{min} = 72.7mm$，$\Delta = 0.7mm$，$Z = 2.2mm$，$\delta_A = 0.12mm$ 代入上式，则凹模的尺寸为：

$$d_A = (d_{min} + x\Delta + Z_{min})^{+\delta_d}_0 = 75.18^{+0.12}_0 mm$$

4. 模具的总体设计

模具的总装图如图 4-34 所示。

说明：拉深模具在单动压力机上拉深，压边圈采用平面式的。坯料用压边圈的凹槽定位，凹槽深度小于 1mm，以便压料，压边力用弹性元件控制，模具采用倒装结构，出件时用卸料螺钉顶出。

由于此拉深模为非标准形式，需计算模具闭合高度。其中各模板的尺寸需按国标选取。

模具的闭合高度为：

$$H_{模} = H_{上模} + H_{压} + H_{固} + H_{下模座} + 25mm$$

式中，25mm 是模具闭合时，压边圈与固定板之间的距离。

取 $H_{上模} = (30 + 8 + 14 + 30)\ mm = 82mm$，取 $H_{压} = 20mm$，$H_{固} = 20mm$，$H_{下模座} = 40mm$，则模具的闭合高度为：

$$H_{模} = (82 + 20 + 20 + 40 + 25)\ mm = 187mm$$

5. 设备的选择

设备工作行程需要考虑工件成形和方便取件，因此，工作行程 $s \geqslant 2.5h_{工件} = 2.5 \times 31.5mm = 78mm$。

见表 8-12 开式压力机，确定选择 JA21-35 压力机。

除上述外，对于一项完整的模具设计，还必须要有各个标准件的选用和非标准件的设计，对此本项目就省略不作介绍了。

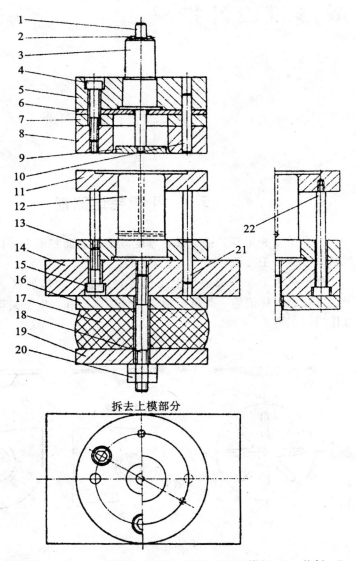

拆去上模部分

1—打杆 2—挡环 3—模柄 4、15—螺钉 5—上横板 6—垫板 7—中垫板
8—凹模 9—打板 10、21—销钉 11—压边圈 12—凸模 13—凸模固定板
14—下模板 16、19—托板 17—橡胶 18—螺栓 20—螺母 22—卸料螺钉

图 4-34 无凸缘圆筒形件的首次拉深模

项目 **5** 成形模设计指导

5.1 平板毛坯胀形

　　胀形是指利用模具强迫板料厚度减薄而表面积增大，以获得零件几何形状的冲压加工方法。

　　胀形可用于在平板毛坯上压出各种形状，如压加强肋、压凹坑、压字、压花、压标记等，既可以增加零件的刚度和强度，又可以起装饰和定位作用。如图 5-1 所示。

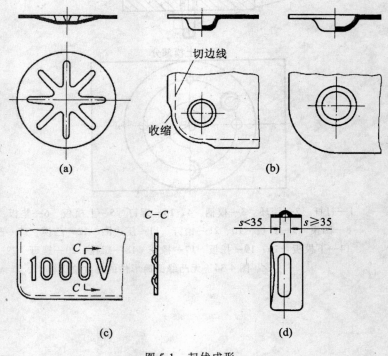

图 5-1　起伏成形

（1）压制加强肋时的极限变形程度系数 ε 计算

$$\varepsilon = \frac{l_1 - l}{l} \times 100\% \leqslant (0.7 \sim 0.75)\delta \tag{5-1}$$

式中，δ——材料单向拉深的伸长率（%）；

　　　l_1——胀形后沿截面的材料长度；

　　　l——胀形前截面的原长。

如果计算结果不符合这一条件，则应增加工序。系数 $0.7 \sim 0.75$ 视肋的形状而定，半圆肋取大值，梯形肋取小值。加强肋的形状和尺寸见表 5-1。

表 5-1　　　　　　　　　　　　　　　加强肋的形式和尺寸

形状	简　图	R	h	r	B	α
半圆形	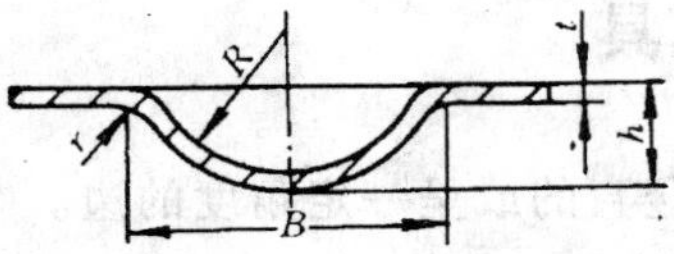	$(3 \sim 4)\ t$	$(2 \sim 3)\ t$	$(1 \sim 2)\ t$	$(7 \sim 10)\ t$	
梯形	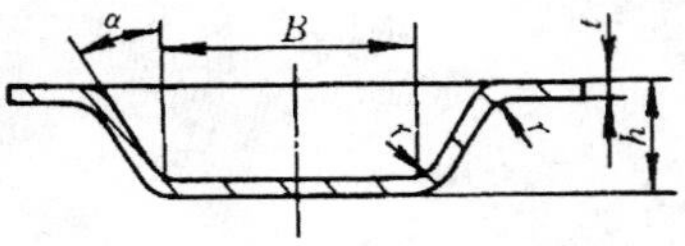		$(1.5 \sim 2)\ t$	$(0.5 \sim 1.5)\ t$	$\geqslant 3h$	$15° \sim 30°$

（2）压制凹坑时的极限变形程度

用凹坑深度 h 表示。用半圆形凸模在低碳钢、软铝等材料上冲凹坑时可能达到的极限深度可取到凸模直径的 $1/3$；用平端面凸模压凹坑时的极限深度见表 5-2。

表 5-2　　　　　　　　　　　　　　　平板毛坯上冲凹坑的极限深度

图　形	材　料	极限深度 h
	软铝	$\leqslant (0.15 \sim 0.20)\ d$
	铝	$\leqslant (0.1 \sim 0.15)\ d$
	黄铜	$\leqslant (0.15 \sim 0.22)\ d$

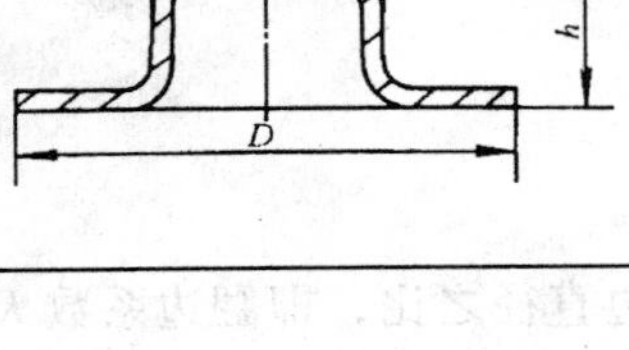

压制加强肋时所需要的冲压力按下式估算：

$$F = Lt\sigma_b k \tag{5-2}$$

式中，L——加强肋周长（mm）；

σ_b——材料的抗拉强度（N/mm²）；

t——板厚（mm）；

k——系数，取 $0.7 \sim 1$，肋窄而深时取大值。

在曲柄压力机上用薄料（$t < 1.5$mm）成形面积较小（$A < 200$mm²）的胀形零件时（加强肋除外），或压肋同时校正时，冲压力按下式估算：

$$F = ARt^2 \tag{5-3}$$

式中，A——成形面积（mm²）；

R——系数；钢料 $R = 200 \sim 300$N/mm⁴；铜、铝 $R = 150 \sim 200$N/mm⁴。

5.2 翻边模具

翻边是将工件的孔边缘在模具的作用下，翻出竖直的或呈一定角度的边。

5.2.1 孔的翻边

1. 圆孔的翻边

（1）圆孔翻边的工艺性

圆孔翻边的工艺性要求如下（见图5-2）：

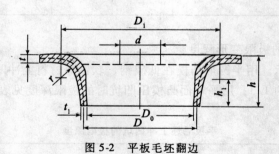

图 5-2 平板毛坯翻边

翻边高度　　　$h > 1.5r$

圆角半径　　　$r \geqslant 1 + 1.5t$

凸缘宽度　　　$B \geqslant h$

要求翻边方向与冲孔的方向相反时翻边不易破裂。

（2）翻边系数

在圆孔翻边时，变形程度决定于毛坯预制孔直径与翻边直径之比，即翻边系数 K。

$$K = d/D \tag{5-4}$$

当一次翻边能达到一定的翻边高度时，各种材料允许的翻边系数为一次翻边系数，见表 5-3，表 5-4。

第二次以后圆孔翻边工序的翻边系数 K_j 为

$$K_j = (1.5 \sim 1.2)K \tag{5-5}$$

式中，K——表 5-3 和表 5-4 中查出的翻边系数。

表 5-3　　　　　　　　　　　　　　低碳钢的极限翻边系数 K

翻边方法	孔的加工方法	比　值 d/t										
		100	50	35	20	15	10	8	6.5	5	3	1
球形凸模	钻后去毛刺	0.70	0.60	0.52	0.45	0.40	0.36	0.33	0.31	0.30	0.25	0.20
	用冲孔模冲孔	0.75	0.65	0.57	0.52	0.48	0.45	0.44	0.43	0.42	0.42	—
圆柱形凸模	钻后去毛刺	0.80	0.70	0.60	0.50	0.45	0.42	0.40	0.37	0.35	0.30	0.25
	用冲孔模冲孔	0.85	0.75	0.65	0.60	0.55	0.52	0.50	0.50	0.48	0.47	—

表 5-4　　　　　　　　　　　　　　其他一些材料的翻边系数

退火的材料	翻边系数	
	K	K_{min}
白铁皮	0.70	0.65
黄铜 H62，$t = 0.5 \sim 6mm$	0.68	0.62
铝，$t = 0.5 \sim 5mm$	0.70	0.64
硬铝	0.89	0.80
软钢，$t = 0.25 \sim 2mm$	0.72	0.68

（3）翻边的工艺计算

①毛坯尺寸的计算。在翻边工序之前，需在毛坯上预加工出工艺底孔，其大小应按翻边直径和翻边高度来计算。

预制孔直径为

$$d = D - 2(h - 0.43r - 0.72t) \tag{5-6}$$

翻边高度为

$$h = \frac{D}{2}(1 - d/D) + 0.43r + 0.72t = \frac{D}{2}(1 - K) + 0.43r + 0.72t \tag{5-7}$$

式中各符号见图 5-2。

最大翻边高度为

$$h_{max} = \frac{D}{2}(1 - K_{min}) + 0.43r + 0.72t \tag{5-8}$$

当制件要求高度 $h > h_{max}$ 时，不能一次直接翻边成形，可采用加热翻边、多次翻边，或拉深后冲底孔再翻边的方法。

②确定孔翻边次数。如果制件翻边高度很大，计算所得的翻边系数小于表5-3、表5-4中所列数值时，需多次翻边。

计算方法如下：

$$n = 1 + \frac{\lg K - \lg K_n}{\lg(1.2K_n)} \quad\quad (5-9)$$

式中，n——翻边次数；

K——翻边系数按表5-3、表5-4选取；

K_n——多次翻边系数，一般取 $K_n = 1.15 \sim 1.2K$。

③翻边力的计算。翻边力要比拉深力小得多，一般用圆柱形平底凸模进行翻边时，计算翻边力的公式为

$$F = 1.1\pi(D - d)t\sigma_s \quad\quad (5-10)$$

式中，σ_s——材料的屈服强度（MPa）。

无预制孔的翻边力比有预制孔的大 $1.33 \sim 1.75$ 倍，凸模形状和凸、凹模间隙对翻边力有很大影响，如果用球形凸模或锥形凸模翻边时，所需的力略小于用上式计算的数值，降低 $20\% \sim 30\%$。

④翻边凸、凹模设计。图 5-3 为几种常见的圆孔翻边凸模形状及主要尺寸。图 5-3（a）为带有定位销、圆孔直径为 10mm 以上的翻边凸模；图 5-3（b）为没有定位销且零件处于固定位置上的翻边凸模；图 5-3（c）为带有定位销，圆孔直径为 10mm 以下的翻边凸模；图 5-3（d）为带有定位销，圆孔直径<4mm，可同时冲孔和翻边的翻边凸模；图 5-3（e）为无预制孔的精度不高的翻边凸模。凹模圆角半径对翻边成形影响不大，取值一般为零件的圆角半径。

⑤翻边凸、凹模间隙计算。平面毛坯上冲孔翻边和先拉深后冲孔的翻边所用的凸、凹模间隙值可按表 5-5 选取。

表 5-5			翻边的凸、凹模间隙值					（mm）
材料厚度	0.3	0.5	0.7	0.8	1.0	1.2	1.5	2.0
平毛坯翻边	0.25	0.45	0.6	0.7	0.85	1.0	1.3	1.7
拉深后翻边	—	—	0.6	0.75	0.9	1.1	1.5	

当翻边时内孔有尺寸精度要求时，尺寸精度由凸模保证。此时，按下式计算凸、凹模尺寸：

$$D_T = (D_0 + \Delta)_{-\delta_T}^{0} \quad\quad (5-11)$$

$$D_A = (D_T + 2Z)_{-0}^{+\delta_A} \quad\quad (5-12)$$

式中，D_T、D_A——凸、凹模直径；

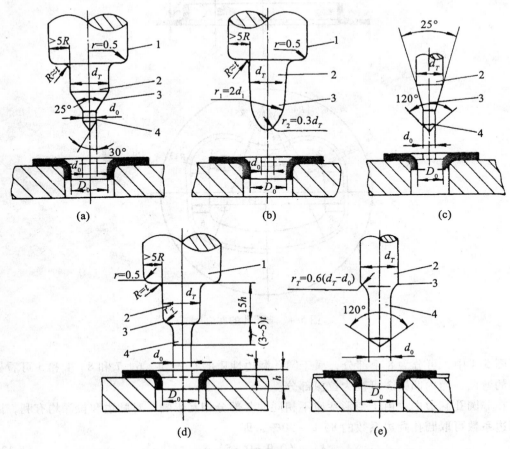

1—凸肩　2—翻边凸模工作部分　3—倒圆　4—导正部分

图 5-3　圆孔翻边凸模的形状和尺寸

δ_T、δ_A ——凸、凹模公差；

D_0——圆孔最小内径；

Δ ——圆孔内径公差。

　　如果对翻边圆孔的外径精度要求较高时，凸、凹模之间应取小间隙，以便凹模对直壁外侧产生挤压作用，从而控制其外形尺寸。

2. 非圆孔的翻边

　　非圆孔翻边的变形性质比较复杂，它包括有圆孔翻边、弯曲、拉深等变形性质。对于非圆孔翻边的预制孔，可以分别按圆孔翻边、弯曲、拉深展开，然后用作图法将其展开线光滑连接即可（图 5-4）。

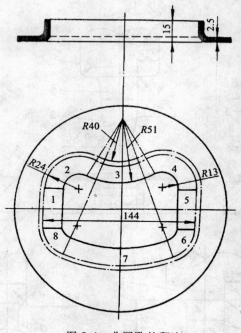

图 5-4　非圆孔的翻边

图 5-4 中，可分为 8 个部分，属于圆孔翻边性质的有 2、4、6、7 和 8，1 和 5 可看做简单的弯曲，而内凹弧 3 可视为拉深部分。

在非圆孔翻边中，由于变形性质不相同的各部分相互影响，对翻边和拉深均有利，因此翻边系数可取圆孔翻边系数的 85% ~ 90%，即

$$K' = （0.9 ~ 0.85）K \tag{5-13}$$

5.2.2　变薄翻边

对于翻边高度较大的制件，如果允许壁厚变薄时，可以采用变薄翻边，用变薄翻边的方法既提高了生产率，又节约了材料。

变薄翻边预制孔尺寸的计算如下：

当 $r<3$mm 时：

$$d = \sqrt{\frac{d_3^2 t - d_3^2 h + d_1^2 h}{t}} \tag{5-14}$$

当 $r \geqslant 3$mm 时：

$$d = \sqrt{\frac{d_1^2 h - d_3^2 h_1 + \pi r^2 D_1 - D_1^2 r}{h - h_1 - r}} \tag{5-15}$$

式中符号见图 5-5。

翻边孔的外径为

$$d_3 = d_1 + 1.3t \tag{5-16}$$

翻边高度 h 值一般取（2～2.5）t。

对于中型孔的变薄翻边，一般是采用阶梯环形凸模在一次行程内对毛坯作多次变薄加工来达到产品的要求，如图 5-5 所示。图 5-5 中所示为对黄铜件和铝件用阶梯凸模翻边的例子。其尺寸见表 5-6。

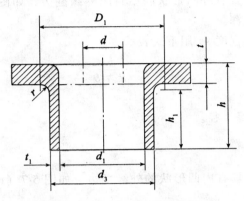

图 5-5　变薄翻边的尺寸计算

表 5-6　　　　　　　　　　　　用阶梯凸模变薄翻边的尺寸　　　　　　　　　　　　（mm）

材料	t	t_1	d	D	D_1	h
黄 铜	2	0.8	12	26.5	33	15
铝	1.7	0.35	4	13.7	21	15

表 5-6 中符号见图 5-6。

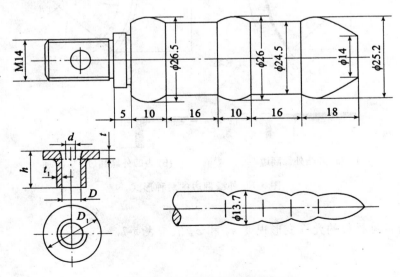

图 5-6　用阶梯形凸模变薄翻边

5.2.3 外缘翻边

1. 外凸外缘翻边

外凸外缘翻边指沿着具有外凸形状的不封闭外缘翻边，如图 5-7（a）所示。这种翻边的变形情况近似于浅拉深。

外凸外缘翻边的变形程度 ε_T 用下式表示：

$$\varepsilon_T = \frac{b}{R + b} \tag{5-17}$$

式中，b——翻边的宽度；

R——翻边的外凸缘半径。

2. 内凹外缘翻边

内凹外缘翻边指沿着具有内凹形状的外缘翻边，如图 5-7（b）所示。这种翻边的变化情况近似于圆孔翻边。

内凹外缘翻边的变形程度 ε_A 用式（5-18）表示：

$$\varepsilon_A = \frac{b}{R - b} \tag{5-18}$$

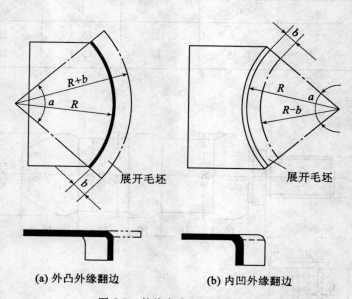

(a) 外凸外缘翻边　　　　(b) 内凹外缘翻边

图 5-7　外缘翻边的两种形式

外缘翻边常见材料的允许变形程度 ε_T 和 ε_A 值查表 5-7。

表 5-7　　　　　　　　　　　　　外缘翻边时常见材料允许变形程度

金属和合金的名称		变形程度 ε_T（%）		变形程度 ε_Λ／（%）	
		橡皮成形	模具成形	橡皮成形	模具成形
铝合金	L4（M）[①]	25	30	6	40
	L4 硬	5	8	3	12
	LF21（M）	23	30	6	40
	LF21 硬	5	8	3	12
	LF2（M）	20	25	6	35
	LF2（硬）	5	8	3	12
	LY12（M）	14	20	6	30
	LY12 硬	6	8	0.5	9
	LY11（M）	14	20	4	30
	LY11 硬	5	6	0	0
黄铜	H62 软	30	40	8	45
	H62 半硬	10	14	4	16
	H68 软	35	45	8	55
	H68 半硬	10	14	4	16
钢	10	—	38	—	10
	20	—	22	—	10
	1Cr18Ni9 软	—	15	—	10
	1Cr18Ni9 硬	—	40	—	10
	2Cr18Ni9		40		10

注：M 表示退火状态

外缘翻边可用橡皮模成形，也可在模具上成形。图 5-8 所示是用模具进行的内外缘同时翻边的方法。

当把不封闭的外缘翻边作为带有压边的单边弯曲时，翻边力可按下式计算：

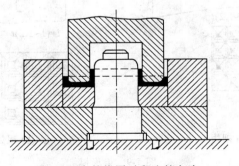

图 5-8　内外缘同时翻边的方法

$$F = 1.25KLt\sigma_b \tag{5-19}$$

式中，F——外缘翻边所需的力（N）；

  K——系数，取 $0.2 \sim 0.3$。

  L——弯曲线长度（mm）；

  t——料厚（mm）；

  σ_b——零件材料的抗拉强度（MPa）；

5.3 校 形

5.3.1 校平

把不平整的制件放入模具内压平的校形称为校平，主要用于消除或减少制件的平直度误差。

1. 校平模类型

（1）光面模

光面模用于薄料且表面不允许有压痕的工件。

（2）细齿模

图 5-9（a）用于材料较厚且表面允许有压痕的工件。齿形在平面上呈正方形或菱形。齿尖磨钝，上下模的齿尖相互叉开。

（3）粗齿模

图 5-9（b）用于薄料以及铝、铜等有色金属，工件不允许有较深的压痕。齿顶有一定的宽度。

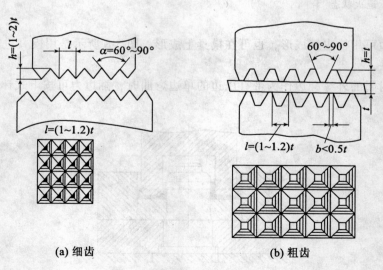

(a) 细齿   (b) 粗齿

图 5-9 齿形模

2. 校平力的计算

校平力按下式计算:

$$F = Ap \tag{5-20}$$

式中, F——校平力 (N);

　　　A——工作校平面积 (mm^2);

　　　p——单位校平力 (MPa)。

对于软钢或黄铜, 取值如下:

光面模: $p = (50 \sim 100)$ MPa;

细齿模: $p = (100 \sim 200)$ MPa;

粗齿模: $p = (200 \sim 300)$ MPa。

5.3.2　整形

1. 整形类型

(1) 弯曲件的整形

常采用镦校法, 如图 5-10 所示。镦校前半成品的长度略大于零件长度, 以保证校形时材料处于三向压应力状态, 镦校后在材料厚度方向上压应力分布较均匀、回弹减小, 从而能获得较高的尺寸精度。但带孔的零件和宽度不等的弯曲件不宜用镦校整形。

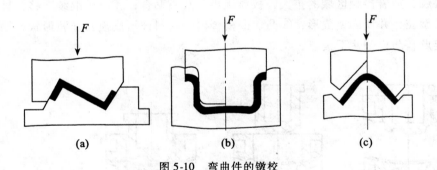

$$(a) \qquad\qquad (b) \qquad\qquad (c)$$

图 5-10　弯曲件的镦校

(2) 拉深件的整形

直壁拉深件筒壁整形时, 常用变薄拉深的方法把模具间隙取小, 为 $0.9t \sim 0.95t$, 而取较大的拉深系数, 把最后一道拉深和整形合为一道工序。

2. 整形力计算

整形时要在压力机下止点对材料进行刚性卡压, 应选用精压机或有过载保护装置和刚度较好的机械压力机。整形力为

$$F = Ap \tag{5-21}$$

式中, F——整形力 (N);

A——整形的投影面积（mm^2）；

p——整形的单位压力（MPa）。

对于敞开制件整形：$p = （50 \sim 100）$ MPa；

对底面、侧面减小圆角半径的整形：$p = （150 \sim 200）$ MPa。

5.4 汽车覆盖件成形模设计

覆盖件主要指覆盖汽车发动机和底盘、构成驾驶室和车身的一些零件，如轿车的挡泥板、顶盖、车门外板、发动机盖、水箱盖、行李箱盖等。由于覆盖件的结构尺寸较大，所以也称为大型覆盖件。除汽车外，拖拉机、摩托车、部分燃气灶面等也有覆盖件。和一般冲压件相比，覆盖件具有材料薄、形状复杂、多为空间曲面且曲面间有较高的连接要求、结构尺寸较大、表面质量要求高、刚性好等特点。所以覆盖件在冲压工艺的制定、冲模设计和模具制造上难度都较大，并具有其独自的特点。

5.4.1 覆盖件成形工艺设计

1. 覆盖件的成形特点

覆盖件的一般拉深过程如图 5-11 所示，拉深过程包括：①坯料放入，坯料因其自重作用有一定程度的向下弯曲；②通过压边装置压边，同时压制拉深筋；③凸模下降，板料与凸模接触，随着接触区域的扩大，板料逐步与凸模贴合；④凸模继续下移，材料不断被拉入模具型腔，并使侧壁成形；⑤凸、凹模合模，材料被压成模具型腔形状；⑥继续加压使工件定形，凸模到达下极点；⑦卸载。

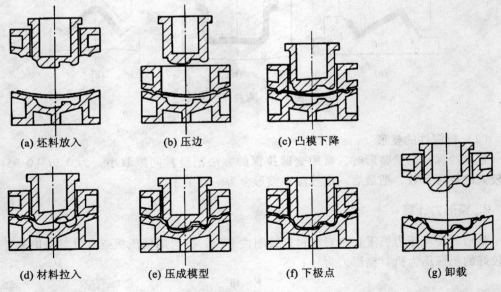

(a) 坯料放入　　(b) 压边　　(c) 凸模下降

(d) 材料拉入　　(e) 压成模型　　(f) 下极点　　(g) 卸载

图 5-11　覆盖件拉深过程

由于覆盖件有形状复杂、表面质量要求高等特点，与普通冲压加工相比有如下成形特点：

①成形工序多。覆盖件的冲压工序一般要 4~6 道工序，多的有近 10 道工序。要获得一个合格的覆盖件，通常要经过下料、拉深、修边（或有冲孔）、翻边（或有冲孔）、冲孔等工序才能完成。拉深、修边和翻边是最基本的 3 道工序，其中拉深工序是比较关键的一道工序。

②覆盖件拉深往往不是单纯的拉深，而是拉深、胀形、弯曲等的复合成形。不论形状如何复杂，常采用一次拉深成形。

③由于覆盖件多为非轴对称、非回转体的复杂曲面形状零件，拉深时变形不均匀，主要成形障碍是起皱和拉裂。为此，常采用加入工艺补充面和拉深筋等控制变形的措施。

④对大型覆盖件的拉深，需要较大和较稳定的压边力，所以其拉深广泛采用双动压力机。

⑤为易于拉深成形，材料多采用如 08 钢等冲压性能好的钢板，且要求钢板表面质量好、尺寸精度高。

⑥制定覆盖件的拉深工艺和设计模具时，要以覆盖件图样和主模型为依据。覆盖件图样是在主图板的基础上绘制的，在覆盖件图样上只能标注一些主要尺寸，以满足与相邻覆盖件的装配尺寸要求和外形的协调一致，尺寸一般以覆盖件的内表面为基准来标注。主模型是根据定型后的主图板、主样板及覆盖件图样为依据制作的尺寸比例为 1:1 的汽车外形的模型。它是模具、焊装夹具和检验夹具的制造标准，常用木材和玻璃钢制作。主模型是覆盖件图必要的补充，只有主模型才能真正表示覆盖件的信息。

2. 设计覆盖件拉深模时考虑的主要因素

（1）覆盖件成形时的起皱及防皱措施

在图 5-11 所示的覆盖件拉深过程中，当板料与凸模刚开始接触时，板面内就会产生压应力。随着拉深的进行，当压应力超过允许值时，板料就会失稳起皱。

薄板的失稳起皱实质上是由板面内的压应力引起的。但是，产生失稳起皱的原因的直观表现形式是多种多样的，如不均匀拉伸起皱、剪应力起皱、板内弯曲起皱等，所以覆盖件拉深时起皱皱纹数量、形态和部位多种多样。除材料的性能因素外，各种拉深条件对失稳起皱有如下影响。

①拉深时板料的曲率半径越小越容易引起压应力，越容易起皱；

②凸模与板料的初始接触位置越靠近板料的中央部位，引起的压应力越小，产生起皱的危险性就越小；

③从凸模与板料开始接触到板料全面贴合凸模，贴模量越大，越容易发生起皱，且起皱越不容易消除；

④拉深的深度越深，越容易起皱；

⑤板料与凸模的接触面越大，压应力越靠近模具刃口或凸模与板料的接触区域时，由

于接触对材料流动的约束，随着拉深成形的进行而使接触面增大，对起皱的产生和发展的抑制作用将增加。

（2）覆盖件成形时的开裂及防裂措施

覆盖件成形时的开裂是由于局部拉应力过大造成的，由于局部拉应力过大导致局部有较大的胀形变形而开裂。开裂主要发生在圆角部位，开裂部位的厚度变薄很大。如凸模与坯料的接触面积过小、拉深阻力过大等，都有可能导致材料局部胀形变形过大而开裂。也有由于拉深阻力过大、凹模圆角过小或凸模与凹模间隙过小等原因造成的整圈破裂。

为了防止开裂，应从覆盖件的结构、成形工艺以及模具设计等多方面采取相应的措施。从覆盖件的结构上可采取的措施有：①各圆角半径最好大一些；②曲面形状在拉深方向的实际深度应浅一些；③各处深度应均匀一些；④形状尽量简单且变化尽量平缓一些等。

在拉深工艺方面可采取的主要措施有：①拉深方向尽量使凸模与坯料的接触面积大；②合理的压料面形状和压边力使压料面各部位阻力均匀适度；③降低拉深深度；④开工艺孔和工艺切口等。在模具设计上，可采取设计合理的拉深筋，采用较大的模具圆角，使凸模与凹模间隙合理等措施。

5.4.2 覆盖件成形模具结构和设计

覆盖件的冲压工艺包括拉深、修边、翻边等多道工序，确定冲压方向应从拉深工序开始，然后制定以后各工序的冲压方向。应尽量将各工序的冲压方向设计成一致，这样可使覆盖件在流水线生产过程中不需要进行翻转，便于流水线作业，减轻操作人员的劳动强度，提高生产效率，也有利于模具制造。有些左右对称且轮廓尺寸不大的覆盖件，采取左右件整体冲压的方法对成形更有利。

1. 覆盖件拉深、修边和翻边工序间的关系

覆盖件成形各工序间不是相互独立而是相互关联的，在确定覆盖件冲压方向和加入工艺补充部分时，还要考虑修边、翻边时工序件的定位以及各工序件的其他相互关系等问题。拉深件在修边工序中的定位有三种。

（1）用拉深件的侧壁形状定位

该方法用于空间曲面变化较大的覆盖件。由于一般凸模定位装置高出送料线，操作不如凹模定位方便，所以尽量采用外表面侧壁定位；

（2）用拉深筋形状定位

该方法用于一般空间曲面变化较小的浅拉深件，优点是方便、可靠和安全，缺点是由于考虑定位块结构尺寸、修边凹模镶块强度、凸模对拉深毛坯的拉深条件、定位稳定和可靠等因素而增加了工艺补充部分的材料消耗；

（3）用拉深时冲或穿制的工艺孔定位

该方法用于不能用前述两种方法定位时的定位，优点是定位准确、可靠，缺点是操作

时工艺孔不易套入定位销，且增加了拉深模的设计制造难度，应尽量少用。要使定位稳定可靠，必须用两个工艺孔，且孔距越远定位越可靠。工艺孔一般布置在工艺补充面上，并在后续工序中切掉。

修边件在翻边工序中的定位，一般用工序件的外形、侧壁或覆盖件本身的孔定位。此外，还要考虑工件进出料的方向和方式、修边废料的排除、各工序件在冲模中的位置等问题。

2. 覆盖件修边模

覆盖件修边模是特殊的冲裁模。与一般冲孔、落料模的主要区别是：①所要修边的冲压件形状复杂，模具分离刃口所在的位置可能是任意的空间曲面；②冲压件通常存在不同程度的弹性变形；③分离过程通常存在较大的侧向压力等。因此，进行模具设计时，在工艺上和模具结构上应考虑冲压方向、制件定位、模具导正、废料的排除、工件的取出、侧向力的平衡等问题。

覆盖件修边模可分为垂直修边模、斜楔修边模和垂直斜楔修边模。垂直修边模的修边方向与压力机滑块运动方向一致，是覆盖件修边模最常用的形式，应尽量采用。斜楔修边模的修边镶块作水平或倾斜方向运动，有一套将压力机滑块运动方向转变成刃口镶块沿修边方向运动的斜楔机构，所以结构较复杂。垂直斜楔修边模的一些修边镶块作垂直方向运动，另一些修边镶块作水平或倾斜方向运动，该修边模用于同一模具上需要垂直修边和斜楔修边的情况，模具结构复杂。

图 5-12 所示是汽车后门柱外板的修边冲孔模。模具的修边凹模 6 安装在上模座上，凸模 12 安装在下模座上。废料刀组 13 顺向布置于修边刃口周围，用于沿修边线剪断拉深件的废边。卸料板 4 安装于上模腔内，在导板 5 的作用下沿导向面往复运动。当模具在上始点时将制件放入凹模，制件依靠周边废料刀及型面定位。模具的上滑块下行，卸料板 4 首先将制件压贴在凸模上，弹簧 3 被压缩。当将卸料板压入凹模时，凸、凹模刃口进行修边、冲孔。当上模座 1 与安放于下模座 9 上的限位器接触时，模具滑块到达下死点，此时废料被完全切断并滑落到工作台上。滑块回程时，汽缸 11 通过顶出器 10 将制件从凸模中托起，取出制件，在滑块到达上始点时顶出器回位，则完成整个制件的修边、冲孔过程。该模具采用的是垂直修边结构，模具设计的重点是凸模和凹模镶块和废料刀的设计。

图 5-13 所示是汽车车门修边模。模具的修边凹模 7 安装在从动斜楔 6 上，用以抵消主、从动斜楔侧向力的反侧块 12 固定在下模座 11 上。当压力机上滑块下行时，压料板 8 与制件接触，压缩制件随弹簧 9 被压紧在下模上，同时主动斜楔 5 压迫从动斜楔 6 作水平方向运动，装在从动斜楔 6 上的凹模 7 对制件进行水平修边。压力机滑块到达下极点时，凸、凹模已完成对制件的修边。压力机滑块开始上行，凹模 7 随从动斜楔 6 在复位弹簧 4 的作用下回程，压料板也随上模上行，则完成整个制件的修边过程。该模具采用斜楔修边结构，模具设计的重点是凸模和凹模镶块和斜楔滑块的设计。

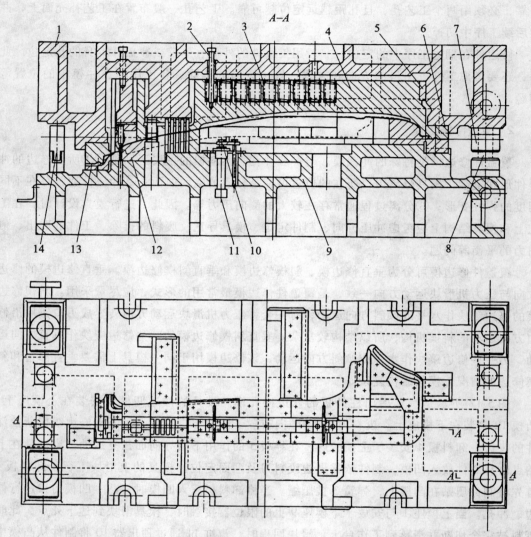

1—上模座 2—卸料螺钉 3—弹簧 4—卸料板 5—导板 6—凹模镶块组 7—导柱
8—导套 9—下模座 10—顶出器 11—顶出汽缸 12—凸模镶块组 13—废料刀组 14—限位器

图 5-12 汽车后门外板修边冲孔模

3. 修边模主要零件的设计

（1）凸模和凹模镶块的布置和固定

修边模刃口的结构形式有整体式和镶块式两种。如果是将刃口材料堆焊在凸模或凹模
体上，则称为整体式，如果是以镶块结构形式安装在凸模或凹模体上，则称为镶块式。由
于覆盖件的修边线多为不规则的空间曲线，且修边线很长，为便于制造、装配及修理，修

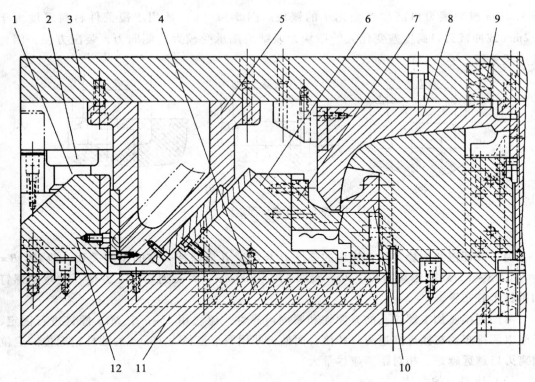

1—导柱　2—导套　3—上模座　4，9—弹簧　5—主动斜楔　6—从动斜楔
7—凹模　8—压料板　10—凸模　11—下模座　12—反侧块
图 5-13　汽车车门修边模

边模的凸模和凹模常用镶块式结构。

①镶块的布置原则。

a. 分块大小要适应加工条件，直线段要适当长，形状复杂或拐角处要取短些，尽量取标准值。

b. 为了消除接合面制造的垂直度误差，两镶块之间的接合面宽度应尽量小些。

c. 分块应便于加工，便于装配调整，便于误差补偿，最好应为矩形块。

d. 曲线与直线连接时，接合面应在直线部分，距切点应有一定的距离（一般取 5 ~ 7mm）。必须在曲线上分块时，接合面应尽量与修边线垂直，以增大刃口强度。

e. 凸模的局部镶块用于转角、易磨损和易损坏的部位，凹模的局部镶块装在转角和修边线带有突出和凹槽的地方。各镶块在模座组装好后再进行仿形加工，以保证修边形状和刃口间隙的配做要求。

②镶块的固定。对于镶块结构的修边凸、凹模，作用于刃口镶块上的剪切力和水平推力将使镶块沿受力方向产生位移和颠覆力矩，所以镶块的固定必须稳固，以平衡侧向力。图 5-14 所示是两种常用的镶块固定形式的示意图，图 5-14（a）适用于覆盖件材料厚度小

于 1.2mm 或冲裁刃口高度差变化小的镶块。图 5-14 （b ）适用于覆盖件材料厚度大于
1.2mm 或冲裁刃口高度差变化大的镶块，该结构能承受较大的侧向力，装配方便，因此
被广泛采用。

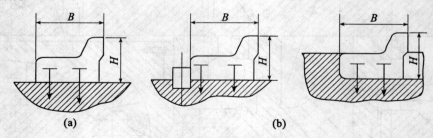

图 5-14　镶块固定形式

　　为了保证镶块的稳定性，镶块的高度 H 与宽度 B 应保持一定的比例关系，即 $H : B =$
$1 : (1.25 \sim 1.75)$。镶块的长度 L 一般取 150 ~ 300mm。太长则加工不方便；太短则螺钉
和销钉不好布置。

　　考虑到模座加工螺纹孔的方便性和紧固可靠性，镶块用 3 ~ 5 个 M16 螺钉进行固定，
一般以两排布置在接近修边刃口和接合面处，并用两个直径为 16mm 的圆柱销定位。定位
销离刃口越远越好，相对距离应尽量大。

　　（2）废料刀的设计

　　覆盖件的废料外形尺寸大，修边线形状复杂，不可能采用一般卸料圈卸料，需要先将
废料切断后卸料才方便和安全。而有些不能用制件本身形状定位的零件，则可用废料刀定
位。所以废料刀也是修边模设计的内容之一。

　　①废料刀的结构。废料刀也是修边镶块的组成部分。镶块式废料刀是利用修边凹模镶
块的接合面作为一个废料刀刃口，相应地在修边凸模镶块外面装废料刀作为另一个废料刀
刃口，如图 5-15、图 5-16 所示。

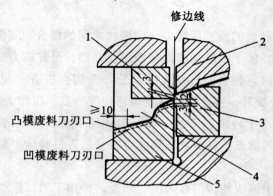

1—上模凹模　2—卸料板　3—下模凸模　4—凹模废料刀　5—凸模废料刀
图 5-15　弧形废料刀

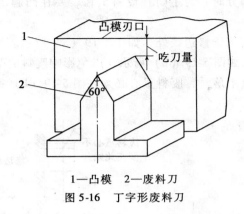

1—凸模   2—废料刀

图 5-16   丁字形废料刀

②废料刀的布置。

a. 为了使废料容易落料，废料刀的刃口开口角通常取为 10°，且应顺向布置，如图 5-17所示。

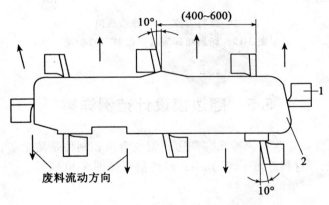

1—废料刀   2—凸模

图 5-17   废料刀顺向布置

b. 为了使废料容易落下，废料刀的垂直壁应尽量避免相对配置。当不得不相对配置时，可改变刃口角度，如图 5-18 所示。

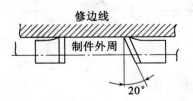

图 5-18   废料刀相对布置

c. 修边线上有凸起部分时，为了防止废料卡住，要在凸起部位配置切刀，如图 5-18 所示。

d. 切角时刀座不要突出于修边线外，如图 5-19（a）所示。废料刀的刃口应靠近半径圆弧 R 与切线的交点处，如图 5-19（b）所示，以免影响废料的落下。

e. 当角部废料靠自重下落时，废料重心必须在图 5-19（b）所示 A 线的外侧。

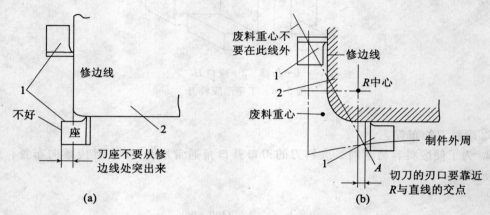

1—废料刀座　2—修边凸模

图 5-19　切制角部废料时废料刀的布置

5.5　翻边模设计范例详解

楚天模具公司要设计落料、冲孔、翻边成型复合模，制件是防尘盖，生产批量为大批量，材料采用 10 钢，材料厚度 $t = 0.3$mm，制件简图如图 5-20 所示。

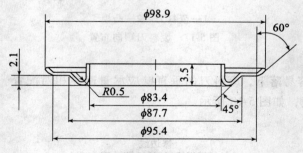

图 5-20　防尘盖简图

5.5.1　工艺性分析

加工该制件需内孔翻边和浅拉深起伏，一般冲制这种制件采用落料、冲孔和翻边成型两道工序完成。这种工艺存在以下两个主要问题：

①落料在翻边成形之前，直径为 $\phi 98.9 mm$ 的凸缘容易在浅拉深后变得周边不齐；

②在第二道工序中，操作者需将手放入模具内，不安全。

该制件是轴对称制件，材料厚度仅为 0.3mm，冲裁性能较好。为了减少工序数，可采用复合模一次压制成型。其工艺特点是首先进行冲孔，再翻边成型，最后落料。采用这种方法加工的制件外观平整、毛刺小、产品质量较高，而且大大提高了生产率，同时解决了操作中安全问题。

5.5.2   主要工艺参数计算

（1）毛坯的尺寸计算

①计算毛坯翻边预冲孔直径 d。取 $r = 0.5mm$，$D = 87.7 + 0.3 = 88$（mm），$h = 3.5mm$，则：

$$d = D - 2（h - 0.43r - 0.72t）$$
$$= 88 - 2 \times（3.5 - 0.43 \times 0.5 - 0.72 \times 0.3）= 81.86（mm）$$

②计算毛坯的直径 D_0。先将制作分解成圆柱、圆锥台、圆环和圆锥台四个简单几何体求其各自面积，而后按等面积原则进行毛坯的直径 D_0 的计算，则可得 $D_0 \approx 101mm$。

③排样。考虑到操作方便及模具结构简单，采用单排排样设计。参考表 2-15，取搭边值 $a = 0.8mm$，$a_1 = 1.0mm$。条件宽度为 $B = 101 + 2 \times 1.0 = 103$（mm），条料送进步距为 $A = 101 + 0.8 = 101.8$（mm）。

（2）各部分工艺力计算

①计算冲孔力。$\tau = 340MPa$，$K = 1.3$，$L = \pi \times 81.86 = 257.04$（mm），则

$$F_{冲} = 1.3 \times 257.04 \times 0.3 \times 340 = 34.084（kN）$$

②计算推件力。取刃口高度为 3mm，则 $n = 10$；$K_{推} = 0.06$，则：

$$F_{推} = 10 \times 0.06 \times 34.084 = 20.45（kN）$$

③计算翻边力。$\sigma_s = 210MPa$，则：

$$F_{翻} = 1.1 \times \pi \times 0.3 \times 210 \times（88 - 81.86）= 1.336（kN）$$

④计算浅拉深成型力。$K = 1.25$；$\sigma_b = 400MPa$；$d = 95.4mm$，则：

$$F_{拉} = 1.25 \times \pi \times 95.4 \times 0.3 \times 400 = 44.933（kN）$$

⑤计算落料力。$L = \pi \times 98.8 = 310.23$（mm），则：

$$F_{落} = 1.3 \times 310.23 \times 0.3 \times 340 = 41.136（kN）$$

⑥计算卸料力。$K_{卸} = 0.05$，则：

$$F_{卸} = 0.05 \times 41.136 = 2.057（kN）$$

总的冲压力等于上述各力之和，即为

$$F_{总} = 34.084 + 20.45 + 1.336 + 44.933 + 41.136 + 2.057 = 144（kN）$$

（3）冲压设备的选择

一般按所需公称压力 $F_{压} \geqslant （1.6 \sim 1.8）F_{总}$ 选择压力机，因此选择 250kN 的开式压力机。

5.5.3　主要工作部分尺寸计算

1. 冲孔刃口尺寸计算

由表 2-7 冲裁模初始双边间隙，取冲裁刃口双面间隙 $Z_{min} = 0.02\text{mm}$；$Z_{max} = 0.04\text{mm}$；$\phi 81.55$ 的极限偏差为 $\Delta = 0.87\text{mm}$；磨损系数 $x = 0.5$，则凸模刃口尺寸为

$$d_T = (d + x\Delta)_{-\delta_T}^{0} = (81.55 + 0.5 \times 0.87)_{-0.025}^{0} = 81.99_{-0.025}^{0} \ (\text{mm})$$

2. 浅拉深成型工作部分尺寸计算

拉深模间隙取 $Z/2 = 1t = 0.3\text{mm}$，则其凸、凹模尺寸见表 5-8。

表 5-8　　　　　　　　　防尘盖凸模、凹模尺寸

制件尺寸	凹模尺寸	凸模尺寸
$\phi 87.7_{-0.87}^{0}$	$87.05_{0}^{+0.14}$	$86.45_{-0.14}^{0}$
$\phi 95.4_{-0.87}^{0}$	$94.75_{0}^{+0.14}$	$94.15_{-0.14}^{0}$

3. 落料刃口尺寸计算

由于制件有 60° 角度的要求，属于倾斜面冲裁，取落料模间隙为零，则落料凸、凹模采用配合加工方法。

由公差配合查表 8-17 可得，$\phi 98.9\text{mm}$ 的极限偏差为 $\Delta = 0.87\text{mm}$，$X = 0.5$，$\delta_A = \Delta/4 = 0.218$（mm）。则：

$$D_A = (D - X\Delta)_{0}^{+\delta_A} = (98.9 - 0.5 \times 0.87)_{0}^{+0.215} = 98.47_{0}^{+0.215}$$

凸模尺寸按照凹模尺寸配作，保证最小间隙值为零。

复合模中主要零件，翻边、成形、落料凸凹模的工作部分尺寸如图 5-21 所示。模具的总体结构如图 5-22 所示。

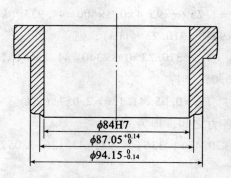

图 5-21　翻边、成形、落料凸凹模

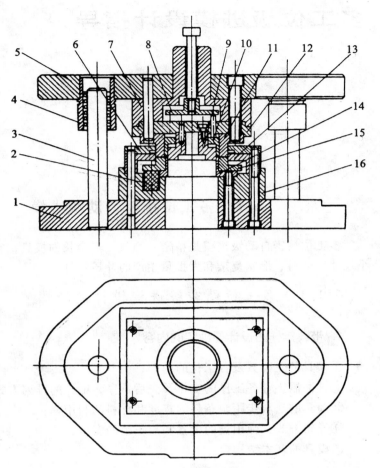

1—下模座　2—橡胶　3—导柱　4—导套　5—上模座　6—定位拉料板　7—模柄
8—顶板　9—冲孔凸模　10—卸料环　11—翻边、成形、落料凸凹模　12—接板
13—落料凹模　14—冲孔翻边凸凹模　15—成型凹模　16—固定板

图 5-22　防尘盖落料、冲孔、翻边成形复合模

项目 **6** 多工位级进模设计指导

6.1 多工位精密自动级进模

多工位精密自动级进模是精密、高效、寿命长的模具，它适用于冲压小尺寸、薄料、形状复杂和大批量生产的冲压零件。

6.1.1 多工位精密级进模排样设计

1. 带料排样图设计要确定的内容

①模具的工位数及各工位的内容；
②被冲制工件各工序的安排及先后顺序，工件的排列方式；
③模具的送料步距、条料的宽度和材料的利用率；
④导料方式，弹顶器的设置和导正销的安排；
⑤模具的基本结构。

2. 排样图中各成形工位的设计

（1）级进冲裁工位的设计要点

①对复杂形状的凸、凹模，要便于凸模、凹模的加工和保证凸模、凹模的强度；
②孔边距很小的工件，冲外缘工位在前，冲内孔工位在后；
③有严格相对位置要求的局部内、外形，应尽可能在同一工位上冲出；
④增加凹模强度，应考虑在模具上适当安排空工位。

（2）多工位级进弯曲工位的设计要点

①冲压与弯曲方向。向上弯曲，要求下模采用带滑块（或摆块）的模具结构，若向下弯曲，则要考虑弯曲后送料顺畅。若有障碍则必须设置抬料装置。

②分解弯曲成形。零件在作弯曲和卷边成形时，可以按工件的形状和精度分解加工的工位进行冲压。图 6-1 所示是 4 个向上弯曲的分解冲压

工序。

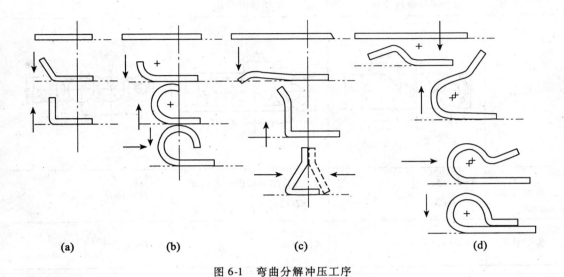

图 6-1 弯曲分解冲压工序

③弯曲时坯料的滑移。对坯料进行弯曲和卷边，要防止成形过程中材料的移位造成零件误差。先对加工材料进行导正定位，在卸料板与凹模接触并压紧后，再作弯曲冲压。

（3）多工位级进拉深成形工位的设计要点

①级进拉深工艺的尺寸计算。拉深零件的形状很复杂，带料级进拉深工艺可分为无工艺切口和有工艺切口两种拉深件。它们的带料宽度和步距尺寸可参考表 6-1 和表 6-2。有关切口参数和修边余量参见冲模设计手册。

表 6-1　　　　　　　　　无工艺切口的料宽和步距计算

图示	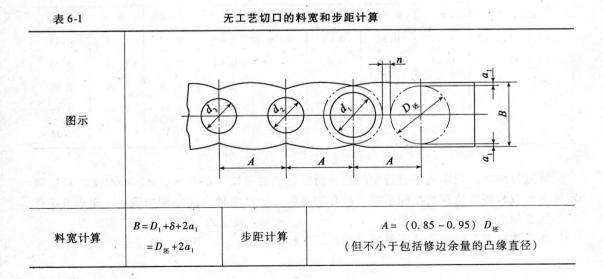		
料宽计算	$B = D_1 + \delta + 2a_1$ $= D_{坯} + 2a_1$	步距计算	$A = (0.85 \sim 0.95) D_{坯}$ （但不小于包括修边余量的凸缘直径）

表 6-2   **有工艺切口的料宽和步距计算**

拉深方法	切口级进拉深	切槽级进拉深	
图示	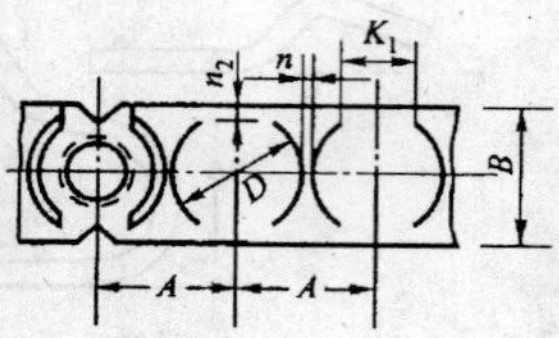	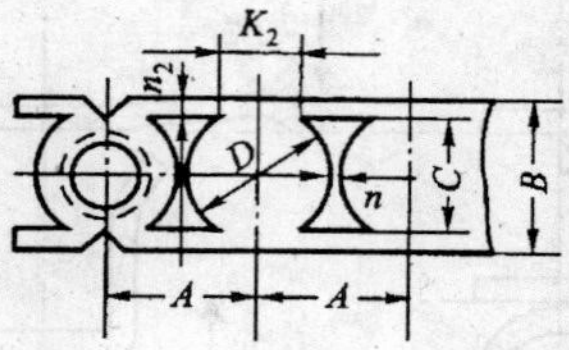	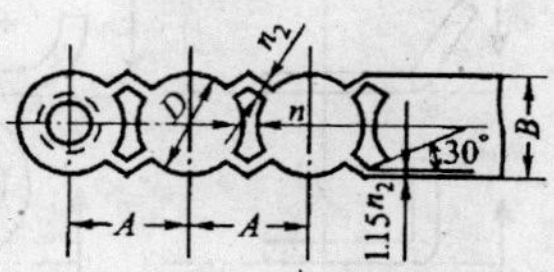
料宽计算	$B = D_1 + \delta + 2n_2$ $= D + 2n_2$	$B = (1.02 \sim 1.05) D + 2n_2$ $= D + 2n_2$	$B = D_1 + \delta = D$
步距计算	$A = D + n$	$A = D + n$	$A = D + n$

②级进拉深变形参数的设计。无工艺切口的级进拉深时，可根据表 6-3 查出一次拉深所能达到的最大相对高度 H_1/d_1，并与计算出所要成形工件的 H/d 的值进行比较，确定能否用一次拉深成形。

表 6-3   **无工艺切口时的第一次拉深系数 m_1 和最大相对高度 H_1/d_1（08 钢、10 钢）**

凸缘相对直径 d_f/d_1	毛坯相对厚度 $t/D(\%)$							
	>0.2 ~ 0.5		>0.5 ~ 1.0		>1 ~ 1.5		>1.5	
≤1.1	m_1	H_1/d_1	m_1	H_1/d_1	m_1	H_1/d_1	m_1	H_1/d_1
>1.1 ~ 1.3	0.71	0.36	0.68	0.39	0.66	0.42	0.65	0.45
>1.3 ~ 1.5	0.68	0.34	0.66	0.36	0.64	0.38	0.61	0.40
>1.5 ~ 1.8	0.64	0.32	0.63	0.34	0.61	0.36	0.59	0.38
>1.8 ~ 2.0	0.54	0.30	0.53	0.32	0.52	0.34	0.51	0.36
	0.48	0.28	0.47	0.30	0.46	0.32	0.43	0.35

级进拉深时，应审查不进行中间退火所能达到的总拉深系数 $m_{总}(m_{总} = d/D)$。还应确定拉深次数和各次拉深的拉深系数。按有切口和无切口两种情况分别由表 6-4 至表 6-6 查出各次拉深系数，并计算出使 m_1，m_2，$\cdots$，$m_n < m_{总}$ 成立的 m_n，n 就是拉深次数。

在调整拉深系数时，经调整确定的拉深系数 m_1，m_2，$\cdots$ 可比表中所列的数值大。

表 6-4   无切口工艺的后续各次拉深系数（08 钢、10 钢）

拉深系数	材料相对厚度 t/D（%）			
m_n	>0.2 ~ 0.5	>0.5 ~ 1.0	>1 ~ 1.5	>1.5
m_2	0.86	0.84	0.82	0.8
m_3	0.88	0.86	0.84	0.82
m_4	0.89	0.87	0.86	0.85
m_5	0.90	0.89	0.88	0.87

表 6-5   有切口工艺的第一次拉深系数 m_1

凸缘相对直径	材料相对厚度 t/D（%）		
d_f/d_1	>2	<2 ~ 1	<1
1.1	0.60	0.62	0.64
1.5	0.58	0.60	0.62
2.0	0.56	0.58	0.60
2.5	0.55	0.56	0.58

表 6-6   有切口工艺的后续各次拉深系数

拉深系数	材料相对厚度 t/D（%）		
m_n	>2	<2 ~ 1	<1
m_2	0.75	0.76	0.78
m_3	0.78	0.79	0.80
m_4	0.80	0.81	0.82
m_5	0.82	0.84	0.85

③级进拉深工序直径的计算。计算各工序的拉深直径时，使用调整后的各次拉深系数。计算方法与单个毛坯的拉深相同，即

$$d_1 = m_1 D, \quad d_2 = m_2 d_1, \quad \cdots, \quad d_n = m_n d_{n-1} \tag{6-1}$$

3. 条料的定位精度

条料的定位精度直接影响到制件的加工精度，一般应在第一工位冲导正工艺孔，紧接着第二工位设置导正销导正，以该导正销矫正自动送料的步距误差。条料定位精度可按下列经验公式计算：

$$\Delta = k\delta' \sqrt{n} \tag{6-2}$$

式中，Δ ——条料定位积累误差；

k ——精度系数；

δ' ——步距对称偏差（mm）；

n ——步距数。

系数 k 的取值为：

单载体：每步有导正销时，$k = 1/2$；

加强导正定位时，$k = 1/4$。

双载体：每步有导正销时，$k = 1/3$；

加强导正定位时，$k = 1/5$。

当载体隔一步导正时，精度系数 k 取 1.2，当载体隔两步导正时，精度系数 k 取 1.4。

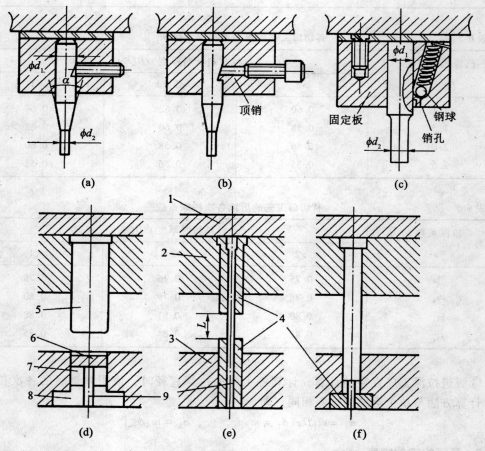

1—上垫板　2—凸模固定板　3—弹压卸料板　4—镶套　5—压柱

6—垫板　7—定位套　8—下镶套　9—小凸模

图 6-2　小凸模及其装配形式

4. 排样设计后的检查

①材料利用率。检查是否为最佳利用率方案。

②模具结构的适应性。级进模结构多为整体式、分段式或子模组拼式等，模具结构形

式确定后应检查排样是否适应其要求。

③有无不必要的空位。在满足凹模强度和装配位置要求的条件下，应尽量减少空位。

④制件尺寸精度能否保证。如对制件平整度和垂直度有要求时，除在模具结构上要注意外，还应增加必要的工序（如整形、校平等）来保证。

⑤制件的孔和外形是否会产生变形。如有变形的可能，则孔和外形的加工应置于变形工序之后，或增加整修工序。

⑥此外，还应从载体强度是否可靠、制件已成形部位对送料有无影响、毛刺方向是否有利于弯曲变形、弹性弯曲件的弯曲线是否与材料纹向垂直或成45°（否则弹性和寿命将受到影响）等方面进行分析检查。

6.1.2　多工位精密级进模结构设计

1. 多工位级进模凸模

一般的粗短凸模可以按标准选用或按常规设计。当工作部分和固定部分的直径差太大时，可设计多台阶结构。各台阶过渡部分必须用圆弧光滑连接，不允许有刀痕。图6-2为常见的小凸模及其装配形式。

图6-3所示为带顶出销的凸模结构，利用弹性顶销使废料脱离凸模端面。也可在凸模中心加通气孔，减小冲孔废料与冲孔凸模端面上的"真空区压力"，使废料易脱落。

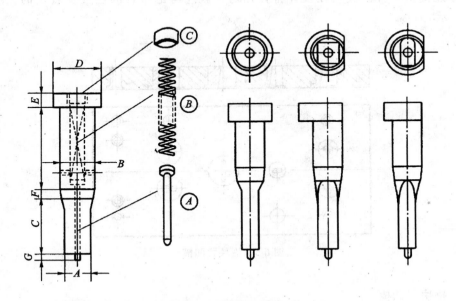

图6-3　能排除废料的凸模

图6-4为6种磨削凸模的形式。图6-4（a）为直通式凸模，图6-4（b）、图6-4（c）是同样断面的冲裁凸模，图6-4（d）两侧有异形突出部分，此结构上宜采用镶拼结构。

图 6-4（e）为一般使用的整体成形磨削带突起的凸模。图 6-4（f）用于快换的凸模结构。

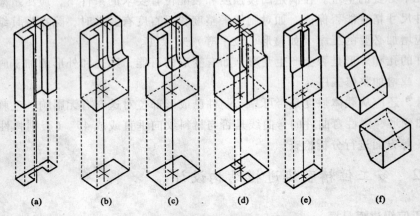

图 6-4　成形磨削凸模的典型结构

2. 多工位级进模凹模

（1）嵌块式凹模

图 6-5 所示是嵌块式凹模。特点是嵌块套做成圆形，且可选用标准的零件。嵌块损坏后可迅速更换备件。嵌块在设计排样图时，就应考虑布置的位置及嵌块的大小，如图 6-6 所示。

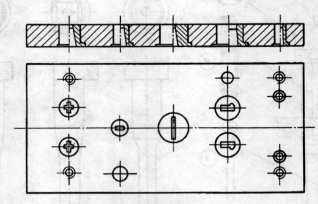

图 6-5　嵌块式凹模

（2）拼块式凹模

采用放电加工的拼块拼装的凹模，凹模多采用并列组合式结构；若将型孔口轮廓分割后进行成形磨削加工，然后将拼块装在所需的垫板上，再镶入凹模框并以螺栓固定，则此结构为成形磨削拼装组合凹模。

（3）拼块凹模的固定形式

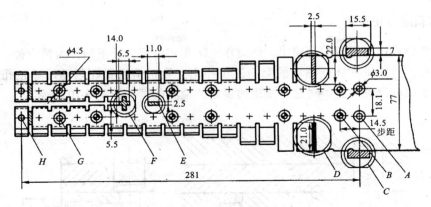

图 6-6 嵌快在排样图中的布置

①平面固定式。平面固定是将凹模各拼块分别用定位销（或定位键）和螺钉固定在垫板或下模座上，如图 6-7 所示。适用于拼块凹模或较大拼块分段的固定。

②直槽固定式。直槽固定是将拼块凹模直接嵌入固定板的通槽中，各拼块不用定位销，而在直槽两端用键或楔及螺钉固定，如图 6-8 所示。

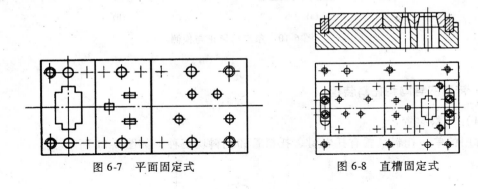

图 6-7 平面固定式   图 6-8 直槽固定式

③框孔固定式。框孔固定式有整体框孔和组合框孔两种，如图 6-9 所示。

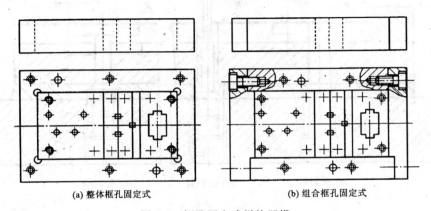

(a) 整体框孔固定式   (b) 组合框孔固定式

图 6-9 框孔固定式拼块凹模

3. 带料的导正定位

一般将导正销与侧刃配合使用，侧刃作定距和初定位，导正销作为精定位。作为精定位的导正孔，应安排在排样图中的第一工位冲出，导正销设置在紧随冲导正孔的第二工位，第三工位可设置检测条料送进步距的误差的检测凸模，如图 6-10 所示。

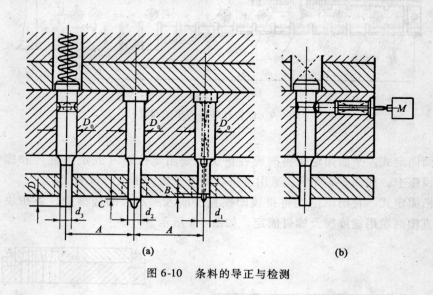

图 6-10　条料的导正与检测

4. 带料的导向和托料装置

（1）托料装置

常用的单一托料装置有托料钉、托料管和托料块三种，如图 6-11 所示。

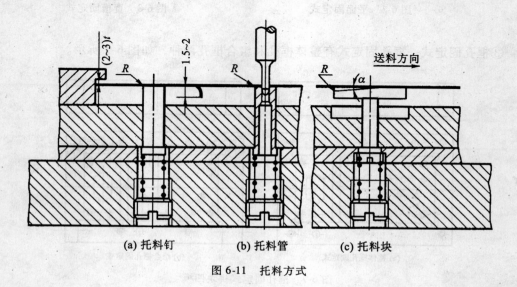

(a) 托料钉　　　(b) 托料管　　　(c) 托料块

图 6-11　托料方式

（2）托料导向装置

①托料导向钉。托料导向钉如图6-12所示，图6-12（a）是条料送进的工作位置，图6-12（b），图6-12（c）是常见的设计错误。图6-12（b）卸料板凹坑过深，造成带料被压入凹坑内；图6-12（c）是卸料板凹坑过浅。因此，设计时必须注意各尺寸的协调，其协调尺寸推荐值为：

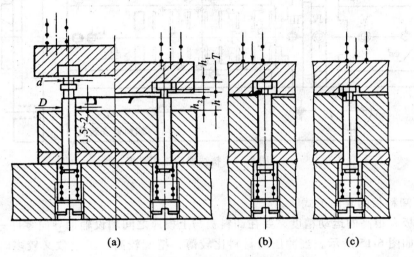

图6-12 托料导向装置及其常见的设计错误

槽宽：$h_2 = (1.5 \sim 2.0) \, t$；

头高：$h_1 = (1.5 \sim 3) \, \text{mm}$；

坑深：$T = h_1 + (0.3 \sim 0.5) \, \text{mm}$；

槽深：$\dfrac{D-d}{2} = (3\text{-}5) \, t$；

浮动高度：$h = $ 材料向下成形的最大高度 $+ (1.5 \sim 2) \, \text{mm}$。

尺寸 D 和 d 可根据条料宽度、厚度和模具的结构尺寸确定。托料钉常选用合金工具钢，淬硬到 $58 \sim 62\text{HRC}$，并与凹模孔成 H7/h6 配合。

②托料导向板。图6-13所示为托料导向板的结构图，它由4根浮动导销与2条导轨式导板所组成，适用于薄料和要求较大托料范围的材料托起。

5. 卸料装置的设计

（1）卸料板的结构

多采用分段拼装结构固定在一块刚度较大的基体上。图6-14所示是由5个拼块组合而成的卸料板。中间3个拼

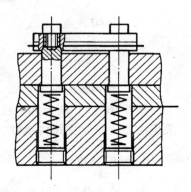

图6-13 托料导向板

块经磨削加工后直接压入通槽内，仅用螺钉与基体连接。

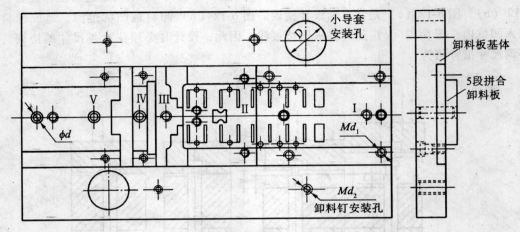

图 6-14　拼块式弹压卸料板

（2）卸料板的导向形式

卸料板有很高的运动精度，要在卸料板与上模座之间增设辅助导向零件——小导柱和小导套，如图 6-15 所示。当冲压的材料比较薄，精度较高、工位数又较多时，应选用滚珠式导柱导套。

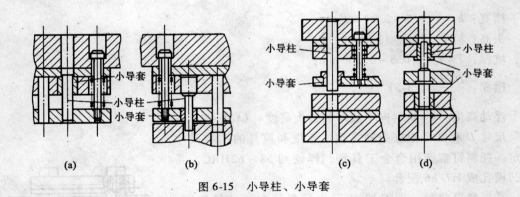

图 6-15　小导柱、小导套

（3）卸料板的安装形式

图 6-16（a）所示卸料板的安装形式是多工位精密级进模中常用的结构。图 6-16（b）采用的是内螺纹式卸料螺钉，弹簧压力通过卸料螺钉传至卸料板。

6. 限位装置

为了防止凸模在存放、搬运、试模过程中过多地进入凹模损伤模具，在设计级进模时应考虑安装限位装置。

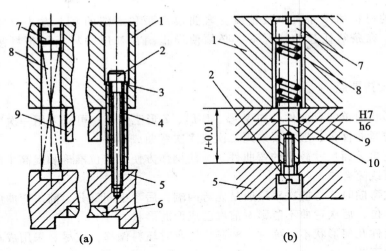

1—上模座　2—螺钉　3—垫片　4—套管　5—卸料板　6—卸料板拼块
7—螺塞　8—弹簧　9—固定板　10—卸料销

图 6-16　卸料板的安装形式

如图 6-17 所示，限位装置由限位柱与限位垫块图 6-17（a）、限位套图 6-17（b）组成。当精度较高，且模具有较多的小凸模时，可在弹压卸料板和凸模固定板之间设计一限位垫板来控制凸模行程。

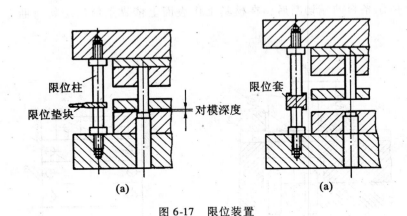

图 6-17　限位装置

6.2　多工序级进弯曲模设计

1. 弯曲件的工序、定距和定位

生产中多数弯曲件不能一次弯曲成形，而工序安排的好坏直接影响零件质量、模具结构、生产效率、废品率、生产成本等。工序安排的依据是零件的生产批量、零件的形状、零件的材料和尺寸大小及精度。弯曲模定距和定位的基本方式及要求与级进冲裁模的相同。在条料托起的情况下，必须使导正销在弹压卸料板与条料接触的同时进行最后导正。

2. 工序安排要点

①对于形状简单的弯曲件，如 V 形、U 形、Z 形工件等，可以采用一次弯曲成形。对于形状复杂的弯曲件，一般需要采用二次或多次弯曲成形。

②对于批量大而尺寸较小的弯曲件，为使操作方便、定位准确和提高生产率，应尽可能采用级进模或复合模。

③需多次弯曲时，弯曲次序一般是先弯两端，后弯中间部分，前次弯曲应考虑后次弯曲有可靠的定位，后次弯曲不能影响前次已成形的形状。

④当弯曲件几何形状不对称时，为避免压弯时坯料偏移，应尽量采用成对弯曲，然后再切成两件的工艺。

3. 弯曲方向与送料方式

多工序级进弯曲模常用的送料方式有：

（1）**按送进步距送料**

弯曲毛坯冲落后再反向嵌入废料边框中，随条料送进到弯曲工位，如图 6-18 所示。但弹顶力 F 不足和材料较薄时，反向嵌入较困难。

（2）**少、无废料送料**

图 6-19 所示条料前端切断后，在模具工作表面上依靠条料后端将弯曲毛坯推移送进到弯曲工位。

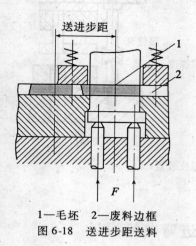

1—毛坯　2—废料边框
图 6-18　送进步距送料

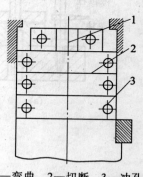

1—弯曲　2—切断　3—冲孔
图 6-19　少、无废料送料

（3）**留搭边送料**

弯曲处与条料分离，留有局部连接处，送料到弯曲工位，弯曲成形后切断连接处，如图 6-20 所示。

需进行多次弯曲的零件，一般应选用冲压行程方向作为零件的弯曲方向。对于薄料，必要时可采用活动凹模在其他方向进行弯曲成形。

4. 级进弯曲模托料装置设计

弯曲件预成形后往往滞留在下模部分，需托起后条料才能送进。

（1）托料钉托料

用单独组合的托料钉托料如图 6-21 所示，托料钉组合可根据工艺要求灵活布置。这种适合于托料力不大、托料高度较低的模具。

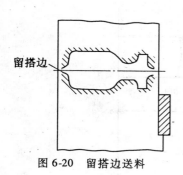

图 6-20　留搭边送料

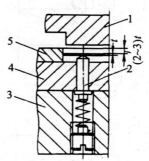

1—卸料板　2—托料钉　3—下模座　4—凹模　5—导料板
图 6-21　托料钉托料

（2）托料板托料

托料板托料适用于托料力较大的模具，图 6-22 所示上推杆的作用是保证冲压开始前托板开始回缩，避免条料产生压痕，影响弯曲质量。

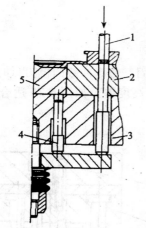

1—上推杆　2—凹模　3—下模座　4—顶杆　5—托料板
图 6-22　托料板托料

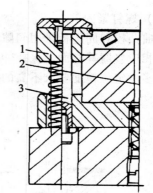

1—托料导向板　2—托料钉　3—小导柱
图 6-23　托料导向板托料

（3）托料导向板托料

当托料行程较大时可用图 6-23 的托料导向板托料，条料两侧搭边应有一定长度，条料本身应具有较大的刚度。条料刚度不足时，可与托料钉配合使用。

5. 卸料板设计

卸料板的基本结构型式与普通冲裁模的相同。采用矩形导向件的卸料板结构紧凑，加工方便，见图 6-24。卸料板和托料导向板的相对位置见图 6-25。

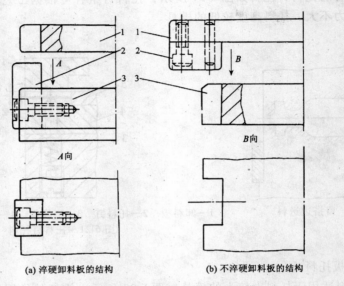

(a) 淬硬卸料板的结构   (b) 不淬硬卸料板的结构

1—卸料板   2—矩形导向件   3—凹模

图 6-24　矩形导向件卸料板

6. 级进弯曲模凸模固定方式

（1）螺钉紧固

弯曲凸模和固定板采用间隙配合，并采用螺钉紧固。修磨冲裁凸模刃口时，拆下弯曲凸模并相应修磨其基面，保持冲裁凸模和弯曲凸模的高度差。如图 6-26 适合用于弯曲凸模数不多、定位精度要求不高的模具。

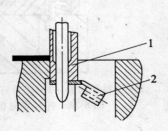

1—卸料板   2—托料导向板

图 6-25　卸料板和托料导向板的相对位置

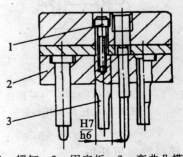

1—螺钉   2—固定板   3—弯曲凸模

图 6-26　螺钉紧固

178

（2）固定板固定

小固定板固定在大固定板和上模座上，如图 6-27 所示，方便修磨冲裁刃口和弯曲凸模的基面，也方便更换强度较差、易损的冲裁凸模和调整冲裁间隙。

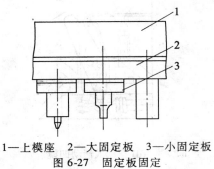

1—上模座　2—大固定板　3—小固定板

图 6-27　固定板固定

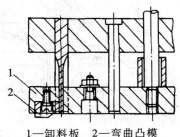

1—卸料板　2—弯曲凸模

图 6-28　与卸料板固定

（3）与卸料板固定

弯曲凸模固定在卸料板上如图 6-28 所示，适合用在弯曲深度较浅，材料较薄的零件。

在工艺许可的情况下，应适当加长冲裁凸模的工作长度，以便减少修磨弯曲凸模的次数。弯曲成形后的落料凸模长度，应能保证弯曲件在正常的闭模状态下不滞留在凹模内，否则弯曲件相互挤压，影响成形精度。

7. 级进弯曲模凹模设计

凹模组合设计的基本要求是使弯曲凹模具有可靠的配合定位面，便于装拆。当冲裁刃口修磨 Δh 后，弯曲部分的定位面应同样修磨 Δh，使冲裁刃口和弯曲成形部分始终保持合理的相对位置关系。

弯曲级进模的活动凹模的常见结构型式见图 6-29。滑块结构型式见图 6-30，斜楔、滑块的结构尺寸见表 6-7。

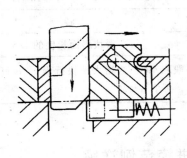

(a) 水平方向运动的活动凹模

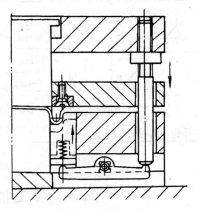

(b) 垂直方向运动的活动凹模

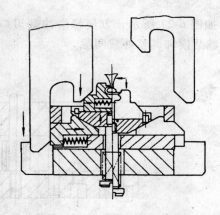 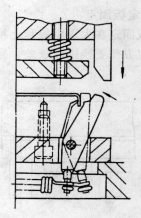

(c) 水平和垂直方向复合运动的活动凹模　　(d) 摆动式活动凹模

图 6-29　活动凹模的结构型式

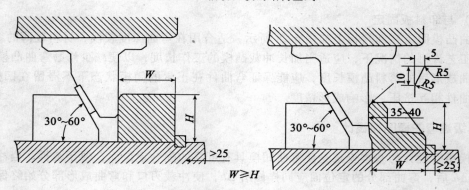

图 6-30　滑块结构型式

表 6-7　　　　　　　　　　　　　斜楔、滑块结构尺寸

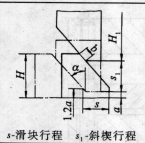

α	30°	40°	45°	50°	55°	60°
s/s_1	0.5174	0.8391	1	1.1918	1.4281	1.7321
a（mm）	>5					
b（mm）	≥滑块斜面长度的 1/5					

s-滑块行程　　s_1-斜楔行程

楔块角度 α 一般取 40°。为增大滑块行程 s，α 可取 45°、50°；在滑块受力很大时，可取 $\alpha \leqslant 30°$

6.3　多工位级进模范例详解

大华机械制造公司要大批大量生产自行车脚蹬内板零件，现要求设计翻边、冲孔、落料级进模来生产该零件。工件材料采用 Q215-F，料厚为 1.5mm，工件简图如图 6-31 所示。

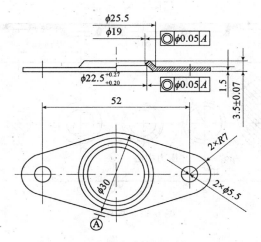

图 6-31　自行车脚蹬内板

1. 工艺分析

本工件的外形和两个 $\phi5.5$mm 的孔，属于落料、冲孔工序。中间带有凸台的孔，可以采用两种方法冲压。第一种是先作浅拉深，然后冲底孔。在进行拉深时，圆锥部位的材料一部分是从底面流动得来的，另一部分要从主板上流动而来，对于后者若要为材料流动留有余量，就要增加工件排样的步距，从而造成材料消耗增加。第二种方法是先冲预孔，再进行冲压，这属于翻边（也称为翻孔）工序。翻边时材料流动的特点是预孔周围的材料沿圆周方向伸长，使材料变薄；而在径向材料长度几乎没有变化，即材料在径向没有伸长，因而不会引起主板上的材料流动。在排样时，只要按正常冲裁设计搭边值即可，可节省材料。该零件是大批量生产，若用单工序模制造，工序多且生产率低，故应采用级进模。

2. 排样设计

如图 6-32 是排样图，共分 5 个工位。

第 1 工位：冲 $\phi15$mm 工艺孔。

第 2 工位：翻边。

第 3 工位：冲 $\phi19$mm 底孔；整形。

第 4 工位：冲 2 个 $\phi5.5$mm 孔。

第 5 工位：落料，工件从底孔中漏出。

翻边凸模必须要有圆角。工件对 $\phi22.5$mm 的部位有公差要求，而且不允许有圆角，因此该部位要有整形工序。整形和 $\phi19$mm 孔的冲裁两道工序在一个工位中完成。

模具使用条料，用手工送进，没有设置定位装置。第二工位翻边以后，板料下面形成明显凸包。手工送料时，放在下一工位的凹模中即可，第二和第五工位的凸模设有导正销

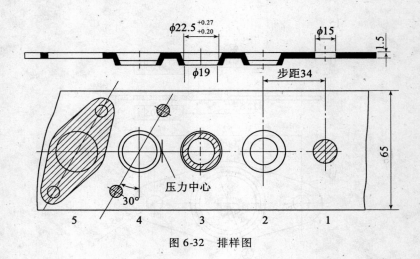

图 6-32　排样图

进行精确定位。在第一和第二工位各设置一个始用挡料销，供条料开始送进的第一、第二工位使用。工件的搭边值，边缘部位取 1.2mm，工件之间的搭边值为 1.2mm，步距为 34mm。

3. 主要计算

（1）翻边的计算

翻边计算有：①计算翻边前的毛坯孔径；②变形程度计算；③翻边力的计算。

计算翻边前的毛坯孔径：根据工件图计算。翻边前的毛坯孔径称为底孔孔径，底孔周边材料在翻边时材料没有径向流动。在分析它的横截面时，可把它视为弯曲。即如图 6-33 所示虚线部位的材料，翻边后移动到实线位置，而其长度不变，前、后两部分内的中线长度相等。这与弯曲材料展开的计算是相同的。计算时应按中线的圆弧和直线，通过几何关系计算其长度，在此略去圆角进行近似计算。计算 BC 段长，先用作图法求出中线上的 B 点、C 点的位置，并标注在图 6-33 中。

在直角三角形 BDC 中，用勾股定理计算 BC 长。

$$BD = 3.5 - 1.5 = 2 \text{（mm）}$$
$$DC = 0.5 \ (26.4 - 23.6) = 1.4 \text{（mm）}$$
故　$BC = \sqrt{2^2 + 1.4^2} = 2.44 \text{（mm）}$
$$AB = 0.5 \ (23.6 - 19) = 2.3 \text{（mm）}$$

由以上分析，EC 应是 AB 与 BC 的和，即
$$EC = AB + BC = 2.3 + 2.44 = 4.74 \text{（mm）}$$

因此，计算出底孔所需的直径为
$$d_0 = 26.4 - 2 \times 4.74 = 16.92 \text{（mm）}$$

考虑到翻边后还要冲裁 $\phi 19$mm 孔，故留有余量，将 d_0 孔定为 $\phi 15$mm。

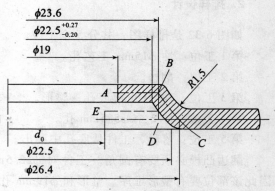

图 6-33　底孔计算用图

校核变形程度：材料翻边过程是底孔沿圆周方向被拉伸长的过程，其变形量不应超过材料的伸长率，否则会出现裂纹。用变形前、后圆周长之比表示变形程度，在翻边计算（项目 5）中称其为翻边系数 k，即

$$k = \frac{\pi d_0}{\pi D} = \frac{d_0}{D} \tag{6-3}$$

式中，d_0——翻边前的孔径（mm）；

　　　D——翻边后的孔径（mm）。

查表 5-3 可知，允许的 k_{min} 值为 0.75，因计算出的翻边系数 k 值比 k_{min} 值大，即设计合理，翻边时不会出现裂纹。

翻边力的计算：翻边力的计算采用式（6-4）：

$$F = 1.1\pi(D - d_0)t\sigma_s \tag{6-4}$$

式中，F——翻边力（N）；

　　　t——板料厚度（mm），$t = 1.5$mm；

　　　σ_s——材料屈服应力（MPa），$\sigma_s = 240$MPa；

　　　d_0——翻边前孔径（mm）；

　　　D——翻边后孔径（mm）。

在计算翻边力时，翻边前孔径取实际孔径 d_0 值 $\phi15$mm，与翻边所需孔径 $\phi16.92$mm，相比缩小 1.92mm，则 $\phi19$mm 也应缩小 1.92mm，翻边后的实际孔径应为 17.08mm。将 d_0 = 15mm、D = 17.08mm 代入上式，得

$$F = 1.1\pi \times 1.5 \times 240 \times (17.08 - 15) = 2587 \text{（N）}$$

（2）冲压力的计算

冲压力的计算包括冲裁力的计算和整形压力的计算。

冲裁力的计算：冲裁力按下式计算，即

$$F = Lt\tau \tag{6-5}$$

式中，L 为冲裁周长，抗剪强度极限取 $\tau = 340$MPa。

冲裁共有 4 个部位，分别是第 1 工位 $\phi15$mm 孔、第 3 工位 $\phi19$mm 孔、第 4 工位两个 $\phi5.5$mm 孔、第 5 工位落料。前 3 个部位都是圆孔，冲裁圆周容易计算。落料冲裁周长通过几何计算可算出，其值为 162.7mm。计算出各部位的冲裁力，分别是 $\phi15$mm 孔冲裁力为 24034N，2 个 $\phi5.5$mm 孔冲裁力为 17612N，$\phi19$mm 孔冲裁力为 30430N，落料时冲裁力为 82994N。

整形压力：整形压力的计算方法与校正压力相同，采用下式计算：

$$F = pA \tag{6-6}$$

式中，F——整形力（N）；

　　　p——单位整形力（MPa）；

　　　A——工件整形面积（mm^2）。

关于单位整形力的选取与弯曲校正以及校平工艺的校平力不同，整形力是使整形局部的压强超过材料的抗压强度，而产生变形，但是最后作用在校正面上的压强必须低于材料的抗压强度。综合以上因素，p 值取为 150MPa。事实上，校平力的大小取决于模具在压

力机上安装时对压力机的调整，而调整压力机的依据是试冲时工件是否符合要求。

（3）压力中心的计算

通过以上计算，得出各工步的冲压力分别是：

第 1 工位：ϕ15mm 孔冲裁，冲压力为 24034N；

第 2 工位：翻边，冲压力为 2587N；

第 3 工位：ϕ19mm 孔冲裁和整形，冲压力总和为 75864N；

第 4 工位：两处 ϕ5.5mm 冲裁，冲压力为 17612N；

第 5 工位：外形落料，冲压力为 82994N。

按本书项目 2 介绍的计算方法，可计算出压力中心位于第 3 工位中心线左侧 22.26mm 处。

4. 模具结构设计和主要零、部件设计

模具的上模部分由上模座、垫板、凸模固定板、卸料板组成。卸料板用卸料螺钉和圆柱形弹簧与凸模固定板相连接。

下模部分由下模、凹模板、垫板、导尺等组成。模具装配图如图 6-34 所示。

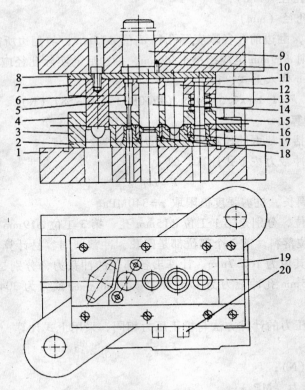

1—对角导柱模座　2、8—垫板　3—凹模板　4—卸料板　5、11—冲孔凸模　6—落料凹模
7—凸模固定板　9—模柄　10—销钉　12—翻边凸模　13—卸料弹簧　14—冲孔整形凸模
15—导尺　16—冲孔凹模　17—翻边凹模　18—冲孔整形凹模　19—承料板　20—始用挡销

图 6-34　自行车脚蹬内板级进模装配图

第 2 工位的翻边凸模工作部位尺寸，如图 6-35 所示。导正销的直边部位，高度为 1.2mm。图 6-35 中凸模圆锥角 70° 是由零件图的尺寸计算得出的。圆角尺寸 $R=2$mm 是翻边工艺的需要。此处若设计为尖角，将使材料难以流动，将导致板料发生撕裂；圆角若选值过大，会给下一步的整形增加难度，故选用 $R=2$mm。

凹模的侧壁设计为直边，如果凹模设计为与凸模相配合的形状，在下止点使凸、凹模相接触而起到校正的作用，凸、凹模之间的距离要相当精确。第 3 工位是校正，第 2、3 两个工位的凸模高度调整若稍有误差，就会使其中一个不起作用，因此第 2 工位设计为凸、凹模"不接触"。由于在凹模的圆角处材料没有径向流动，对圆角的大小没有要求，故此处按零件的要求，设计圆角取值为 $R=1.5$mm。

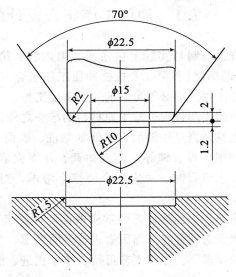

图 6-35　翻边凸模与凹模

第 3 工位整形，凸、凹模尺寸按零件要求设计。整形凸模对制件最后尺寸影响很大。板料材质的力学性能每批都有差异，会使工件回弹不一样。遇到这种情况，可按照工件尺寸和公差要求，做几个不同规格的凸模，以便供生产中选用，保证工件的精度。

凹模板由两部分组成。第 1～4 工位共用一块凹模板，各凹模部位分别设置凹模镶套。第 5 工位落料凹模单独为一部分。

凸模固定板、卸料板、凹模板均采用线切割机床加工，以保证各型孔之间的定位尺寸精度。

7.1　冲压工序组合设计的步骤

冲压方案的制订实际上包括两方面内容：第一，冲压工序组合设计（工艺规程的编制）；第二，根据冲压工序组合（工艺规程）进行模具设计。它是冲压生产中必不可缺的一项重要工作。

冲压件的生产过程，除了原材料的准备之外，还应包括必要的冲压工序，同时还要适当穿插辅助工序（如酸洗、表面处理等），并和后续加工工序（如切削、焊、铆等）相互协调，从而完成一个冲压制件。因此在设计冲压工艺组合时，一定要全面综合考虑，对各加工工序进行合理的安排。

编制冷冲压工艺规程，通常应根据制件要求、生产批量、制件成本、劳动强度和安全性等各方面因素进行全面考虑，使拟出的工艺规程在满足给定条件的前提下，做到工艺可行、技术先进、经济合理。

7.1.1　分析制件的冲压工艺性

详细查阅制件图，首先了解该制件的使用要求，然后再根据制件的结构形状、尺寸精度、表面质量和使用材料等各方面因素分析图样是否符合冲压工艺要求。如果发现冲压工艺性不良，则应立即与产品设计部门协商，在不影响制件使用的前提下，由产品设计者对制件的形状、尺寸及涉及的问题作合理的修改，使之既满足使用性能，又符合冲压工艺要求，达到两全其美的效果。

7.1.2　制订冲压工艺方案

根据制件技术要求及其生产批量等主要条件，拟定出冲压准备工序、辅助工序、冲压工序及后续工序的数目及先后顺序。此顺序即从毛料到产品制造的全过程，称为冲压制件的总体工艺方案。

冲压工序组合设计是冷冲压工艺规程中最主要的工作，通过对比及必要的技术经济分析后，正确确定冲压工序及冲压顺序，其内容包括以下几个方面：

1. 确定毛坯形状、尺寸和下料方式

根据冲压制件，拟定出最佳排样方案，然后计算出毛料尺寸和形状，选择合适的下料方式。

2. 确定工序性质

工序性质应根据制件的结构形状，按各种工序的变形性质和应用范围予以确定，如平板件采用冲裁工序，弯曲件采用弯曲工序，筒形件采用拉深工序等。总而言之，工序性质的确定一定要结合本地区及本工厂的生产实际。

一般情况下，对有经验的冲压技术人员来说，根据制件的图样可直接看出所需工序的性质，但有时也还要通过计算才能合理决定。

如图 7-1 所示的零件，初看可用落料、冲孔、翻边三道工序或落料冲孔与翻边两道工序完成，但经过计算分析后发现，由于翻边系数小于极限翻边系数，使竖边高度尺寸 18mm 与内孔尺寸 $\phi 92$mm 达不到零件的要求；若采用落料、拉深、修边和切底，或落料、拉深、修边、冲底孔和翻边的方法均能很好成型。又如，深筒拉深件，若其深度与直径之比大到一定程度时，用多次拉深也难以奏效，这是因为每次拉深后坯料的工艺性都会发生变化，最终导致超出后续拉深工序的工艺性变差而不能成型；在这种情况下，必须改变工序性质，采用其他的冲压工序。

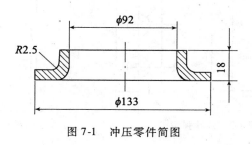

图 7-1　冲压零件简图

3. 合理确定冲压工序顺序和工序数目

必须考虑冲压变形的规律性和制件的形状、尺寸、公差和生产批量等来编制出最经济、最合理的冲压工序顺序。

工序数目是以极限变形参数（如拉深系数、翻孔系数等）和变形的趋向性为依据来确定的，与此同时，还需要计算出各中间毛坯（半成品）的过渡性尺寸和形状。

7.1.3　合理选择冲模类型、结构及设备

根据已确定的冲压工艺方案和制件的形状、精度、生产批量、操作习惯和现有的模具加工条件等因素，便可合理选择冲模的类型与结构并参考项目 2 表 2-5 确定是采用单工序

冲模设计指导

模、级进模还是复合模。

通常按冲压工序性质来选择冲压设备类型。根据冲压加工的变形所需的力和模具尺寸来选择冲压设备的技术规格。

总之，设计冲压工序组合常常受到很多具体生产条件的限制，因此，设计时一定要紧密结合本工厂的生产实际进行，否则便是纸上谈兵，闭门造车。

7.2 工序组合设计范例详解

根据图 7-2 所示的制件，试确定其冲压工艺方案，并设计模具结构图。

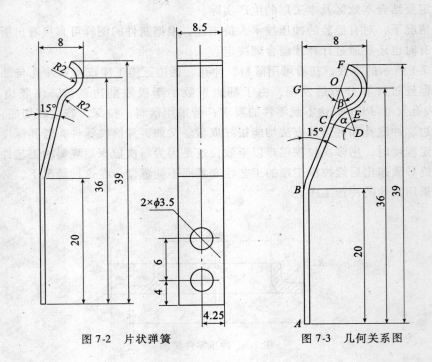

图 7-2 片状弹簧　　　　　　　图 7-3 几何关系图

7.2.1 工艺分析

此制件材料为黄铜 H68，料厚 1mm，制件尺寸精度为 ITl4 级，形状并不复杂，尺寸大小为小型制件，年产量 20 万件，属于普通冲压。

此制件在冲裁时应注意以下事项：

①2×φ3.5mm 孔较小，两孔壁距为 2.5mm，这给模具设计和冲裁工艺带来了不便，特别要注意材料冲裁时金属的流动，防止 φ3.5mm 凸模弯曲变形。

②2×φ3.5mm 孔，由于孔与周边和孔壁距均为 2.5mm，模具设计时应妥善处理。

③制件头部有 15°角度的非对称弯曲，回弹应严加控制。

④制件较小，必须考虑工人操作的安全性。

以上四点是此制件冲压时较为困难之处，要想得到合格的制件，并适应 20 万件生产

188

数量的需要，必须处理好提高模具寿命这一问题。

7.2.2 工艺方案的分析和确定

从制件的结构形状可知，其基本工序仅包含冲孔、弯曲和落料三种，但按先后工序的不同顺序可设计出以下五种冲压方案：

①落料→弯曲→冲孔，单工序冲压。

②落料→冲孔→弯曲，单工序冲压。

③冲孔→切口→弯曲→落料，单件冲压复合模。

④冲孔→切口→弯曲→切断→落料，两件连冲复合模。

⑤冲孔→切口→弯曲→切断，两件连冲级进模。

方案①、②属于单工序冲压。由于此制件生产批量很大，制件较小，为了提高劳动生产率，并保证工人操作安全，所以此两个方案不宜采用。

方案③、④属于复合式冲压。此制件结构因尺寸较小，采用复合式模具，装配时带来很大的困难；又因落料在后、冲孔在前，以凸模插入板料和凹模内进行落料，必然受到材料的切向流动压力，有可能使 $\phi 3.5\,\text{mm}$ 凸模纵向变形。$2 \times \phi 3.5\,\text{mm}$ 孔的凹模壁厚也薄，模具寿命会受到影响，不能适应 20 万件生产数量的需要。因此采用复合模冲压除解决了安全性问题外，其余难点均未克服，使用价值不高，不宜采用。

方案⑤属于级进冲压。此方案为最佳方案，既解决了以上四个难点，也给模具装配带来了方便，冲后制件平整，操作安全，故此方案最为合适。

7.2.3 模具设计计算

根据确定的工艺方案，绘制出模具总装图。级进模中的板料采用侧刃定位，这样可以提高定位精度，生产率也高。两件连冲，可以减少弯曲回弹，改善冲压性能。因为 $2 \times \phi 3.5\,\text{mm}$ 凹模孔孔距太近，会影响凹模壁厚强度，模具设计者有意将两孔安排在前后不同位置上进行错位冲压，从而增强了凹模壁厚，提高了模具使用寿命。依靠卸料板在冲裁时的压料作用，提高了制件的平整性，在回程时又起卸料作用。

此模具总的来说，结构简单，制造容易，操作方便，生产率高且经济性较好。

具体设计计算步骤如下：

1. 模具结构形式的确定

因制件材料较薄，为保证制件平整，采用弹压卸料装置。它还可对冲孔小凸模起导向作用和保护作用。为方便操作和取件，选用双柱可倾压力机，纵向送料。因制件薄而窄，故采用侧刃定位，生产率高，材料消耗也不大。

综上所述，选用对角导柱滑动导向模架、纵向送料弹压卸料典型组合结构形式。

2. 工艺设计

（1）计算毛坯尺寸相对弯曲半径

$$R/t = 2/1 = 2 > 0.5 \tag{7-1}$$

式中，R——弯曲半径；

t——料厚。

可见，制件属于圆角半径较大的弯曲件，应先求弯曲变形区中性层曲率半径 ρ。中性层的位置计算公式为

$$\rho = R + xt \tag{7-2}$$

式中，x——由实验测定的应变中性层位移系数。

本项目取应变中性层位移系数 $x = 0.38$，因此可得

$$\rho = 2 + 0.38 \times 1 = 2.38 \text{（mm）}$$

圆角半径较大（$R > 0.5t$）的弯曲件毛料长度计算公式为

$$l_0 = \sum l_{直} + \sum l_{弯}, \quad l_{弯} = \frac{180° - \alpha}{180°} \pi \rho$$

式中，l_0——弯曲件毛料展开长度；

$\sum l_{直}$——弯曲件各直线段长度总和；

$\sum l_{弯}$——弯曲件各弯曲部分中性层展开长度之和。

由图 7-3 可知

$$\sum l_{直} = \overline{AB} + \overline{BC}, \quad \sum l_{弯} = \widehat{CE} + \widehat{EF}$$

图 7-3 中：

$$\overline{AB} = 20\text{mm}$$

$$\overline{BG} = （36 - 20）\text{mm} = 16\text{mm}$$

$$\overline{OD} = （2 + 1 + 2）\text{mm} = 5\text{mm}$$

$$\overline{CD} = （2 + 1）\text{mm} = 3\text{mm}$$

$$\overline{OC} = \sqrt{5^2 - 3^2} \text{mm} = 4\text{mm}$$

$$\overline{BO} = \frac{16}{cos15°} \text{mm} = 16.56\text{mm}$$

$$\overline{BC} = \overline{BO} - \overline{OC} = （16.56 - 4）\text{mm} = 12.56\text{mm}$$

$$\beta = \arccos \frac{4}{5} = 36.87°$$

$$\alpha = 90° - 36.87° = 53.13°$$

$$\sum l_{直} = （20 + 12.56）\text{mm} = 32.56\text{mm}$$

$$\sum l_{弯} = \pi p \left(\frac{53.13°}{180°} + \frac{180° - 36.87°}{180°} \right) = 8.14\text{mm}$$

$$l_0 = （32.56 + 8.14）\text{mm} \approx 41\text{mm}$$

（2）画排样图

因 $2 \times \phi 3.5$mm 的孔壁距较小，考虑到凹模强度，将两小孔分两步冲出，冲孔与切口工步之间留一空位工步，故该制件需六个工步完成。

根据切断工序中工艺废料带的标准值、切口工序中工艺废料的标准值、条料宽度公差 Δ、侧刃裁切条料的切口宽 F，得 $F = 1.5$mm，$s = 3.5$mm，$\Delta = 0.5$mm，$C = 3$mm（考虑到

凸模强度，实取 $C=5\text{mm}$）。

采用侧刃条料宽度尺寸 B 的确定公式为

$$B=（L+1.5a+nF）-\Delta$$

得条料宽度 B 为

$$B=2l_0+C+2F=（41\times2+5+2\times1.5）_{-0.5}^{0}=90_{-0.5}^{0}（\text{mm}）$$

画排样图如图 7-4 所示。

选板料规格为 $1500\text{mm}\times600\text{mm}\times1\text{mm}$，每块可剪 $600\text{mm}\times90\text{mm}$ 规格条料 16 条，材料剪裁利用率达 96%。

（3）计算材料利用率

$$\eta=A_0/A\times100\%$$

式中，A_0——所得制件的总面积（mm^2）；

A——一个步距的条料面积（$L\times B$）（mm^2）。

$$\eta=\frac{41\times8.5\times2}{12\times90}\times100\%=65\%$$

（4）计算冲压力

完成本制件所需的冲压力由冲裁力、弯曲力及卸料力、推料力组成，不需计算弯曲时的顶料力和压料力。

①冲裁力 $F_{冲}$ 由冲孔力、切口力、切断力和侧刃冲压力四部分组成。

冲裁力 $F_{冲}$ 的计算公式为

$$F_{冲}=KLt\tau_b \quad 或 \quad F_{冲}=F\approx Lt\sigma_b \qquad (7\text{-}3)$$

式中，K——系数，$K=1.3$；

L——冲裁周边长度（mm）；

τ_b——材料的抗剪强度（MPa）:

σ_b——材料的抗拉强度（MPa）。

黄铜 H68 的抗拉强度为 $\sigma_b=343\text{MPa}$（为计算方便，圆整为 350MPa），因此

$$F_{冲}=350\times1\times[4\times3.5\times3.14+2\times（3.5+41\times2）+2\times（12+1.5）+2\times8.5+5]\text{ N}$$
$$=92.4\text{kN}$$

②弯曲力 $F_{弯}$ 为有效控制回弹，采用校正弯曲。

校正弯曲力 $F_{弯}$ 的计算公式为

$$F_{弯}=Aq \qquad (7\text{-}4)$$

式中，A——变形区投影面积（mm^2）；

q——单位校正力（MPa），由表 3-15 选取单位校正力 $q=60\text{MPa}$。

$$F_{弯}=2Aq=2\times8.5\times39\times60\text{N}=39.8\text{kN}$$

③卸料力 F_X 和推料力 F_T。

卸料力 $\qquad\qquad\qquad\qquad F_X=K_X F \qquad\qquad\qquad\qquad (7\text{-}5)$

推件力 $\qquad\qquad\qquad\qquad F_T=nK_T F \qquad\qquad\qquad\qquad (7\text{-}6)$

顶件力 $\qquad\qquad\qquad\qquad F_D=K_D F \qquad\qquad\qquad\qquad (7\text{-}7)$

式中，F——冲裁力；

K_X、K_T、K_D——卸料力系数，推件力系数，顶件力系数、见表 2-17；$K_T=0.05$；

n——同时卡在凹模内的冲裁件（或废料）数，$n=\dfrac{h}{t}$；

h——凹模洞口的直刃壁高度；

t——板料厚度；

n——卡在凹模直壁洞口内的制件（或废料）件数，一般卡 $3\sim5$ 件，本例取 $n=5$。

$$K_X = 0.05\times92.4\text{kN} = 4.6\text{kN}$$

$$F_T = 5\times0.05\times92.4\text{kN} = 23.1\text{kN}$$

$$F = F + F_{弯} + F_X + F_T = （92.4+39.8+4.6+23.1）\text{kN} = 159.9\text{kN}$$

（5）初选压力机

由开式双柱可倾压力机（部分）参数，初选压力机型号规格为 J23—25。

（6）计算压力中心

本例由于图形规则，两件对排，左右对称，故采用解析法求压力中心较为方便。建立坐标系如图 7-5 所示。

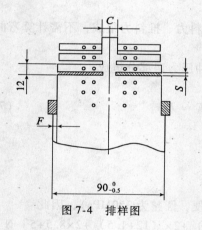

图 7-4 排样图

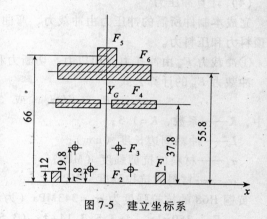

图 7-5 建立坐标系

因为左右对称，所以 $X_G = 0$，只需求 Y_G。

根据合力矩定理有

$$Y_G = \dfrac{Y_1 F_1 + Y_2 F_2 + Y_3 F_3 + Y_4 F_4 + Y_5 F_5 + Y_6 F_6}{F_1 + F_2 + F_3 + F_4 + F_5 + F_6}$$

$$= \dfrac{2\times1\times350\times\left[6\times12+7.8\times3.5\times3.14+19.8\times3.14\times3.5+37.8\times（3.5+2\times41.5^*）+66\times（8.5+2）\right]+55.8\times39800}{（93.1+39.8）\times1000}\text{mm}$$

$$= \dfrac{5257440}{132900}\text{mm} = 39.559\text{mm} \approx 40\text{mm}$$

式中，41.5^* 尺寸比制件展开毛坯尺寸大 0.5mm，目的是避免在切口工序时模具或条料的误差引起制件边缘毛刺的增大。

7.2.4 计算凸、凹模刃口尺寸

本制件形状简单，可按分开加工法计算刃口尺寸。由材料抗剪强度与间隙值的关系和规则形状（圆形、方形），冲裁凸、凹模的制造公差为 δ_T、δ_A。

$$Z_{max} = 0.12mm \quad z_{min} = 0.20mm \quad \delta_T = 0.020mm \quad \delta_A = 0.020mm$$

$$\delta_T + \delta_A = (0.020 + 0.020)\ mm = 0.040mm$$

$$Z_{max} - Z_{min} = (0.20 - 0.12)\ mm = 0.08mm$$

$$\delta_T + \delta_A \leqslant z_{max} - z_{min}$$

所以可用分开加工刃口尺寸计算公式及表 2-10 磨损系数 x，查出 $x = 0.5$。

1. 冲孔刃口尺寸

$$d_T = (3.5 + 0.5 \times 0.30)_{-0.020}^{0}\ mm = 3.65_{-0.020}^{0}\ mm$$

$$d_A = (3.65 + 0.12)_{0}^{+0.020}\ mm = 3.77_{0}^{+0.020}\ mm$$

2. 切口和切断刃口尺寸

由于在切口和切断工序中，凸、凹模均只在三个方向与板料作用并使之分离，并由图 7-4 可知，尺寸 C 和 S 既不是冲孔尺寸也不是落料尺寸，因此要正确控制 C 和 S 两个尺寸才能间接保证制件外形尺寸，为使计算简便，直接取 C 和 S 值为凸模基本尺寸，间隙取在凹模上。

①切断刃口尺寸

$$d_T = 5_{-0.020}^{0}$$

$$d_A = (5 + 0.12)_{0}^{+0.020}\ mm = 5.12_{0}^{+0.020}\ mm$$

②切口刃口尺寸

$$d_T = 3.5_{-0.020}^{0}$$

$$d_A = (3.5 + 0.12)_{0}^{+0.020}\ mm = 3.62_{0}^{+0.020}\ mm$$

3. 侧刃尺寸

侧刃为标准件，根据送料步距和修边值查侧刃值表，按标准取侧刃尺寸。

侧面切口值尺寸得侧刃宽度 $B = 6mm$，侧刃长度 $L = 12mm$。间隙取在凹模上，故侧刃孔口尺寸为

$$B = 6.12_{0}^{+0.020}\ mm \quad L = 12.2_{0}^{+0.020}\ mm$$

4. 凹模各孔口位置尺寸

在本例中，这类尺寸较多，包括两侧刃孔位置尺寸、四个小孔位置尺寸、两切口模孔位置及切断孔口位置尺寸。其基本尺寸可按排样图确定。其制造公差由冲裁件精度可知应为 IT9 级，但本例送进工步数较多，累积误差过大，会造成凸、凹模间隙不均，影响冲裁质量和模具寿命，故而应将模具制造精度提高。考虑到加工经济性，在送料方向的尺寸按 IT7 级制造，其他位置尺寸按 IT8 ~ IT9 级制造，凸模固定板与凹模配制。具体尺寸参见图 7-6。

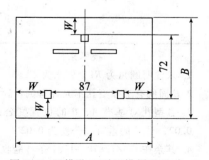

图 7-6 凹模孔口到凹模周界尺寸

5. 卸料板各孔口尺寸

卸料板各型孔应与凸模保持 $0.5Z_{min}$ 间隙，这样有利
于保护凸、凹模刃口不被"啃"伤，据此原则确定具体尺寸，见图7-7。

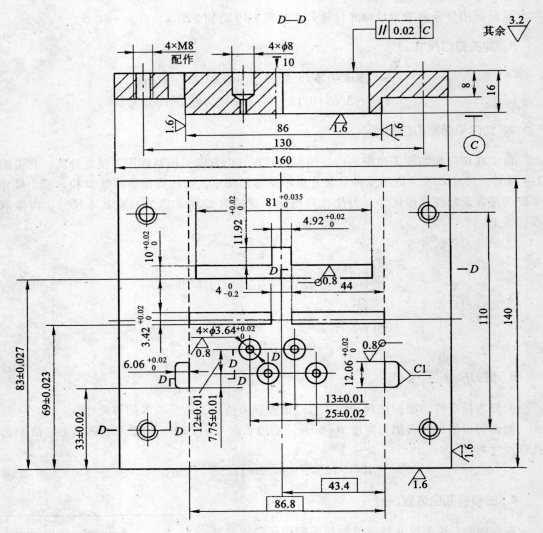

技术条件	卸料板	比例	1:1	材料
1. 未注明圆角为 R1，倒角为 C1。		件数	1	45钢
2. C 面所有工作型孔不允许有倒角。	设计	质量		共 张 第 张
3. 各型孔对基准 A、B 的位置度公差均为 0.02，对 C 的垂直度公差为 0.02。	校对		××××公司	
4. 其余按 GB/T2870—1981 条件验收。	日期			

图 7-7 卸料板

6. 凸模固定板各孔口尺寸

凸模固定板各孔与凸模配合，通常按 H7/n6 或 H7/m6 选取，本例选 H7/n6 配合。凸模固定板各型孔尺寸公差如图 7-8 所示。

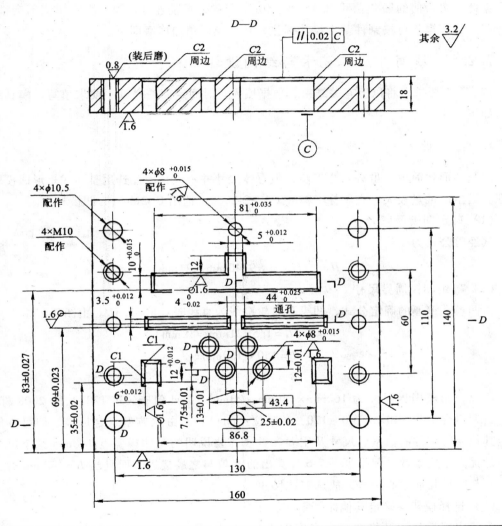

技术条件	凸模固定板	比例	1：1	材料	
1. 未注明圆角为 R1，未注明倒角均为 C1。		件数	1	45 钢	
2. 各凸模安装孔对基准 A、B 和 C 的位置公差均为 0.02。	设计		质量	共 张 第 张	
3. 其余按 GB/T2870—1981 条件验收。	校对		××××公司		
	日期				

图 7-8   凸模固定板

7. 回弹值

由工艺分析可知，本制件弯曲回弹影响最大的部位是在 15°角处，$R/t = 2 < 5$。此处属小圆角 V 形弯曲，故只考虑回弹值。回弹值可查表 3-1 ~ 表 3-4 或相关图表进行估算。如手边无该种材料的回弹值数据，也可根据材料的 σ_s 值，查与其相近材料的回弹值作为参考。据此，由弯曲的回弹值可知 15°角处由于回弹，可能小于 15°，但回弹值不会很大，故弯曲凸、凹模均可按制件基本尺寸标注，在试模后稍加修磨即可。

7.2.5　填写冲压工艺卡与结构设计

按表 7-1 要求，将以上有关结果、数据填入。时间定额一栏可不要求填写。模具结构设计如下：

1. 凹模设计

因制件形状简单，虽有六个工步，但总体尺寸并不大，因此选用整体式矩形凹模较为合理。因生产批量较大，查国标 GB2863.1~2-2008，选用 Crl2MoV 为凹模材料。

（1）确定凹模厚度 H 值

其经验公式为

$$H = \sqrt[3]{F_{冲}} = \sqrt[3]{9240}\,\text{mm} \approx 21\,\text{mm}$$

（2）确定凹模周界尺寸 $L \times B$

由凹模孔壁厚的确定公式，凹模孔口轮廓线为直线时：$W = 1.5H$。由图 7-6 得

$$W = 1.5H = 1.5 \times 21\,\text{mm} \approx 32\,\text{mm}$$

$$L = 150 \sim 160\,\text{mm}$$

$$B \approx 130 \sim 140\,\text{mm}$$

所以，凹模周界尺寸为 160mm×140mm×20mm。据此值查 GB/T2872.1—2008 标准，可得典型组合 160×140×（140~170）（单位：mm）。而由此典型组合标准，即可方便地确定其他冲模零件的数量、尺寸及主要参数。需要说明的是凹模宽度 140mm 这个尺寸虽然不是优先选用参数，但根据图 7-6 计算出的 B 值与之最接近，而且当 $B = 140$mm 时，压力中心与凹模几何中心重合，故选定此尺寸。

（3）选择模架并确定其他冲模零件尺寸

由凹模周界尺寸及模架闭合高度在 140~170mm 之间，选用对角导柱模架，标记为 160×140×（140~170）I（GB/T2851.1—2009），并可根据此标准画出模架图。类似也可查出其他零件尺寸参数，此时即可转入画装配图。

2. 画装配图和零件图

按要求绘制装配图和零件图（见图 7-9 ~ 图 7-14，冲孔、切口、切断凸模略）。

表 7-1   冲压工艺卡片

| （单位） | 冷冲压工艺卡片 | 产品型号 | | 零（部）件名称 | | 共　页 |
| | | 产品名称 | | 零（部）件型号 | | 第　页 |

材料牌号及规格	材料技术要求	毛坯尺寸	每毛坯可制件数	毛坯质量	辅助材料
H68（半硬） 1500mm×600mm×1mm		条料 60mm×90mm	50		

工序号	工序名称	工序内容	加工简图	设备	工艺装备	工时
0	下料	剪床上裁板 60mm×90mm		Q11-6 ×2500		
1	冲压	冲孔、切口弯曲、切断 连续冲压（一次两件）	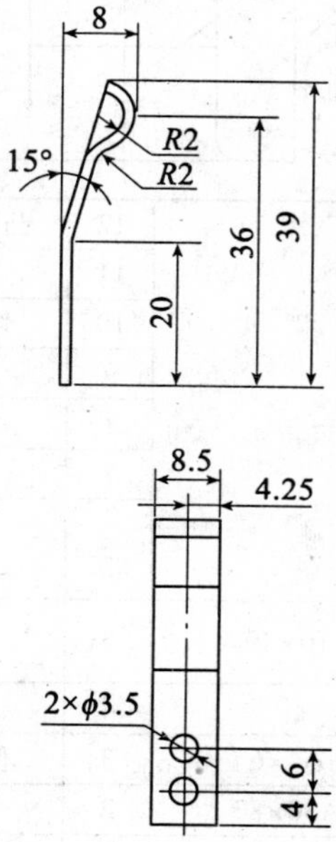	J23-16	冲孔弯曲 级进模	
2	检验	按产品图纸检验				
3						
4						
5						
6						
7						
8						

					编制 （日期）	审核 （日期）	会签 （日期）	

| 标记 | 处数 | 更改
文件号 | 签字 | 日期 | 标记 | 处数 | 更改
文件号 | 签字 | 日期 | | | |

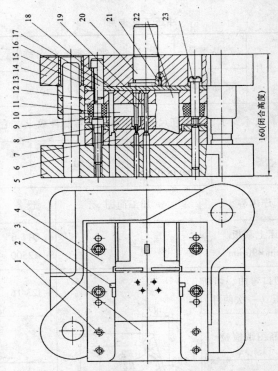

序号	名称	件数	材料	备注
23	圆柱头卸料螺钉	4	45	10×40
22	压弯凸模	1	T8A	
21	圆柱销	1	35	φ4×6
20	模柄	1	Q235	A30×83
19	切断凸模	1	Cr12	
18	冲孔凸模	4	Cr12	
17	垫板	1	T7A	
16	圆柱销	6	35	φ8×50
15	内六角螺钉	8	35	M10×45
14	上模座	1		A160×140×40
13	导套	2	20	A25H7×80×38 / A28H7
序号	名称	件数	材料	备注

序号	名称	件数	材料	备注
12	凸模固定板	1	45	
11	橡皮		耐油橡胶	
10	切口凸模	2	Cr12	
9	侧刃	2	T8A	
8	卸料板	1	45	
7	凹模	1	Cr12	
6	导柱	2	20	B25h6×150×45 / B28h6
5	下模座	1		A160×140×45
4	导料板	2	45	
3	侧刃挡块	2	T8A	
2	承料板	1	Q235	
1	六角头螺钉	4	Q235	M6×8
序号	名称	件数	材料	备注

片状弹簧		比例	1:1
弯曲切断级进模		件数	1
设计		质量	共张 第张
校对		××××学交	
指导			
审核		专业 班	

图 7-9　装配图

198

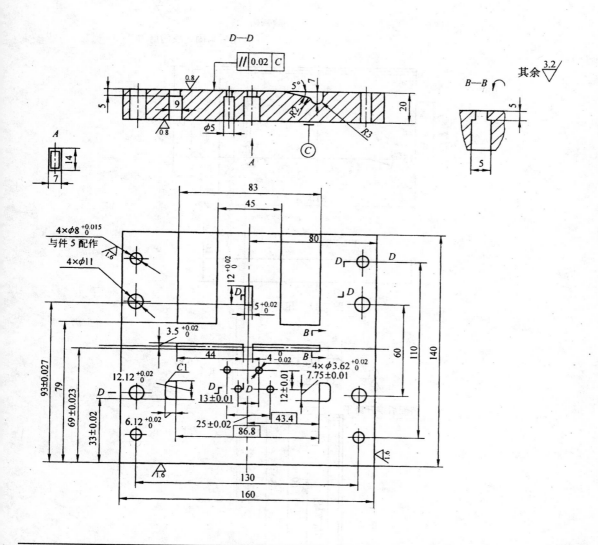

图 7-10 凹模

技术条件		比例	1：1	材料	
1. 弯曲型槽尺寸 7 和 15° 待试弯时调，试弯合格后凹模淬硬。	凹模				
		件数	1	Cr12	
2. 未注明圆角为 R1，未注明倒角均为 C1。	设计	质量		共 张 第 张	
3. 冲裁刃口 $R_0 0.4 \mu m$。	校对			××××学校	
4. 其余按 GB/T2870—1981 条件验收。	指导				

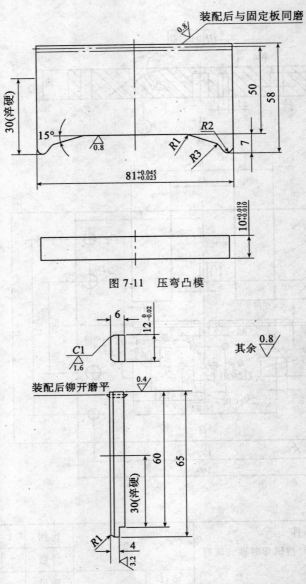

图 7-11　压弯凸模

技术条件	侧刃		比例	1:1	材料
1. 与凸模固定板按 H7/n6 配合。			件数	2	Cr12
2. 热处理：硬度 58 ~ 62HRC。	设计		质量		共 张 第 张
3. 其余按 GB/T2870—1981 条件验收。	校对				××××学校
	指导				

图 7-12　侧刃

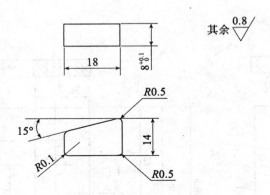

技术条件	侧刃挡块	比例	1：1	材料	
1. 外形尺寸与导料板按 H7/m6 配合。		件数	2	T8A	
2. 热处理：硬度 56～60HRC。	设计		质量		共　张　第　张
3. 其余按 GB/T2870—1981 条件验收。	校对				×××学校
	指导				

图 7-13　侧刃挡块

3. 校核压力机安装尺寸

模座外形尺寸为 250mm×230mm，闭合高度为 160mm，J23-25 型压力机工作台尺寸为 370mm×560mm，最大闭合高度为 270mm，连杆调节长度为 55mm，故在工作台上加一 50～100mm 垫板，即可安装。模柄孔尺寸也与本副模具所选模柄尺寸相符。

4. 编写技术文件

填写冲模零件机械加工工艺过程卡，格式见表 7-2，编写设计说明书。这里需要说明的是，在生产实际中，一般仅需填写两个卡片，可不写设计说明书。

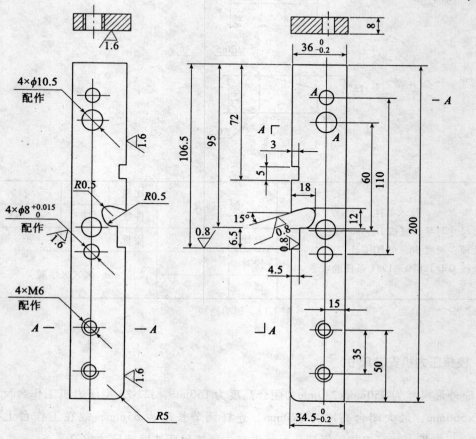

图 7-14　导料板

技术条件	导料板		比例	1：1	材料
1. 侧刃挡块缺口（15°角处）与斜刃成 H7/m6 配合。			件数	各 1	Q235
	设计		质量		共 张 第 张
2. 未注明圆角为 R0.2，倒角为 C0.5。	校对				
3. 其余按 GB/T2870—1981 条件验收。	指导			×××学校	

表 7-2

冲模零件机械加工工艺过程卡

材料	名称	合金工具钢	毛坯种类	毛坯尺寸	零件质量	件数	更改内容		模具名称	片状弹簧冲压级进模		共 页
	牌号	Cr12MoV	锻坯			1			零件名称	凹模		第 页

（单位）　冲模零件机械加工工艺过程卡

序号	工序内容	加工车间	设备名称编号	工艺装备	工时定额
1	下料:φ100mm×77mm	备料车间	锯床		
2	锻造:166mm×146mm×24mm 尺寸公差均为±2mm	锻造车间	空气锤 C41-250 加热炉		
3	退火:	锻造车间	加热炉		
4	检验:	锻造车间			
5	刨:粗、半精加工六个面,单面余量为 0.3~0.4mm	模具车间	铣床或刨床		
6	磨:磨上、下平面,两基准面至图样尺寸	模具车间	磨床 M7120A	虎钳	
7	划线:划中心线,各螺孔、销孔、型孔轮廓线	模具车间		划线平台	
8	加工各孔:各螺钉、销钉孔与下模座配钻配铰	模具车间	立钻 Z525	平行夹头	
9	铣:铣出落料孔洞	模具车间	立铣 X53K	虎钳	
10	热处理:检验硬度为 60~64HRC	热处理车间	加热炉、油槽 M7120A		
11	磨:精磨上、下面,表面粗糙度达图样要求	模具车间		划线平台	
12	划线:划各型孔、弯曲型槽轮廓线	模具车间			
13	电加工:电火花穿孔加工型槽	模具车间	电火花成型机床 HCD250		
14	电加工:电火花线切割冲裁型孔	模具车间	电火花线切割机床 HCKX250 H78-I 电动抛光机	工件垫板	
15	修整:修整型腔	模具车间			
16	检验:按图样检验	模具车间			

编制	校对	审核	会签

8.1　冲压工艺基础资料

8.1.1　材料的力学性能

表 8-1　　　　　　　　　　　常用冲压金属材料的力学性能

材料名称	牌号	材料状态及代号	力学性能			
			抗剪强度 τ（MPa）	抗拉强度 σ_b（MPa）	屈服点 σ_s（MPa）	伸长率 σ_s（%）
普通碳素钢	Q195	未退火	225~314	315~390	195	28~33
	Q235		303~372	375~460	235	26~31
	Q275		392~490	490~610	275	15~20
碳素结构钢	08F	已退火	230~310	275~380	180	27~30
	08		260~360	215~410	200	27
	10F		220~340	275~410	190	27
	10		260~340	295~430	210	26
	15		270~380	335~470	230	25
	20		280~400	355~500	250	24
	35		400~520	490~635	320	19
	45		440~560	530~685	360	15
	50		440~580	540~715	380	13
不锈钢	1Cr13	已退火	320~380	440~470	120	20
	1Cr18Ni9Ti	经热处理	460~520	560~640	200	40

材料名称	牌号	材料状态及代号	力学性能			
			抗剪强度 τ（MPa）	抗拉强度 σ_b（MPa）	屈服点 σ_s（MPa）	伸长率 σ_s（%）
铝	1060、1050A、1200	已退火	80	70～110	50～80	20～28
		冷作硬化	100	130～140	—	3～4
硬铝	2A12	已退火	105～125	150～220	—	12～14
		淬硬并自然失效	280～310	400～435	368	10～13
		淬硬后冷作硬化	280～320	400～465	340	8～10
纯铜	T1、T2、T3	软	160	210	70	29～48
		硬	240	300	—	25～40
黄铜	H62	软	260	294～300	—	3
		半硬	300	343～460	200	20
		硬	420	≥12	—	10
	H68	软	240	294～300	100	40
		半硬	280	340～441	——	25
		硬	400	392～400	250	13

表 8-2　　　　　　　一般工程用铸造碳钢（GB 11352—2008 摘录）

编号	抗拉强度 σ_b	屈服强度 σ_s 或 $\sigma_{0.2}$	伸长率 δ	根据合同选择		硬度		应用举例
				收缩率 ψ	冲击功 A_{kv}	正火回火/HBS	表面淬火/HBS	
	MPa		%		J			
	最小值							
ZG200—400	400	200	25	40	30			各种形状的机件，如机座、变速箱壳等
ZG230—450	450	230	22	32	25	≥131		铸造平坦的零件，如机座、机盖、箱体、铁砧台，工作温度在 450℃ 以下的管道附件等。焊接性良好
ZG270—500	500	270	18	25	22	≥143	40～45	各种形状的机件，如飞轮、机架、蒸汽锤、桩锤、联轴器、水压机工作缸、横梁等。焊接性尚可
ZG310—570	570	310	15	21	15	≥153	40～50	各种形状的机件，如联轴器、汽缸、齿轮、齿轮圈及重负荷机架等
ZG340—640	640	340	10	18	10	169～229	45～55	起重运输机中的齿轮、联轴器及重要的零件等

表 8-3 优质碳素结构钢（GB 699—2008 摘录）

牌号	推荐热处理（℃）			力学性能						钢材交货状态硬度（HBS）		应用举例
				试样毛坯尺寸（mm）	抗拉强度 σ_b	屈服强度 σ_s	伸长率 δ_s	收缩率 ψ	冲击功 A_k	不大于		
	正火	淬火	回火		MPa		%		J	未热处理	退火钢	
					不小于							
08F	930			25	295	175	35	60		131		用于需塑性好的零件,如管子、垫片、垫圈;芯部强度要求不高的渗碳和碳氮共渗零件,如套筒、短轴、挡块、支架、靠模、离合器盘
10	930			25	335	205	31	55		137		用于制造拉杆、卡头、钢管垫片、垫圈、铆钉。这种钢无回火脆性,焊接性好,用来制造焊接零件
15	920			25	375	225	27	55		143		用于受力不大、韧性要求较高的零件、渗碳零件、紧固件、冲模锻件及不需要热处理的低负荷零件,如螺栓、螺钉、拉条、法兰盘及化工贮器、蒸汽锅炉
20	910			25	410	245	25	55		156		用于不经受很大应力而要求很大韧性的机械零件,如杠杆、轴套、螺钉、起重钩等。也用于制造压力<6MPa、温度<450℃、在非腐蚀介质中使用的零件,如管子、导管等。还可用于表面硬度高而心部强度要求不大的渗碳与渗氮共渗零件
25	900	870	600	25	450	275	23	50	71	170		用于制造焊接设备以及经锻造、热冲压和机械加工的不承受高应力的零件,如轴、辊子、联轴器、垫圈、螺栓、螺钉及螺母
35	870	870	600	25	530	315	20	45	55	197		用于制造曲轴、转轴、轴销、杠杆、连杆、横梁、链轮、圆盘、套筒钩环、垫圈、螺钉、螺母。这种钢多在正火和调质状态下使用,一般不作焊接用

牌号	推荐热处理（℃）			力学性能						钢材交货状态硬度（HBS）不大于		应用举例
	正火	淬火	回火	试样毛坯尺寸（mm）	抗拉强度 σ_b	屈服强度 σ_s	伸长率 δ_s	收缩率 ψ	冲击功 A_k	未热处理	退火钢	
					MPa		%		J			
					不小于							
40	860	840	600	25	570	335	19	45	47	217	187	用于制造辊子、轴、曲柄销、活塞杆、圆盘
45	850	840	600	25	600	355	16	40	39	229	197	用于制造齿轮、齿条、链轮、轴、键、销、蒸气透平机的叶轮、压缩机及泵的零件、轧辊等。可代替渗碳钢做齿轮、轴、活塞销等，但要经高频或火焰表面淬火
50	830	830	600	25	630	375	14	40	31	241	207	用于制造齿轮、拉杆、轧辊、轴、圆盘
55	820	820	600	25	645	380	13	35		255	217	用于制造齿轮、连杆、轮缘、扁弹簧及轧辊等
60	810			25	675	400	12	35		255	229	用于制造轧辊、轴、轮箍、弹簧、弹簧垫圈、离合器、凸轮、钢绳等
20Mn	910			25	450	275	24	50		197		用于制造凸轮轴、齿轮、联轴器、铰链、连杆等
30Mn	880	860	600	25	540	315	20	45	63	217	187	用于制造螺栓、螺母、螺钉、杠杆及刹车踏板等
40Mn	860	840	600	25	590	355	17	45	47	229	207	用于制造承受疲劳负荷的零件，如轴、万向联轴器、曲轴、连杆及在高应力下工作的螺栓、螺母等
50Mn	830	830	600	25	645	390	13	40	31	255	217	用于制造耐磨性要求很高、在高负荷作用下的热处理零件，如齿轮、齿轮轴、摩擦盘、凸轮和截面在 Φ80mm 以下的心轴等
60Mn	810			25	695	410	11	35		269	229	适于制造弹簧、弹簧垫圈、弹簧环和片以及冷拔钢丝（≤7mm）和发条

表 8-4　　　　　　　　　　　　　弹簧钢（GB 1222—2008 摘录）

牌号	热处理制度			力学性能					交货状态硬度/HBS		应用举例
	淬火温度(℃)	淬火介质	回火温度(℃)	抗拉强度 σ_b	屈服强度 δ_s	伸长率		收缩率 ψ			
						δ_5	δ_{10}				
				MPa		%			不大于		
				不小于					热轧	冷拉+热处理	
65	840	油	500	981	785		9	35	285	321	调压、调速弹簧,柱塞弹簧,测力弹簧,一般机械的圆、方螺旋弹簧
70	830		480	1030	834		8	30			
65Mn	830	油	540	981	785		8	30	302	321	小尺寸的扁、圆弹簧,坐垫弹簧、发条,离合器簧片,弹簧环,刹车弹簧
55Si2Mn	870	油	480	1275	1177	6		30	302	321	汽车、拖拉机、机车的减振板簧和螺旋弹簧,汽缸安全阀簧,止回阀簧,250℃ 以下使用的耐热弹簧
55Si2MnB									321		
60Si2Mn						5		25			
60Si2MnA			440	1569	1373			20			
55CrMnA	830 ~ 860	油	460 ~ 510	1226	1079	9		20	321	321	用于车辆、拖拉机上负荷较重、应力较大的板簧和直径较大的螺旋弹簧
60CrMnA			460 ~ 520								
60Si2CrA	870	油	420	1765	1569	6		20	321(热轧+热处理)	321	用于高应力及温度在 300 ~ 350℃ 以下使用的弹簧,如调速器、破碎机、汽轮机汽封用弹簧
60Si2CrVA	850		410	1863	1667						

表 8-5　　　　　　　　　　　**合金结构钢（GB 3077—2009 摘录）**

钢号	热处理				试样毛坯尺寸（mm）	力学性能					钢材退火或高温回火供应状态的布氏硬度/HBS	特性及应用举例
	淬火		回火			抗拉强度 σ_b	屈服强度 σ_s	伸长率 δ_5	收缩率 ψ	冲击功 A_k		
	温度（℃）	冷却剂	温度（℃）	冷却剂		MPa		%		J	不大于	
						≥						
20Mn2	850 880	水、油 水、油	200 440	水、空气 水、空气	15	785	590	10	40	47	187	截面小时与20Cr相当，用于做渗碳小齿轮、小轴、钢套、链板等，渗碳淬火后硬度56~62HRC
35Mn2	840	水	500	水	25	835	685	12	45	55	207	对于截面较小的零件可代替40Cr，可做直径≤15mm的重要用途的冷镦螺栓及小轴等，表面淬火后硬度40~50HRC
45Mn2	840	油	550	水、油	25	885	735	10	45	47	217	用于制造在较高应力与磨损条件下的零件。在直径≤60mm时，与40Cr相当。可做万向联轴器、齿轮、齿轮轴、蜗杆、曲轴、连杆、花键轴和摩擦盘等，表面淬火后硬度45~55HRC
35SiMn	900	水	570	水、油	25	885	735	15	45	47	229	除了要求低温（-20℃以下）及冲击韧性很高的情况外，可全面代替40Cr作调质钢，亦可部分代替40CrNi，可做中小型轴类、齿轮等零件以及在430℃以下工作的重要紧固件，表面淬火后硬度45~55HRC
42SiMn	880	水	590	水	25	885	735	15	40	47	229	与35SiMn钢同。可代替40Cr、34CrMo钢做大齿圈。适于做表面淬火件，表面淬火后硬度45~55HRC
20MnV	880	水、油	200	水、空气	15	785	590	10	40	55	187	相当于20CrNi的渗碳钢，渗碳淬火后硬度56~62HRC
20Si MnVB	900	油	200	水、空气	15	1175	980	10	45	55	207	可代替20CrMnTi做高级渗碳齿轮等零件，渗碳淬火后硬度56~62HRC
40MnB	850	油	500	水、油	25	980	785	10	45	47	207	可代替40Cr做重要调质件，如齿轮、轴、连杆、螺栓等

钢号	热处理				试样毛坯尺寸(mm)	力学性能					钢材退火或高温回火供应状态的布氏硬度/HBS	特性及应用举例
	淬火		回火			抗拉强度 σ_b	屈服强度 σ_s	伸长率 δ_5	收缩率 ψ	冲击功 A_k		
	温度(℃)	冷却剂	温度(℃)	冷却剂		MPa		%		J		
						≥					不大于	
37SiMn2MoV	870	水、油	650	水、空气	25	980	835	12	50	63	269	可代替34CrNiMo等做高强度、重负荷轴、曲轴、齿轮、蜗杆等零件,表面淬火后硬度50~55HRC
20CrMnTi	第一次880 第二次870	油	200	水、空气	15	1080	835	10	45	55	217	强度、韧性均高,是铬镍钢的代用品。用于承受高速、中等或重负荷以及冲击磨损等的重要零件,如渗碳齿轮、凸轮等,渗碳淬火后硬度56~62HRC
20CrMnMo	850	油	200	水、空气	15	1175	885	10	45	55	217	用于要求表面硬度高,耐磨,心部有较高强度、韧性的零件,如传动齿轮和曲轴等,渗碳淬火后硬度56~62HRC
38CrMoAl	940	水、油	640	水、油	30	980	835	14	50	71	229	用于要求高耐磨性、高疲劳强度和相当高的强度且热处理变形最小的零件,如镗杆、主轴、蜗杆、齿轮、套筒、套环等,渗氮后表面硬度1100HV
20Cr	第一次880 第二次780~820	水、油	220	水、空气	15	835	540	10	40	47	179	用于要求心部强度较高、承受磨损、尺寸较大的渗碳零件,如齿轮、齿轮轴、蜗杆、凸轮、活塞销等;也用于速度较大、受中等冲击的调质零件,渗碳淬火后硬度56~62HRC
40Cr	850	油	520	水、油	25	980	785	9	45	47	207	用于承受交变负荷、中等速度、中等负荷、强烈磨损而无很大冲击的重要零件,如重要的齿轮、轴、曲轴、连杆、螺栓、螺母等零件,并用于直径大于400mm、要求低温冲击韧性的轴与齿轮等,表面淬火后硬度48~55HRC
20CrNi	850	水、油	460	水、油	25	785	590	10	50	63	197	用于制造承受较高载荷的渗碳零件,如齿轮、轴、花键轴、活塞销等
40CrNi	820	油	500	水、油	25	980	785	10	45	55	241	用于制造要求强度高、韧性高的零件,如齿轮、轴、链条、连杆等
40CrNiMoA	850	油	600	水、油	25	980	835	12	55	78	269	用于特大截面的重要调质件,如机床主轴、传动轴、转子轴等

8.1.2　常用材料的工艺参数

表 8-6　　　　　　　　　　镀锌和酸洗钢板的规格和厚度公差　　　　　　　　　　（mm）

材料厚度	公差（极限偏差）	常用的钢板的宽度×长度
0.25,0.30,0.35 0.40,0.45	±0.05	510×710　850×1700 710×1420　900×1800 750×1500　900×2000
0.50,0.55	±0.05	710×1420　900×1800 750×1500　900×2000 750×1800　1000×2000 850×1700
0.60,0.65	±0.06	
0.70,0.75	±0.07	
0.80,0.90	±0.08	
1.00,1.10	±0.09	710×1420　750×1800 750×1500　850×1700 900×1800　1000×200
1.20,1.30	±0.11	
1.40,1.50	±0.12	
1.60,1.80	±0.14	
2.00	±0.16	

表 8-7　　　　　　　　　低碳钢冷轧钢带的宽度及允许偏差　　　　　　　　　（mm）

公称宽度范围	允许偏差					
	厚度 0.05~0.50		厚度 0.55~1.00		厚度>1.00	
	普通精度	较高精度	普通精度	较高精度	普通精度	较高精度
4~100	-0.30	-0.15	-0.40	-0.25	-0.50	-0.30
105~300	-0.50	-0.25	-0.60	-0.35	-0.70	-0.50

表 8-8　　　　　　　　　电工用热轧硅钢板规格及允许偏差　　　　　　　　　（mm）

分类	钢号	厚度	厚度及偏差	宽度×长度及偏差
低硅钢板	D11	1.0、0.5	1.0±0.10 0.5±0.05 0.35±0.04	600×1200 670×1340 750×1500 860×1720 900×1800 1000×2000
	D12	0.5		
	D21	1.0、0.5、0.35		
	D22	0.5		
	D23	0.5		
	D24	0.5		
高硅钢板	D31	0.5、0.35		
	D32	0.5、0.35		
	D41	0.5、0.35		
	D42	0.5、0.35		
	D43	0.5、0.35		
	D44	0.5、0.35		
	DH41	0.35、0.2、0.1	0.2±0.02 0.1±0.02	
	DR41	0.35、0.2、0.1		
	DG41	0.35、0.2、0.1		

8.1.3 压力机主要技术参数与规格

表 8-9　　　　　　　　　　　　　　　开式双柱可倾压力机技术规格

型号		J23－3.15	J23－6.3	J23－10	J23－16	J23－16B	J23－25	JC23－35	JH23－40	JG23－40	JB23－63	J23－80	J23－100
公称冲压力/kN		31.5	63	100	160	160	250	350	400	400	630	800	1000
滑块行程/mm		25	35	45	55	70	65	80	80	100	100	130	130
滑块行程次数/(次/min)		200	170	145	120	120	55	50	55	80	40	45	38
最大封闭高度/mm		120	150	180	220	220	270	280	330	300	400	380	480
封闭高度调节量/mm		25	35	35	45	60	55	60	65	80	80	90	100
滑块中心线至床身距离/mm		90	110	130	160	160	200	205	250	220	310	290	380
立柱距离/mm		120	150	180	220	220	270	300	340	300	420	380	530
工作台尺寸/mm	前后	160	200	240	300	300	370	380	460	420	570	540	710
	左右	250	310	370	450	450	560	610	700	630	860	800	1080
工作台孔尺寸/mm	前后	90	110	130	160	110	200	200	250	150	310	230	380
	左右	120	160	200	240	210	290	290	360	300	450	360	560
	直径	110	140	170	210	160	260	260	320	200	400	280	500
垫板尺寸/mm	厚度	30	30	35	40	60	50	60	65	80	80	100	100
	直径							150				200	
模柄尺寸/mm	直径	25	30	30	40	40	40	50	50	50	50	60	60
	深度	40	55	55	60	60	60	70	70	70	70	80	75
滑块底面尺寸/mm	前后	90				180		190	260	230	360	350	360
	左右	100				200		210	300	300	400	370	430
床身最大倾角		45°	45°	35°	35°	35°	30°	20°	30°	30°	25°	30°	30°

表 8-10 　　　　　　　　　　　　　　闭式单点压力机技术规格

型号		JA31-160B	J31-250	J31-315
公称冲压力/kN		1600	2500	3150
滑块行程/mm		160	315	315
公称压力行程/mm		8.16	10.4	10.5
滑块行程次数/(次/min)		32	20	20
最大封闭高度/mm		375	490	490
封闭高度调节量/mm		120	200	200
工作台孔尺寸/mm		790	950	1100
		710	1000	1100
导轨距离/mm		590	900	930
滑块底面尺寸(前后)/mm		560	850	960
拉伸垫行程/mm			150	160
拉伸垫压力/kN	压紧		500	
	顶出		76	

表 8-11 　　　　　　　　　　　　　　单柱固定台压力机技术规格

型号		J11-3	J11-5	J11-16	J11-50	J11-100
公称冲压力/kN		30	50	160	500	1000
滑块行程/mm		0~40	0~40	6~70	10~90	20~100
滑块行程次数/(次/min)		110	150	120	65	65
最大封闭高度/mm			170	226	270	320
封闭高度调节量/mm		30	30	45	75	85
滑块中心线至床身距离/mm		95	100	160	235	325
工作台孔尺寸/mm	前后	165	180	320	440	600
	左右	300	320	450	650	800
垫板厚度/mm		20	30	50	70	100
模柄尺寸/mm	直径	25	25	40	50	60
	深度	30	40	55	80	80

表 8-12　　　　　　　　　　开式双柱固定台压力机技术规格

型号		JA21-35	JD21-100	JA21-160	J21-400A
公称冲压力/kN		350	1000	1600	4000
滑块行程/mm		130	10~120	160	200
滑块行程次数/(次/min)		50	75	40	25
最大封闭高度/mm		280	400	450	550
封闭高度调节量/mm		60	85	130	150
滑块中心线至床身距离/mm		205	325	380	480
立柱距离/mm		428	480	530	896
工作台尺寸/mm	前后	380	600	710	900
	左右	610	1000	1120	1400
工作台孔尺寸/mm	前后	200	300		480
	左右	290	420		750
	直径	260		460	600
垫板尺寸/mm	厚度	60	100	130	170
	直径	22.5	200		300
模柄尺寸/mm	直径	50	60	70	100
	深度	70	80	80	120
滑块底面尺寸/mm	前后	210	380	460	
	左右	270	500	650	

8.2　常用的公差配合、形位公差与表面粗糙度

8.2.1　常用公差与偏差

1. 各种公差等级的标准公差数值

表 8-13　　　基本尺寸至 3150mm 的标准公差数值(GB/T　1800.3—2009 摘录)　　　（μm）

基本尺寸/mm	标准公差等级																	
	IT1	IT2	IT3	IT4	IT5	IT6	IT7	IT8	IT9	IT10	IT11	IT12	IT13	IT14	IT15	IT16	IT17	IT18
≤3	0.8	1.2	2	3	4	6	10	14	25	40	60	100	140	250	400	600	1000	1400

续表

基本尺寸 /mm	标准公差等级																	
	IT1	IT2	IT3	IT4	IT5	IT6	IT7	IT8	IT9	IT10	IT11	IT12	IT13	IT14	IT15	IT16	IT17	IT18
>3 ~ 6	1	1.5	2.5	4	5	8	12	18	30	48	75	120	180	300	480	750	1200	1800
>6 ~ 10	1	1.5	2.5	4	6	9	15	22	36	58	90	150	220	360	580	900	1500	2200
>10 ~ 18	1.2	2	3	5	8	11	18	27	43	70	110	180	270	430	700	1100	1800	2700
>18 ~ 30	1.5	2.5	4	6	9	13	21	33	52	84	130	210	330	520	840	1300	2100	3300
>30 ~ 50	1.5	2.5	4	7	11	16	25	39	62	100	160	250	390	620	1000	1600	2500	3900
>50 ~ 80	2	3	5	8	13	19	30	46	74	120	190	300	460	740	1200	1900	3000	4600
>80 ~ 120	2.5	4	6	10	15	22	35	54	87	140	220	350	540	870	1400	2200	3500	5400
>120 ~ 180	3.5	5	8	12	18	25	40	63	100	160	250	400	630	1100	1600	2500	4000	6300
>180 ~ 250	4.5	7	10	14	20	29	46	72	115	185	290	460	720	1150	1850	2900	4600	7200
>250 ~ 315	6	8	12	16	23	32	52	81	130	210	320	520	810	1300	2100	3200	5200	8100
>315 ~ 400	7	9	13	18	25	36	57	89	140	230	360	570	890	1400	2300	3600	5700	8900
>400 ~ 500	8	10	15	20	27	40	63	97	155	250	400	630	970	1550	2500	4000	6300	9700
>500 ~ 630	9	11	16	22	30	44	70	110	175	280	440	700	1100	1750	2800	4400	7000	11000
>630 ~ 800	10	13	18	25	35	50	80	125	200	320	500	800	1250	2000	3200	5000	8000	12500

注:1. 基本尺寸大于 500mm 的 IT1 至 IT5 的数值为试行的;
2. 基本尺寸小于或等于 1mm 时,无 IT4 至 IT8。

2. 常用的公差配合及其偏差

表 8-14　　　　　　　　　　　　优先配合特性及应用

基孔制	基轴制	优先配合特性及应用举例
$\dfrac{H11}{C11}$	$\dfrac{C11}{h11}$	间隙非常大,用于很松的、转动很慢的间隙配合,或要求大公差与大间隙的外露组件,或要求装配方便的松配合
$\dfrac{H9}{d9}$	$\dfrac{D9}{h9}$	间隙很大的自由转动配合,用于精度非主要要求时,或有大的温度变动、高转速或大的轴颈压力时
$\dfrac{H8}{f7}$	$\dfrac{F8}{h7}$	间隙不大的转动配合,用于中等转速与中等轴颈压力的精确转动,也用于装配较易的中等定位配合

续表

基孔制	基轴制	优先配合特性及应用举例
$\dfrac{H7}{g6}$	$\dfrac{G7}{h6}$	间隙很小的滑动配合,用于不希望自由转动,但可自由移动和滑动并精密定位时,也可用于要求明确的定位配合
$\dfrac{H7}{h6}$ $\dfrac{H8}{h7}$ $\dfrac{H9}{h9}$ $\dfrac{H11}{h11}$	$\dfrac{H7}{h6}$ $\dfrac{H8}{h7}$ $\dfrac{H9}{h9}$ $\dfrac{H11}{h11}$	均为间隙定位配合,零件可自由装拆,而工作时一般相对静止不动。在最大实体条件下的间隙为零,在最小实体条件下的间隙由公差等级决定
$\dfrac{H7}{k6}$	$\dfrac{K7}{h6}$	过渡配合,用于精密定位
$\dfrac{H7}{n6}$	$\dfrac{N7}{h6}$	过渡配合,允许有较大过盈的更精密定位
$\dfrac{H7}{p6}$*	$\dfrac{p7}{h6}$	过盈定位配合,即小过盈配合,用于定位精度特别重要时,能以最好的定位精度达到部件的刚性及对中性要求,而对内孔承受压力无特殊要求,不依靠配合的紧固性传递摩擦负荷
$\dfrac{H7}{s6}$	$\dfrac{S7}{h6}$	中等压入配合,适用于一般钢件,或用于薄壁件的冷缩配合,用于铸铁件可得到最紧的配合
$\dfrac{H7}{u6}$	$\dfrac{U7}{h6}$	压入配合,适用于可以承受大压入力的零件或不宜承受大压入力的冷缩配合

注:* 基本尺寸小于或等于 3mm 为过渡配合。

表 8-15 　　　　　　　　　　优先配合轴的极限偏差　　　　　　　　　　　（μm）

基本尺寸（mm）		公差带											
		c	d	f	g	h				k	n	p	s	u
大于	至	11	9	7	6	6	7	9	11	6	6	6	6	6
—	3	−60 −120	−20 −45	−6 −16	−2 −8	0 −6	0 −10	0 −25	0 −60	+6 0	+10 +4	+12 +6	+20 +14	+24 +18
3	6	−70 −145	−30 −60	−10 −22	−4 −12	0 −8	0 −12	0 −30	0 −75	+9 +1	+16 +8	+20 +12	+27 +19	+31 +23
6	10	−80 −170	−40 −76	−13 −28	−5 −14	0 −9	0 −15	0 −36	0 −90	+10 +1	+19 +10	+24 +15	+32 +23	+37 +28
10	14	−95 −205	−50 −93	−16 −34	−6 −17	0 −11	0 −18	0 −43	0 −110	+12 +1	+23 +12	+29 +18	+39 +28	+44 +33
14	18													

续表

基本尺寸 (mm)		公差带											
		c	d	f	g	h				k	n	p	s	u
18	24	-110/-240	-65/-117	-20/-41	-7/-20	0/-13	0/-21	0/-52	0/-130	+15/+2	+28/+15	+35/+22	+48/+35	+54/+41
24	30	-110/-240	-65/-117	-20/-41	-7/-20	0/-13	0/-21	0/-52	0/-130	+15/+2	+28/+15	+35/+22	+48/+35	+61/+48
30	40	-120/-280	-80/-142	-25/-50	-9/-25	0/-16	0/-25	0/-62	0/-160	+18/+2	+33/+17	+42/+26	+59/+43	+76/+60
40	50	-130/-290	-80/-142	-25/-50	-9/-25	0/-16	0/-25	0/-62	0/-160	+18/+2	+33/+17	+42/+26	+59/+43	+86/+70
50	65	-140/-330	-100/-174	-30/-60	-10/-29	0/-19	0/-30	0/-74	0/-190	+21/+2	+39/+20	+51/+32	+72/+53	+106/+70
65	80	-150/-340	-100/-174	-30/-60	-10/-29	0/-19	0/-30	0/-74	0/-190	+21/+2	+39/+20	+51/+32	+78/+59	+121/+102
80	100	-170/-390	-120/-207	-36/-71	-12/-34	0/-22	0/-35	0/-87	0/-220	+25/+3	+45/+23	+59/+37	+93/+71	+145/+124
100	120	-180/-400	-120/-207	-36/-71	-12/-34	0/-22	0/-35	0/-87	0/-220	+25/+3	+45/+23	+59/+37	+101/+79	+166/+144
120	140	-200/-450	-145/-245	-43/-83	-14/-39	0/-25	0/-40	0/-100	0/-250	+28/+3	+52/+27	+68/+43	+117/+92	+195/+170
140	160	-210/-460	-145/-245	-43/-83	-14/-39	0/-25	0/-40	0/-100	0/-250	+28/+3	+52/+27	+68/+43	+125/+100	+215/+190
160	180	-230/-480	-145/-245	-43/-83	-14/-39	0/-25	0/-40	0/-100	0/-250	+28/+3	+52/+27	+68/+43	+133/+108	+235/+210
180	200	-240/-530	-170/-285	-50/-96	-15/-44	0/-29	0/-46	0/-115	0/-290	+33/+4	+60/+31	+79/+50	+151/+122	+265/+236
200	225	-260/-550	-170/-285	-50/-96	-15/-44	0/-29	0/-46	0/-115	0/-290	+33/+4	+60/+31	+79/+50	+159/+130	+287/+258
225	250	-280/-570	-170/-285	-50/-96	-15/-44	0/-29	0/-46	0/-115	0/-290	+33/+4	+60/+31	+79/+50	+169/+140	+313/+284
250	280	-300/-620	-190/-320	-56/-108	-17/-49	0/-32	0/-52	0/-113	0/-320	+36/+4	+66/+34	+88/+56	+190/+158	+347/+315
280	315	-330/-650	-190/-320	-56/-108	-17/-49	0/-32	0/-52	0/-113	0/-320	+36/+4	+66/+34	+88/+56	+202/+170	+382/+350
315	355	-360/-720	-210/-350	-62/-119	-18/-54	0/-36	0/-57	0/-140	0/-360	+40/+4	+73/+37	+98/+62	+226/+190	+426/+390
355	400	-400/-760	-210/-350	-62/-119	-18/-54	0/-36	0/-57	0/-140	0/-360	+40/+4	+73/+37	+98/+62	+244/+208	+471/+435
400	450	-440/-840	-230/-385	-68/-131	-20/-60	0/-40	0/-63	0/-155	0/-400	+45/+5	+80/+40	+108/+68	+272/+232	+530/+490
450	500	-480/-980	-230/-385	-68/-131	-20/-60	0/-40	0/-63	0/-155	0/-400	+45/+5	+80/+40	+108/+68	+292/+252	+580/+540

表 8-16　　　　　　　　　　　　　优先配合孔的极限偏差　　　　　　　　　　　　（μm）

基本尺寸 (mm)		公差带												
		C	D	F	G			H		K	N	P	S	U
大于	至	11	9	8	7	7	8	9	11	7	7	7	7	7
—	3	+120 +60	+45 +20	+60 +6	+12 +2	+10 0	+14 0	+25 0	+60 0	0 −10	−4 −14	−6 −16	−14 −24	−18 −28
3	6	+145 +70	+60 +30	+28 +10	+16 +4	+12 0	+18 0	+30 0	+75 0	+3 −9	−4 −16	−8 −20	−15 −27	−19 −31
6	10	+170 +80	+76 +40	+35 +13	+20 +5	+15 0	+22 0	+36 0	+90 0	+5 −10	−4 −19	−9 −24	−17 −32	−22 −37
10	14	+205 +95	+93 +50	+43 +16	+24 +6	+18 0	+27 0	+43 0	+110 0	+6 −12	−5 −23	−11 −29	−21 −39	−26 −44
14	18													
18	24	+240 +110	+117 +65	+53 +20	+28 +7	+21 0	+33 0	+52 0	+130 0	+6 −15	−7 −28	−14 −35	−27 −48	−33 −54
24	30													−40 −61
30	40	+280 +120	+142 +80	+64 +25	+34 +9	+25 0	+39 0	+62 0	+160 0	+7 −18	−8 −33	−17 −42	−34 −59	−51 −76
40	50	+290 +130												−61 −86
50	65	+330 +140	+174 +100	+73 +30	+40 +10	+30 0	+46 0	+74 0	+190 0	+9 −21	−9 −39	−21 −51	−42 −72	−76 −106
65	80	+340 +150											−48 −78	−91 −121
80	100	+390 +170	+207 +120	+90 +36	+47 +12	+35 0	+54 0	+87 0	+220 0	+10 −25	−10 −45	−24 −59	−58 −93	−111 −146
100	120	+400 +180											−66 −101	−131 −166
120	140	+450 +200											−77 −117	−155 −195
140	160	+460 +210	+245 +145	+106 +43	+54 +14	+40 0	+63 0	+100 0	+250 0	+12 −28	−12 −52	−28 −68	−85 −125	−175 −215
160	180	+480 +230											−93 −133	−195 −235
180	200	+530 +240											−105 −151	−219 −265
200	225	+550 +260	+285 +170	+122 +50	+61 +15	+46 0	+72 0	+115 0	+290 0	+13 −33	−14 −60	−33 −79	−113 −159	−241 −287
225	250	+570 +280											−123 −169	−267 −313

续表

基本尺寸 (mm)		公差带											
		C	D	F	G	H				K	N	P	S	U
250	280	+620 +300	+320 +190	+137 +56	+69 +17	+52 0	+81 0	+130 0	+320 0	+16 -36	-14 -66	-36 -88	-138 -190	-295 -347
280	315	+650 +330											-150 -202	-330 -382
315	355	+720 +360	+350 +210	+151 +62	+75 +18	+57 0	+89 0	+140 0	+360 0	+17 -40	-16 -73	-41 -98	-169 -226	-369 -426
355	400	+760 +400											-187 -244	-414 -471
400	450	+840 +440	+385 +230	+165 +68	+83 +20	+63 0	+97 0	+155 0	+400 0	+18 -45	-17 -80	-45 -108	-209 -272	-467 -530
450	500	+880 +480											-229 -292	-517 -580

8.2.2　冲压件公差等级及偏差

1. 模具精度与冲压件精度的关系

精密模具(ZM)加工的冲压件的精度等级范围为 IT1～IT6,普通精度模具(PT)加工的冲压件的精度等级范围为 IT7～IT12,低精度模具(DZ)加工的冲压件的精度等级范围为 IT13～IT18。

2. 冲压件未注尺寸公差的极限偏差

凡产品图样上未注公差的尺寸,在计算凸模和凹模尺寸时,均按公差 IT14 级(GB1800—2009)处理。如表 8-17 为冲裁和拉深件未注公差尺寸的偏差。

表 8-17　　　　　　　　　　冲裁和拉深件未注公差尺寸的偏差　　　　　　　　　(mm)

基本尺寸	尺寸类型	
	包容表面(被包容表面)	暴露表面及中心距
≤3	±0.25	⎫ ±0.15
>3～6	±0.30	
>6～10	±0.36	⎫ ±0.215
>10～18	±0.43	
>18～30	±0.52	⎫ ±0.31
>30～50	±0.62	

基本尺寸	尺寸类型	
	包容表面（被包容表面）	暴露表面及中心距
>50 ~ 80	±0.74	±0.435
>80 ~ 120	±0.87	
>120 ~ 180	±1.00	±0.575
>180 ~ 250	±1.15	
>250 ~ 315	±1.30	±0.70
>315 ~ 400	±1.40	
>400 ~ 500	±1.55	±0.875
>500 ~ 630	±1.75	
>630 ~ 800	±2.00	±1.15
>800 ~ 1000	±2.30	
>1000 ~ 1250	±2.60	±1.55
>1250 ~ 1600	±3.10	
>1600 ~ 2000	±3.70	±2.20
>2000 ~ 2500	±4.40	

8.2.3　冲压模具常用的形位公差

冲压模具常用的形位公差有直线度、平面度、圆度、圆柱度、平行度、垂直度、倾斜度、同轴度、对称度、圆跳动和全跳动，其公差值分别见表 8-18 ~ 表 8-21。

表 8-18　　　　　　　　　　　　　　**直线度和平面度公差值**

主参数 L(mm)	公差等级											
	1	2	3	4	5	6	7	8	9	10	11	12
	公差值(μm)											
≤10	0.2	0.4	0.8	1.2	2	3	5	8	12	20	30	60
>10 ~ 16	0.25	0.5	1	1.5	2.5	4	6	10	15	25	40	80
>16 ~ 25	0.3	0.6	1.2	2	3	5	8	12	20	30	50	100
>25 ~ 40	0.4	0.8	1.5	2.5	4	6	10	15	25	40	60	120
>40 ~ 63	0.5	1	2	3	5	8	12	20	30	50	80	150
>63 ~ 100	0.6	1.2	2.5	4	6	10	15	25	40	60	100	200
>100 ~ 160	0.8	1.5	3	5	8	12	20	30	50	80	120	250

续表

主参数 L(mm)	公差等级											
	1	2	3	4	5	6	7	8	9	10	11	12
	公差值(μm)											
>160 ~ 250	1	2	4	6	10	15	25	40	60	100	150	300
>250 ~ 400	1.2	2.5	5	8	12	20	30	50	80	120	200	400
>400 ~ 630	1.5	3	6	10	15	25	40	60	100	150	250	500
>630 ~ 1000	2	4	8	12	20	30	50	80	120	200	300	600
>1000 ~ 1600	2.5	5	10	15	25	40	60	100	150	250	400	800

表 8-19　　　　　　　　　　　　圆度和圆柱度公差值

主参数 d(D) (mm)	公差等级											
	1	2	3	4	5	6	7	8	9	10	11	12
	公差值(μm)											
≤3	0.2	0.3	0.5	0.8	1.2	2	3	4	6	10	14	25
>3 ~ 6	0.2	0.4	0.6	1	1.5	2.5	4	5	8	12	18	30
>6 ~ 10	0.25	0.4	0.6	1	1.5	2.5	4	6	9	15	22	36
>10 ~ 18	0.25	0.5	0.8	1.2	2	3	5	8	11	18	27	43
>18 ~ 30	0.3	0.6	1	1.5	2.5	4	6	9	13	21	33	52
>30 ~ 50	0.4	0.6	1	1.5	2.5	4	7	11	16	25	39	62
>50 ~ 80	0.5	0.8	1.2	2	3	5	8	13	19	30	46	74
>80 ~ 120	0.6	1	1.5	2.5	4	6	10	15	22	35	54	87
>120 ~ 180	1	1.2	2	3.5	5	8	12	18	25	40	63	100
>180 ~ 250	1.2	2	3	4.5	7	10	14	20	29	46	72	115

表 8-20　　　　　　　　　　平行度、垂直度、倾斜度公差值

主参数 L,d(D) (mm)	公差等级											
	1	2	3	4	5	6	7	8	9	10	11	12
	公差值(μm)											
≤10	0.4	0.8	1.5	3	5	8	12	20	30	50	80	120
>10 ~ 16	0.5	1	2	4	6	10	15	25	40	60	100	150
>16 ~ 25	0.6	1.2	2.5	5	8	12	20	30	50	80	120	200
>25 ~ 40	0.8	1.5	3	6	10	15	25	40	60	100	150	250

主参数 $L,d(D)$ (mm)	公差等级											
	1	2	3	4	5	6	7	8	9	10	11	12
	公差值(μm)											
>40~63	1	2	4	8	12	20	30	50	80	120	200	300
>63~100	1.2	2.5	5	10	15	25	40	60	100	150	250	400
>100~160	1.5	3	6	12	20	30	50	80	120	200	300	500
>160~250	2	4	8	15	25	40	60	100	150	250	400	600
>250~400	2.5	5	10	20	30	50	80	120	200	300	500	800
>400~630	3	6	12	25	40	60	100	150	250	400	600	1000
>630~1000	4	8	15	30	50	80	120	200	300	500	800	1200
>1000~1600	5	10	20	40	60	100	150	250	400	600	1000	1500

表 8-21　　同轴度、对称度、圆跳动和全跳动公差

主参数 $d(D),B,L$ (mm)	公差等级											
	1	2	3	4	5	6	7	8	9	10	11	12
	公差值(μm)											
≤1	0.4	0.6	1	1.5	2.5	4	6	10	15	25	40	60
>1~3	0.4	0.6	1	1.5	2.5	4	6	10	20	40	60	120
>3~6	0.5	0.8	1.2	2	3	5	8	12	25	50	80	150
>6~10	0.6	1	1.5	2.5	4	6	10	15	30	60	100	200
>10~18	0.8	1.2	2	3	5	8	12	20	40	80	120	250
>18~30	1	1.5	2.5	4	6	10	15	25	50	100	150	300
>30~50	1.2	2	3	5	8	12	20	30	60	120	200	400
>50~120	1.5	2.5	4	6	10	15	25	40	80	150	250	500
>120~250	2	3	5	8	12	20	30	50	100	200	300	600
>250~500	2.5	4	6	10	15	25	40	60	120	250	400	800
>500~800	3	5	8	12	20	30	50	80	150	300	500	1000
>800~1250	4	6	10	15	25	40	60	100	200	400	600	1200

8.2.4　模具零件表面粗糙度

冲压模具零件常用的表面粗糙度见表 8-22。

表 8-22　　　　　　　　冲压模具零件表面粗糙度对照表（GB1031—2008）

粗糙度数值（μm）	使用范围
0.1	抛光的转动体
0.2	抛光的成形面及平面
0.4	1. 压弯、拉深、成形的凸模和凹模工作面 2. 圆柱表面和平面刃口 3. 滑动和精确导向的表面
0.8	1. 成形的凸模和凹模刃口 2. 过盈配合和过渡配合的表面——用于热处理零件 3. 支承定位和紧固表面——用于热处理零件 4. 磨加工的基准面;要求精准的工艺基准面
1.6	1. 内孔表面　2. 模座平面
3.2	1. 不加工的支承、定位和紧固表面——用于非热处理零件 2. 模座平面
6.3	不与冲压制件及冲模接触的表面
12.5	不需机械加工的表面
25	

8.3　常用标准件

8.3.1　螺栓、螺柱

螺栓、螺柱规格见表 8-23、表 8-24。

表 8-23   六角螺栓（Ⅰ）   （mm）

六角头螺栓 C 级（GB/T5780—2000）   六角头螺栓全螺纹 C 级（GB/T5781—2000）

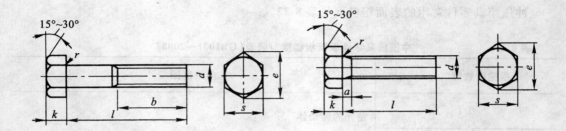

标记示例：

螺纹规格 d＝M12、公称长度 l＝80mm、性能等级为 4.8 级、不经表面处理、C 级的六角头螺栓；

螺栓 GB/T5780 M12×80

螺纹规格 d		M5	M6	M8	M10	M12	(M14)	M16	(M18)	M20	(M22)	M24	(M27)	M30	M36
s（公称）		8	10	13	16	18	21	24	27	30	34	36	41	46	55
k（公称）		3.5	4	5.3	6.4	7.5	8.8	10	11.5	12.5	14	15	17	18.7	22.5
r（最小）		0.2	0.25	0.4			0.6				0.8			1	
e（最小）		8.6	10.9	14.2	17.6	19.9	22.8	26.2	29.6	33	37.3	39.6	45.2	50.9	60.8
a（最大）		2.4	3	4	4.5	5.3	6				7.5		9	10.5	12
b（参考）	$l \leqslant 125$	16	18	22	26	30	34	38	42	46	50	54	60	66	78
	$125 < l \leqslant 200$	—	—	28	32	36	40	44	48	52	56	60	66	72	84
	$l > 200$						53	57	61	65	69	73	79	85	97
l（公称） GB/T5780-2000		25~50	30~60	40~80	45~100	55~120	60~140	65~160	80~180	80~200	90~220	100~240	110~260	120~300	140~360
全螺纹长度 l GB/T5780-2000		10~50	12~60	16~80	20~100	25~120	30~140	35~160	35~180	40~200	45~220	50~240	55~280	60~300	70~360
100mm 长的 质量/kg		0.013	0.020	0.037	0.063	0.090	0.127	0.172	0.223	0.282	0.359	0.424	0.566	0.721	1.100

l 系列（公称）	10,12,16,20,25,30,35,40,45,50,55,60,65,70,80,90,100,110,120,130,140,150,160,180,200,220,240,260,280,300,320,340,360,380,400,420,440,460,480,500

技术条件	GB/T5780	螺纹公差：8g	材料：钢	性能等级：$d \leqslant 39$、3、6、4.6、4.8；$d > 39$，按协议	表面处理：不经处理、电镀，非电解锌粉覆盖	产品等级：C
	GB/T5781	螺纹公差：8g				

注：1. M5-M36 为商品规格，为销售储备的产品最通用的规格；

2. M42-M64 为通用规格，较商品规格低一档，有时买不到要现制造；

3. 带括号的为非优选的螺纹规格（其他各表均相同），非优选螺纹规格除表列外还有（M33）、（M39）、（M45）、（M52）和（M60）；

4. 末端按 GB/T2 规格；

5. 标记示例"螺栓 GB/T 5780—2000 M12×80"为简化标记,它代表了标记示例的各项内容,此标准件为常用及大量供应的,与标记示例内容不同的不能用简化标记,应按 GB/T 1237—2000 规定标记;

6. 表面处理:电镀技术要求按 GB/T 5267—2000;非电解锌粉覆盖技术要求按 ISO10683;如需其他表面镀层或表面处理,应由双方协议;

7. GB/T 5780—2000 增加了短规格,推荐采用 GB/T 5781—2000 全螺纹螺栓。

表 8-24	六角螺栓(Ⅱ)	(mm)

六角头螺栓(GB/T 5782—2000)

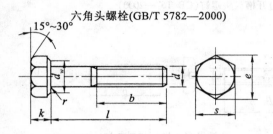

六角头螺栓全螺纹(GB/T 5783—2000)

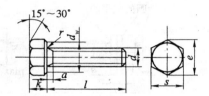

六角头头部带孔螺栓A和B级(GB/T 32.1—1988)

其余的形式与尺寸按GB/T 5782规定

六角头头部带槽螺栓A和B级(GB/T 29.1—1988)

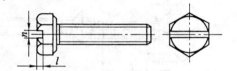

其余的形式与尺寸按GB/T 5783规定

标记示例:螺纹规格 d = M12、公称长度 L = 80mm、性能等级为 8.8 级、表面氧化、A 级的六角头螺栓:
螺栓 GB/T 5782 M12×80

螺纹规格 d		M1.6	M2	M2.5	M3	M4	M5	M6	M8	M10	M12	(M14)	M16	(M18)	M20	(M22)	M24	(M27)	M30	M36
s 公称		3.2	4	5	5.5	7	8	10	13	16	18	21	24	27	30	34	36	41	46	55
k 公称		1.1	1.4	1.7	2	2.8	3.5	4	5.3	6.4	7.5	8.8	10	11.5	12.5	14	15	17	18.7	22.5
r_{min}		0.1				0.2	0.25	0.4			0.6				0.8			1		
e_{min}	A	3.41	4.32	5.45	6.01	7.66	8.79	11.05	14.38	17.77	20.03	23.36	26.75	30.14	33.53	37.72	39.98	—	—	—
	B	3.28	4.18	5.31	5.88	7.50	8.63	10.89	14.20	17.59	19.85	22.78	26.17	29.56	32.95	37.29	39.55	45.2	50.85	60.79
d_{wmin}	A	2.27	3.07	4.07	4.57	5.88	6.88	8.88	11.63	14.63	16.63	19.64	22.49	25.34	28.19	31.71	33.61	—	—	—
	B	2.3	2.95	3.95	4.45	5.74	6.74	8.74	11.47	14.47	16.47	19.15	22	24.85	27.7	31.35	33.25	38	42.75	51.11
b 参考	$l \leqslant 125$	9	10	11	12	14	16	18	22	26	30	34	38	42	46	50	54	60	66	—
	$125 < l \leqslant 200$	15	16	17	18	20	22	24	28	32	36	40	44	48	52	56	60	66	72	84
	$l > 200$	28	29	30	31	33	35	37	41	45	49	53	57	61	65	69	73	79	85	97
a		—	—	—	1.5	2.1	2.4	3	3.75	4.5	5.25	6		7.5			9		10.5	12
h		—	—	—	0.8	1.2		1.6	2	2.5	3	—	—	—	—	—	—	—	—	—

8.3.2 螺钉

螺钉的规格见表8-25～表8-27。

表8-25   **开槽螺钉**   （mm）

开槽圆柱头螺钉（GB/T65—2000）开槽盘头螺钉（GB/T67—2000）

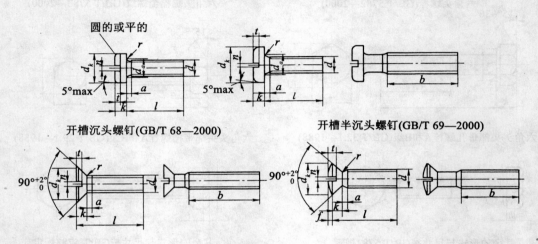

开槽沉头螺钉(GB/T 68—2000)   开槽半沉头螺钉(GB/T 69—2000)

标记示例：
螺纹规格 d=M5、公称长度 l=20mm、性能等级为4.8级、不经表面处理的开槽圆柱头螺钉：
螺钉 GB/T 65 M5×20

螺纹规格 d		M3	(3.5)	M4	M5	M6	M8	M10
a_{max}		1	1.2	1.4	1.6	2	2.5	3
b_{min}		25	38					
n 公称		0.8	1	1.2		1.6	2	2.5
GB/T 65	$d_{k\,max}$	5.5	6	7	8.5	10	13	16
	k_{max}	2	2.4	2.6	3.3	3.9	5	6
	t_{min}	0.85	1	1.1	1.3	1.6	2	2.4
	$d_{a\,max}$	3.6	4.1	4.7	5.7	6.8	9.2	11.2
	r_{min}	0.1		0.2		0.25	0.4	
	商品规格 长度 l	4～30	5～35	5～40	6～50	8～60	10～80	12～80

螺纹规格 d		M3	(3.5)	M4	M5	M6	M8	M10
全螺纹长度 l		4~30	5~40	5~40	6~40	8~40	10~40	12~40
GB/T 67	d_k max	5.6	7	8	9.5	12	16	20
	k max	1.8	2.1	2.4	3	3.6	4.8	6
	t min	0.7	0.8	1	1.2	1.4	1.9	2.4
	d_a max	3.6	4.1	4.7	5.7	6.8	9.2	11.2
	r min	0.1			0.2		0.25	0.4
	商品规格 长度 l	4~30	5~35	5~40	6~50	8~60	10~80	12~80
	全螺纹长度 l	4~30	5~40	5~40	6~40	8~40	10~40	12~40
GB/T 68 GB/T 69	d_k max	5.5	7.3	8.4	9.3	11.3	15.8	18.3
	k max	1.65	2.35	2.7		3.3	4.65	5
	r max	0.8	0.9	1	1.3	1.5	2	2.5
	t_{min} GB/T 68	0.6	0.9	1	1.1	1.2	1.8	2
	t_{min} GB/T 69	1.2	1.45	1.6	2	2.4	3.2	3.8
	f	0.7	0.8	1	1.2	1.4	2	2.3
	商品规格 长度 l	5~30	6~35	6~40	8~50	8~60	10~80	12~80
	全螺纹长度 l	5~30	6~45	6~45	8~45	8~45	10~45	12~45

表 8-26   内六角圆柱头螺钉的基本规格（GB/T 7001—2000 摘录）   （mm）

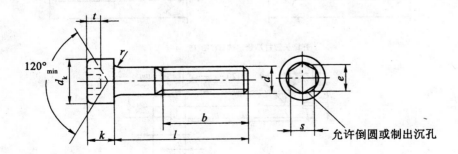

标记示例：

螺纹规格 d＝M5、公称长度 l＝200mm、性能等级为 8.8 级、表面氧化的内六角圆柱头螺钉：

螺钉 GB/T 7001—2000 M5×20

续表

螺纹规格 d	M3	M4	M5	M6	M8	M10	M12	(M14)	M16	M20	M24	M30	M36
d_k	5.5	7	8.5	10	13	16	18	21	24	30	36	45	54
R_{man}	3	4	5	6	8	10	12	14	16	20	24	30	36
t	1.3	2	2.5	3	4	5	6	7	8	10	12	15.5	19
r	0.1	0.2	0.2	0.25	0.4	0.4	0.6	0.6	0.6	0.8	0.8	1	1
s	2.5	3	4	5	6	8	10	12	14	17	19	22	27
e_{min}	2.9	3.4	4.6	5.7	6.9	9.2	11.4	13.7	16	19	21.7	25.2	30.9
b(参考)	18	20	22	24	28	32	36	40	44	52	60	72	84
l	5~30	6~40	8~50	10~60	12~80	16~100	20~120	25~140	25~160	30~200	40~200	45~260	55~200
全螺纹时最大长度	20	25	25	30	35	40	45	55 (65)	55	65	80	90	110
l系列	2.5,3,4,5,6,8,10,12,(14),(16),20,25,30,35,40,45,50,(55),60,(65),70,80,90,100,110,120,130,140,150,160,180,200											

注:1. 尽可能不采用括号内的规格;

　　2. $e_{min} = 1.14 s_{min}$。

表 8-27　　　　　开槽锥端、平端、长圆柱端紧定螺钉的基本规格(GB 71、73、75—1985)

开槽锥端紧定螺钉(GB 71—1985)　　　　开槽平端紧定螺钉(GB 73—1985)

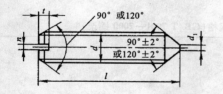 

开槽长圆柱端紧定螺钉(GB 75—1985)

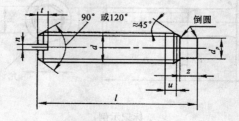

标记示例:

螺纹规格 d=M5、公称长度 L=12mm、性能等级为 14H、表面氧化的开槽锥端紧定螺钉标记为:

螺钉　GB 71—2000　M5×12-14H

续表

d		M3	M4	M5	M6	M8	M10	M12
P	GB 71—2000 GB 73—2000 GB 75—2000	0.5	0.7	0.8	1	1.25	1.5	1.75
d_1	GB 75—2000	0.3	0.4	0.5	1.5	2	2.5	3
$d_{p\max}$	GB 73—2000 GB 75—2000	2	2.5	3.5	4	5.5	7	8.5
η 公称	GB 71—2000 GB 73—2000 GB 75—2000	0.4	0.6	0.8	1	1.2	1.6	2
$t_{\min}$	GB 71—2000 GB 73—2000 GB 75—2000	0.8	1.12	1.28	1.6	2	2.4	2.8
$z_{\min}$	GB 75—2000	1.5	2	2.5	3	4	5	6
倒角和 锥顶角	GB 71—2000 120°	$l\leqslant3$	$l\leqslant4$	$l\leqslant5$	$l\leqslant6$	$l\leqslant8$	$l\leqslant10$	$l\leqslant12$
	GB 71—2000 90°	$l\geqslant4$	$l\geqslant5$	$l\geqslant6$	$l\geqslant8$	$l\geqslant10$	$l\geqslant12$	$l\geqslant14$
	GB 73—2000 120°	$l\leqslant3$	$l\leqslant4$	$l\leqslant5$	$l\leqslant6$		$l\leqslant8$	$l\leqslant10$
	GB 73—2000 90°	$l\geqslant4$	$l\geqslant5$	$l\geqslant6$	$l\geqslant8$		$l\geqslant10$	$l\geqslant12$
	GB 75—2000 120°	$l\leqslant5$	$l\leqslant6$	$l\leqslant8$	$l\leqslant10$	$l\leqslant14$	$l\leqslant16$	$l\leqslant20$
	GB 75—2000 90°	$l\geqslant6$	$l\geqslant8$	$l\geqslant10$	$l\geqslant12$	$l\geqslant16$	$l\geqslant20$	$l\geqslant25$
l 公称	商品规 格范围 GB 71—2000	4~16	6~~20	8~25	8~30	10~40	12~50	14~60
	商品规 格范围 GB 73—2000	3~16	4~20	5~25	6~30	8~40	10~50	12~60
	商品规 格范围 GB 75—2000	5~16	6~20	8~25	8~30	10~40	12~50	14~60
	系列值	2,2.5,3,4,5,6,8,10,12,(14),16,20,25,30,35,40,45,50,(55),60						

注：1. l 系列值中，尽可能不采用括号内的规格；

2. ≤M5 的 GB71—2000 的螺钉，不要求锥端有平面部分（d_t）；

3. P 为螺距。

8.3.3 螺母

螺母规格见表8-28。

表8-28 六角螺母 (mm)

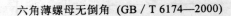

六角螺母 C级(GB／T41—2000)

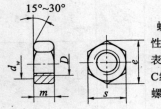

标记示例：
螺纹规格D=M12、
性能等级为5级、不经
表面处理、产品等级为
C级的六角螺母：
螺母 GB／T 41 M12

六角薄螺母无倒角 (GB／T 6174—2000)

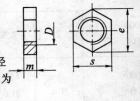

标记示例：
螺纹规格D=M6、机械
性能为HV110、不经表面处
理、B级的六角薄螺母：
螺母 CB／T 6174 M6

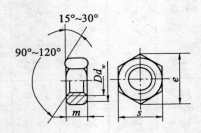

1型六角螺母(GB／T 6170—2000)
六角薄螺母(GB／T 6172.1—2000)
标记示例：
螺纹规格D=M12、性能等级为10级、不经表面处
理、A级的1型六角螺母：
螺母 GB／T 6170 M12
螺纹规格D=M12、性能等级为04级、不经表面处
理、A级的六角薄螺母：
螺母 GB／T 6172.1 M12

螺纹规格 D		M3	(M3.5)	M4	M5	M6	M8	M10	M12	(M14)	M16	(M18)	M20	(M22)	M24	(M27)	M30	M36
e_{min} 1[①]		5.9	6.4	7.5	8.6	10.9	14.2	17.6	19.9	22.8	26.2	29.6	33	37.3	39.6	45.2	50.9	60.8
2[①]		6	6.6	7.7	8.8	11	14.4	17.8	20	23.4	26.6	29.6	33	37.3	39.6	45.2	50.9	60.8
s 公称		5.5	6	7	8	10	13	16	18	21	24	27	30	34	36	41	46	55
d_{wmin} 1[①]		—	—	—	6.7	8.7	11.5	14.5	16.5	19.2	22	24.9	27.7	31.4	33.3	38	42.8	51.1
2[①]		4.6	5.1	5.9	6.9	8.9	11.6	14.6	16.6	19.6	22.5	24.9	27.7	31.4	33.3	38	42.8	51.1
m_{max}	GB/T 6170	2.4	2.8	3.2	4.7	5.2	6.8	8.4	10.8	12.8	14.8	15.8	18	19.4	21.5	23.8	25.6	31
	GB/T 612.1																	
	GB/T 6174	1.8	2	2.2	2.7	3.2	4	5	6	7	8	9	10	.11	12	13.5	15	18
	GB/T 41	—	—	—	5.6	6.4	7.9	9.5	12.2	13.9	15.9	16.9	19	20.2	22.3	24.7	26.4	31.9

①为 GB/T41 及 GB/T 6174—2000 的尺寸；②GB/T 6170—2000 及 GB/T 6172.1—2000 的尺寸。
注：1. A级用于 $D \geqslant 16$mm，B级用于 $D > 16$mm 的螺母；

2. 尽量不采用括号中的尺寸，除表中所列外，还有（M33）、（M39）、（M45）、（M52）和（M60）；

3. GB/T 41—2000 的螺纹规格为 M5～M60；GB/T6174—2000 的螺纹规格为 M1.6～M10。

8.3.4　垫圈

垫圈的规格见表 8-29 和表 8-30。

表 8-29　平垫圈的基本规格（GB 848—2002，GB97.1、97.2—2002，GB95—2002 摘录）（mm）

小垫圈(GB 848—2002)
平垫圈(GB 97.1—2002)

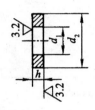

平垫圈—倒角型(GB 97.2—2002)

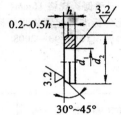

平垫圈—C级(GB 95—2002)

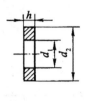

标准系列，公称尺寸 $d=8$mm、性能等级为 140HV 级，不经表面处理的平垫圈标记为：

垫圈 GB97.1—2002　8—140 HV

公称尺寸（螺纹规格）d		4	5	6	8	10	12	14	16	20	24	30	36
d_1 公称（min）	GB848—2002	4.3	5.3	6.4	8.4	10.5	13	15	17	21	25	31	37
	GB97.1—2002												
	GB97.2—2002	—											
	GB/T95—2002												
d_2 公称（max）	GB848—2002	8	9	11	15	18	20	24	28	34	39	50	60
	GB97.1—2002	9	10	12	16	20	24	28	30	37	44	56	66
	GB97.2—2002	—											
	GB/T95—2002												
h 公称	GB848—2002	0.5			1.6		2		2.5		3		
	GB97.1—2002	0.8	1								4		5
	GB97.2—2002	—		1.6		2		2.5		3			
	GB/T95—2002												

表8-30　　　　　　弹簧垫圈的基本规格（GB 93—2008、GB 859—2008 摘录）　　　　（mm）

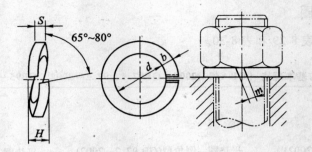

标记示例：规格 16mm，
表面氧化的标准型弹簧垫圈的标记：
垫圈　16GB 93—2008

规格（螺纹大径）	d	GB 93—2008		GB 859—2008		
		$S=b$	$0<m'\leqslant$	S		$0<m'\leqslant$
3	3.1	0.8	0.4	0.8	1	0.3
4	4.1	1.1	0.50	0.8	1.2	0.4
5	5.1	1.3	0.65	1	1.2	0.55
6	6.2	1.6	0.8	1.2	1.6	0.65
8	8.2	2.1	1.05	1.6	2	0.8
10	10.2	2.6	1.3	2	2.5	1
12	12.3	3.1	1.55	2.5	3.5	1.25
(14)	14.3	3.6	1.8	3	4	1.5
16	16.3	4.1	2.05	3.2	4.5	1.6
(18)	18.3	4.5	2.25	3.5	5	1.8
20	20.5	5	2.5	4	5.5	2
(22)	22.5	5.5	2.75	4.5	6	2.25
24	24.5	6	3	4.8	6.5	2.5
(27)	27.5	6.8	3.4	5.5	7	2.75
30	30.5	7.5	3.75	6	8	3
36	36.6	9	4.5			

8.3.5　销钉

销钉规格见表 8-31。

表 8-31　　　　　　　　　　圆锥销（GB/T 117—2000）

A 型（磨削）：锥面表面粗糙度 $R_a=0.8\mu m$
B 型（切削或冷镦）：锥面表面粗糙度 $R_a=3.2\mu m$

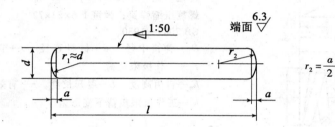

$$r_2=\frac{a}{2}+d+\frac{(0.02l)^2}{8a}$$

标记示例：
　公称直径 $d=30mm$、公称长度 $l=30mm$、材料为 35 钢、热处理硬度 28 ~ 38HRC、表面氧化处理
A 型圆锥销的标记：销 GB/T 117　6×30

d h10	0.6	0.8	1	1.2	1.5	2	2.5	3	4	5	6	8	10	12	16	20	25	30	40	50
a	0.08	0.1	0.12	0.16	0.2	0.25	0.3	0.4	0.5	0.63	0.8	1	1.2	1.6	2	2.5	3	4	5	6.3
商品规格	4–8	5–12	6–16	6–20	8–24	10–35	10–35	12–45	14–55	18–60	22–90	22–120	26–160	32–180	40–200	45–200	50–200	55–200	60–200	65–200
l 系列	2、3、4、5、6、8、10、12、14、16、18、20、22、24、26、28、30、32、35、40、45、50、55、60、65、70、75、80、85、90、95、100、120、140、160、180、200																		
技术条件 · 材料	易切钢：Y12、Y15；碳素钢：35、45；合金钢：30CrMnSiA；不锈钢：1Cr13、2Cr13、Cr17Ni2																		
技术条件 · 表面处理	1. 钢：不经处理；氧化；磷化；镀锌钝化。2. 不锈钢：简单处理。3. 其他表面镀层或表面处理，由供需双方协议。4. 所有公差仅适用于涂、镀前的公差																		

8.4 弹簧、橡胶垫的选用

8.4.1 圆柱螺旋压缩弹簧

圆柱螺旋压缩弹簧的规格见表 8-32 和表 8-33。

表 8-32　　　　　　　　　　　　　　圆柱螺旋压缩弹簧　　　　　　　　　　　　　（mm）

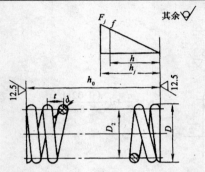

标记示例：$d=1.6$，$D_2=22$，$h_0=72$ 的圆柱
螺旋压缩弹簧；弹簧 1.6×22×72
GB 2089—1980
D_2—弹簧中径　d—材料直径　t—节距
F_j—工作极限负荷
h_0—自由高度　L—展开长度　n—有效圈数
h_j—工作极限负荷下变形量

D	d	h_0	t	h_j	f	F_j	n	D	d	h_0	t	h_j	f	F_j	n
10	1	20	3.5	8.6	1.59	22	5.4	25	5	55	6.6	11.7	1.57	1200	7.5
		30		13.2			8.3			65		14.1			9
										75		16.6			10.6
										80		17.7			11.3
15	3	45	4.1	9.4	0.94	440	10	30	4	85	8.0	33.9	3.32	480	10.1
		50		10.3			11			100		39.8			12
		55		11.8			12.7			120		48.1			14.5
		65		14.1			15			140		56.4			17
		75		16.4			17.5	30	5	50	7.6	14.4	2.45	950	5.9
18	2	55	5.7	23.2	2.5	98	9.3			60		17.6			7.2
		65		27.5			11			70		20.8			8.5
		75		32			12.8	30	6	60	7.8	13.1	1.88	1700	7
20	4	45	5.3	9.4	1.23	780	7.7			70		15.4			8.2
		55		11.8			9.6			80		17.9			9.5
		65		14.1			11.5	35	5	60	8.9	18.2	2.94	800	6.2
		70		15.2			12.4			70		21.4			7.3
22	4	45	5.7	11.4	1.59	700	7.2			80		24.7			8.4
		55		14.1			8.9			100		31.2			10.6
		65		17			10.7	40	6	60	9.9	20.4	3.79	1200	5.4
		75		18.2			11.5			70		24.2			6.4
25	4	45	6.4	13.8	2.16	590	6.4			80		28			7.4
		55		17			7.9			110		39.8			10.5
		65		20.5			9.5			170		62.5			16.5
		75		23.7			11								

表 8-33　　　　　　　　　　**常用压缩弹簧基本性能（摘自 GB/T2089—2009）**

材料直径 d (mm)	弹簧中径 D_2 (mm)	工作极限负荷 F_{lim} (N)	单圆弹簧工作极限负荷下变形量 f'	节距 p (mm)	最大导杆直径 D_{max} (mm)	最小导杆直径 D_{min} (mm)	材料直径 d (mm)	弹簧中径 D_2 (mm)	工作极限负荷 F_{lim} (N)	单圆弹簧工作极限负荷下变形量 f'	节距 p (mm)	最大导杆直径 D_{max} (mm)	最小导杆直径 D_{min} (mm)
0.5	3	14.1	0.62	1.19	1.9	4.1	1.5	3	22.75	0.483	1.14	1.8	4.2
	3.5	12.4	0.872	1.48	2.4	4.6		3.5	20.69	0.683	1.36	2.3	4.7
	4	11.2	1.167	1.81	2.9	5.1		4	18.25	0.92	1.63	2.8	5.2
	4.5	10.1	1.505	2.18	3.4	5.6		4.5	16.6	1.19	1.93	3.3	5.7
	5	9.24	1.89	2.61	3.9	6.1		5	15.2	1.595	2.27	3.8	6.2
	6	7.88	2.78	3.61	4.5	7.5		6	13.04	2.213	3.08	4.4	7.6
	7	6.86	3.85	4.80	5.5	8.5		7	11.38	3.075	4.4	5.4	8.6
0.7	3.5	31	0.563	1.33	2.2	4.8		8	10.1	4.072	5.15	6.4	9.6
	4	28	0.762	1.55	2.7	5.3	1.6	8	139	1.108	2.84	5.4	10.6
	4.5	25.6	0.99	1.81	3.2	5.8		9	127.5	1.446	3.22	6.4	11.6
	5	23.6	1.248	2.10	3.7	6.3		10	118	1.83	3.65	7.4	12.6
	6	20.2	1.855	2.78	4.3	7.7		12	102	2.725	4.66	8.4	15.6
	7	17.7	2.58	3.59	5.3	8.7		14	89.4	3.825	5.87	10.4	17.6
	8	15.8	3.425	4.54	6.3	9.7		16	79.6	5.075	7.29	12.4	19.6
	9	14.2	4.4	5.62	7.3	10.7		18	71.9	6.525	8.91	14.4	21.6
0.8	4	40.4	0.645	1.52	2.6	5.4		20	65.5	8.15	10.7	15.4	23.6
	4.5	37	0.84	1.74	3.1	5.9		22	60.2	9.971	12.8	17.4	26.6
	5	34.1	1.063	1.99	3.6	6.4	1.8	9	171.5	1.213	3.16	6.2	11.8
	6	29.5	1.588	2.58	4.2	7.8		10	159	1.54	3.52	7.2	12.8
	7	26	2.215	3.28	5.2	8.8		12	137.3	2.31	4.39	8.2	15.8
	8	23.1	2.95	4.10	6.2	9.8		14	121.8	3.225	5.42	10.2	17.8
	9	20.9	3.80	5.04	7.2	10.8		16	109	4.325	6.64	12.2	19.8
	10	19.0	4.725	6.10	8.2	11.8		18	98.1	5.55	8.02	14.2	21.8
0.9	4	54.3	0.54	1.51	2.5	5.5		20	89.5	6.95	9.59	15.2	24.8
	4.5	50.0	0.708	1.60	3.0	6.0		22	82.3	8.5	11.3	17.2	26.8
	5	46.3	0.398	1.91	3.5	6.5		25	73.2	11.12	14.3	20.2	29.8
	6	40.0	1.246	2.41	4.1	7.9	2.0	10	212	1.384	3.51	7	13
	7	35.4	1.887	3.01	5.1	8.9		12	184.3	2.033	4.28	8	16
	8	31.7	2.525	3.72	6.1	9.9		14	163	2.85	5.20	10	18
	9	28.6	3.25	4.53	7.1	10.9		16	146	3.825	6.28	12	20
	10	26.1	4.05	5.44	8.1	11.9		18	132.2	4.923	7.52	14	22

续表

材料直径 d (mm)	弹簧中径 D_2 (mm)	工作极限负荷 F_{lim} (N)	单圆弹簧工作极限负荷下变形量 f'	节距 p (mm)	最大导杆直径 D_{max} (mm)	最小导杆直径 D_{min} (mm)	材料直径 d (mm)	弹簧中径 D_2 (mm)	工作极限负荷 F_{lim} (N)	单圆弹簧工作极限负荷下变形量 f'	节距 p (mm)	最大导杆直径 D_{max} (mm)	最小导杆直径 D_{min} (mm)
	4.5	65	0.603	1.68	2.9	6.1		20	120.7	6.175	8.92	15	25
	5	60.2	0.768	1.86	3.4	6.6	2.0	22	112	7.575	10.5	17	27
	6	52.5	1.158	2.30	4	8		25	99	9.9	13.1	20	30
	7	46.4	1.625	2.82	5	9		28	90	12.58	16.1	23	33
1.0	8	41.6	2.175	3.44	6	10		12	312	1.408	4.08	7.5	16.5
	9	37.8	2.80	4.14	7	11		14	278	1.995	4.73	9.5	18.5
	10	34.5	3.525	4.94	8	12		16	251	2.675	5.51	11.5	20.5
	12	29.4	5.182	6.80	9	15		18	228.5	3.475	6.40	13.5	22.5
	14	25.6	7.15	9.02	11	17	2.5	20	210	4.375	8.52	16.5	27.5
	6	80.0	0.878	2.18	3.8	8.2		22	193	5.375	8.52	16.5	27.5
	7	73.5	1.24	2.59	4.8	9.2		25	174	7.075	10.4	19.5	30.5
	8	66.2	1.668	3.07	5.8	10.2		28	157	9.0	12.6	22.5	33.5
	9	60.2	2.154	3.62	6.8	11.2		30	148	10.425	14.2	24.5	35.5
1.2	10	55.3	2.725	4.24	7.8	12.2		32	139	11.950	15.9	25.5	38.5
	12	47.3	4.022	5.69	8.8	15.2		14	459	1.585	4.77	9	19
	14	41.3	5.575	7.44	10.8	17.2		16	415	2.145	5.40	11	21
	16	36.7	7.378	9.46	12.8	19.2		18	380	2.80	6.13	13	23
	7	110	0.998	2.52	4.6	9.4		20	350	3.525	6.95	14	26
	8	99	1.348	2.91	5.6	10.4		22	324	4.35	7.87	16	28
	9	90.5	1.75	3.36	6.6	11.4	3.0	25	292	5.75	9.43	19	31
	10	83.0	2.205	3.87	7.6	12.4		28	265	7.325	11.2	22	34
1.4	12	71.5	3.276	5.07	8.6	15.4		30	250	8.50	12.5	24	36
	14	62.6	4.564	6.51	10.8	17.4		32	236	9.75	13.9	25	39
	16	55.7	6.05	8.18	12.6	19.4		35	219	11.8	16.2	28	42
	18	50.2	7.775	10.1	14.6	21.4		38	203	14.0	18.7	31	45
	20	45.7	9.70	12.6	15.6	24.4		16	595	1.656	5.35	10.5	21.5
							3.5	18	546	2.165	5.93	12.5	23.5
								20	505	2.75	6.58	13.5	26.5

注:有下划线的数据系列一般不推荐使用。

8.4.2　碟形弹簧

碟形弹簧规格见表8-34。

表 8-34 　　　　　　　　　　　　　　　碟形弹簧　　　　　　　　　　　　　　　　（mm）

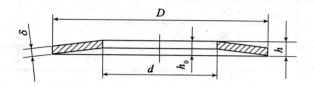

标记示例：
$D=40$，$d=20.4$，$\delta=2.2$，$h=3.1$ 的碟簧；碟簧 40×20.4×2.2×3.1 GB 1972—1980

D（h13）		D（H14）		δ	h_0	h	允许行程下的负荷/N $F_f=0.75h_0$
基本尺寸	偏差	基本尺寸	偏差				
18		9.2	0.36	1.0	0.4	1.4	1280
	0.33			0.7	0.5	1.2	580
25		12.2		1.5	0.55	2.05	2980
				0.9	0.7	1.6	880
31.5		16.3	0.43	1.75	0.7	2.45	3940
				1.25	0.9	2.15	1940
				0.8	1.05	1.85	700
35.5		18.3		2.0	0.8	2.8	5280
				1.25	1.0	2.25	1730
				0.9	1.15	2.05	850
40	0.39	20.4		2.2	0.9	3.1	6210
				1.5	1.15	2.65	2670
			0.52	1.0	1.3	2.3	1040
45		22.4		2.5	1.0	3.5	7890
				1.75	1.3	3.05	3730
				1.25	1.6	2.85	1930
50		25.5		3.0	1.1	4.1	1220
				2.0	1.4	3.4	4860
				1.25	1.6	2.85	1580

8.4.3 橡胶垫

橡胶垫压缩量和单位压力见表 8-35。

表 8-35 　　　　　　　　　橡胶垫压缩量和单位压力

橡胶垫压缩量/%	单位压力 p/MPa	橡胶垫压缩量/%	单位压力 p/MPa
10	0.26	25	1.06
15	0.50	30	1.52
20	0.70	35	2.10

8.4.4 聚氨酯橡胶

聚氨酯橡胶尺寸见表 8-36 ~ 表 8-40。

表 8-36 　　　　　　　　　聚氨酯橡胶尺寸

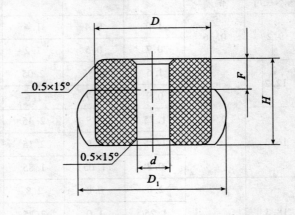

D	d_2	H	D_1	D	d_2	H	D_1
16			21			25	
20		12	26	45	12.5	32	58
	8.5					40	
25		16	33			20	
		20				25	
32		16				32	
	10.5	20	42	60	16.5	40	78
		25				50	
45	12.5	20	58				

表 8-37　　　　　　　　　　　国产聚氨酯橡胶的力学性能

性　能　指　标　　　　牌号　　　性　能	8295	8290	8280	8270	8260
硬度（邵氏 A）	95±3	90±3	83±5	73±5	63±5
伸长率/%	400	450	450	500	550
断裂强度/（N/cm²）	4500	4500	4500	4000	3000
断裂永久变形/%	18	15	12	8	8
冲击回弹性/%	15 ~ 30	15 ~ 30	15 ~ 30	15 ~ 30	15 ~ 30
抗撕力/（N/cm²）	1000	900	800	700	500
脆性温度/℃	−40	−40	−50	−50	−50
老化系数（100℃×72h）	≥0.9	≥0.9	≥0.9	≥0.9	≥0.9
耐煤油、室温、72h 的增重率/%	≤3	≤3	≤4	≤4	≤4

表 8-38　　　　　　　　　聚氨酯橡胶压缩量与工作负荷参照表

工作负荷	160	200	250			320				450				600			
压缩量	直径 D/mm																
0.1H	17	30	51	45	47	84	74	70	182	172	163	168	363	298	288	372	270
0.2H	40	62	112	102	106	182	130	172	388	372	358	358	773	726	652	652	605
0.3H	69	108	197	184	179	322	304	294	695	652	620	600	1438	1271	1173	1117	1080
0.4H	88	139	253	236	229	412	390	380	390	836	793	768	1843	1629	1504	1434	1383

注：H—聚氨酯橡胶的高度

表 8-39　　　　　　　　聚氨酯橡胶工作负荷修正系数

硬度（邵氏 A）	修正系数	硬度（邵氏 A）	修正系数
75	0.843	81	1.035
76	0.873	82	1.074
77	0.903	83	1.116
78	0.934	84	1.212
79	0.966	85	1.270
80	1.000		

表 8-40   **聚氨酯橡胶体内孔尺寸及配用卸料螺钉尺寸对照表**

聚氨酯橡胶体内孔 d	配用卸料螺钉 d		备注
	GB2867.5—2009	GB2867.6—2009	
6.5	6	—	
8.5	8	8	配用卸料螺钉长度尺寸 L 需视模具结构要求而定
10.5	10	10	
12.5	12	12	
16.5	16	16	

8.5 模柄、模架的选用

8.5.1 模柄

模柄的规格见表 8-41 ~ 表 8-45。

表 8-41   **压入式模柄(JB/T 7646.1—2000)**   (mm)

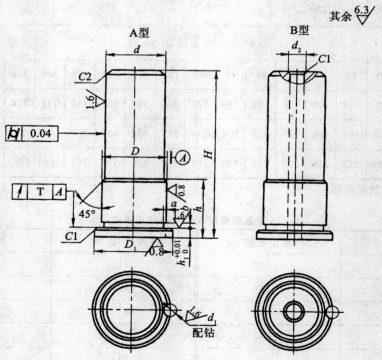

标记示例:

直径 d=30mm、高度 H=73mm、材料为 Q235 的 A 型压入式模柄:模柄 A30×73   JB/T 7646.1—2000 Q235

续表

d(d11)		D(m6)		D_1	H	h	h_1	b	a	d_1(H7)		d_2
基本尺寸	极限偏差	基本尺寸	极限偏差							基本尺寸	极限偏差	
20		22		29	68	20						
					73	25						7
					78	30						
	-0.065	26	+0.021	33	68	20	4					
25	-0.195		+0.008		73	25						
					78	30		2	0.5			
					83	35						
*30		32		39	73	25						
					78	30						
					83	35	5					11
					88	40						
32		34	+0.025	42	73	25				6	+0.012	
			+0.009		78	30					0	
					83	35						
					88	40						
35	-0.080	38		46	85	25						
	-0.240				90	30						
					95	35		3	1			
					100	40						13
					105	45	6					
38		40		48	90	30						
					95	35						
					100	40						
					105	45						
					110	50						

d（d11）		D（m6）		D₁	H	h	h₁	b	a	d₁（H7）		d₂
基本尺寸	极限偏差	基本尺寸	极限偏差							基本尺寸	极限偏差	
*40	−0.080 −0.240	42	+0.025 +0.009	50	90	30	6	3		6	+0.012 0	13
					95	35						
					100	40						
					105	45						
					110	50						
*50		52		61	95	35						
					100	40						
					105	45						
					110	50						
					115	55						
					120	60						
*60	−0.100 −0.290	62	+0.030 +0.011	71	110	40	8		1	8	+0.015 0	17
					115	45						
					120	50						
					125	55						
					130	60		4				
					135	65						
					140	70						
*76		78		89	123	45	10			10		21
					128	50						
					133	55						
					138	60						
					143	65						
					148	70						
					153	75						
					158	80						

注：1. 材料：Q235、Q275、GB/T 700—2006。
　　2. 带"＊"号的规格优先选用。
　　3. 技术条件：按 JB/T 7653—2000 的规定。

表 8-42　　　　　**旋入式模柄尺寸（JB/T 7646.2—2008）**　　　　　（mm）

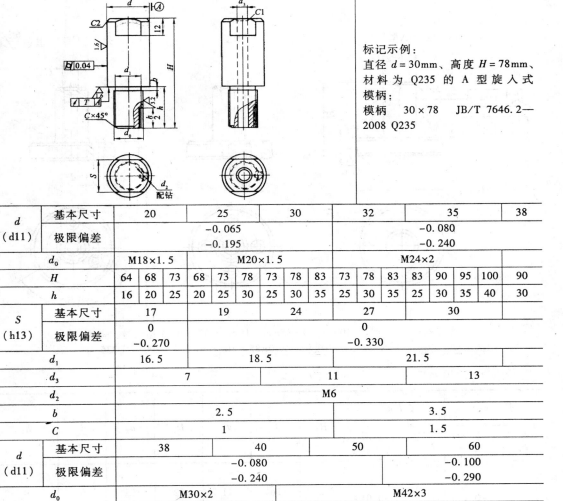

标记示例：

直径 $d = 30\,\text{mm}$、高度 $H = 78\,\text{mm}$、材料为 Q235 的 A 型旋入式模柄：

模柄　30 × 78　JB/T 7646.2—2008 Q235

d (d11)	基本尺寸	20		25		30		32		35			38
	极限偏差	−0.065 −0.195							−0.080 −0.240				
d_0		M18×1.5		M20×1.5				M24×2					
H		64	68	73	68	73	78	73	78	83	73	78	83	83	90	95	100	90
h		16	20	25	20	25	30	25	30	35	25	30	35	25	30	35	40	30
S (h13)	基本尺寸	17		19		24		27		30			
	极限偏差	0 −0.270				0 −0.330							
d_1		16.5		18.5				21.5					
d_3		7				11				13			
d_2		M6											
b		2.5						3.5					
C		1						1.5					

d (d11)	基本尺寸	38			40				50			60				
	极限偏差	−0.080 −0.240								−0.100 −0.290						
d_0		M30×2							M42×3							
H		95	100	105	90	95	100	105	95	100	105	110	110	115	120	125	130
h		35	40	45	30	35	40	45	35	40	45	50	40	45	50	55	60
S (h13)	基本尺寸	32				41				50							
	极限偏差	0 −0.390														
d_1		27.5								38.5							
d_3		13								17							
d_2		M6								M8							
b		3.5								4.5							
C		1.5								2							

注：1. 螺纹基本尺寸按 GB/T 196—2003《普通螺纹基本尺寸》，公差按 GB/T 197—2003《普通螺纹公差》Ⅱ级精度确定。

2. 材料：Q235、Q275　GB/T 700—2006。

3. 技术条件：按 JB/T 7653—2008 的规定。

表 8-43　　　　　　凸缘式模柄尺寸（JB/T 7646.3—2008）　　　　　　（mm）

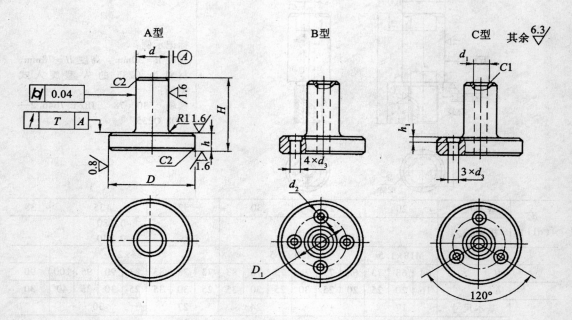

标记示例：直径 $d=40$mm、$D=85$mm、材料为 Q235 的 A 型凸缘式模柄：

模柄　A40×85　JB/T 7646.3—2008　Q235

d (d11)		d (h6)		H	h	d_1	D_1	d_2	d_3	h_1
基本尺寸	极限偏差	基本尺寸	极限偏差							
30	-0.065 -0.195	70	0 -0.019	64	16	11	52	15	9	9
40	-0.080 -0.240	85	0 -0.022	78	18	13	62	18	11	11
50		100				17	72			
60	-0.100 -0.290	115	0 -0.025	90	29	17	87	22	13	13
76		136		98	22	21	102			

注：1. 材料：Q235、Q275　GB/T 700—2006。

2. 技术条件：按 JB/T 7653—2008 的规定。

表 8-44　　　　　　　槽型模柄尺寸（JB/T 7646.4—2009）　　　　　（mm）

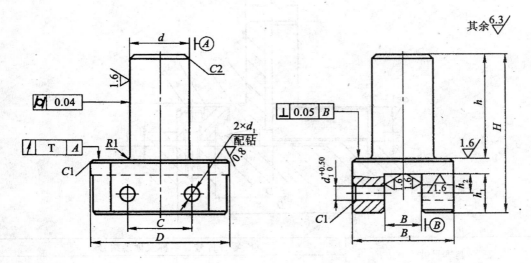

标记示例：

直径 d =25mm、宽度 B =10mm、材料为 Q235 的槽型模柄：

模柄　25×10　JB/T 7646.4—2009　Q235

d (d11)		D	H	h	h_1	h_2	B (H7)		B_1	d_1 (H7)		c
基本尺寸	极限偏差						基本尺寸	极限偏差		基本尺寸	极限偏差	
20		45	70		14	7	6	+0.012 0	30	6	+0.012 0	20
	−0.065 −0.0195			48			19	+0.015 0				
25		55	75		16	8	15	+0.018 0	40			25
30		70	85		20	10	20		50	8		30
40	−0.080 −0.240	90	100	60	22	11	25	+0.021 0	60		+0.015 0	35
50		110	115		25	12	30		70	10		45
60	−0.100 −0.290	120	130	70	30	15	35	+0.025 0	80			50

注：1. 材料：Q235、Q275　GB/T 700—2006。
　　2. 技术条件：按 JB/T 7653—2009 的规定。

表 8-45　　　　　　　　　　浮动模柄（GB 2862.6—2009）　　　　　　　　　（mm）

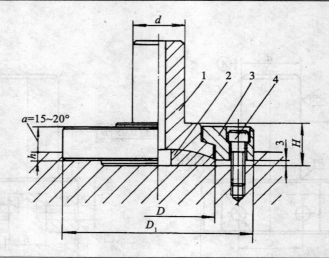

基本尺寸				零件件号、名称及标准编号			
				1	2	3	4
				凹球面模柄 GB2862.6—2009	凸球面垫块 GB2862.6—2009	锥面压圈 GB2862.6—2009	螺钉 GB70—2009
d	D	D_1	H	数　量			
				1	1	1	4 或 6
				规　格			
25	46	70	21.5	25×44	46×9	70×16	M6×20
	50	80		25×48	50×9.5	80×16	
30	55	90	25	30×53	55×10	90×20	M8×25
	65	100		30×63	65×10.5	100×20	
	75	110	25.5	30×73	75×11	110×20	
	85	120	27	30×83	85×12	120×22	
40	65	100	25	40×63	65×10.5	100×20	
	75	110	25.5	40×73	75×11	110×20	
	85	120	27	40×83	85×12	120×22	
		130				130×22	
	95	140		40×93	95×12.5	140×22	
	105	150	29	40×103	105×13.5	150×24	
50	85	130	27	50×83	85×12	130×22	M10×30
	95	140		50×93	95×12.5	140×22	
	105	150	29	50×103	105×13.5	150×24	
	115	160		50×113	115×14	160×24	
	120	170	31.5	50×118	120×15	170×26	M12×30
	130	180		50×128	130×15.5	180×26	

注：1. 件号 4 的螺钉数量；当 $D_1 ≤ 100$mm 时为 4 件，$D_1 > 100$mm 时为 6 件。

　　2. 凹球面模柄与锥面压圈装配后应有不大于 0.2mm 的间隙。

　　3. 上述零件装配后的组合不得错位。

246

8.5.2　模架

模架规格及其相关零件结构尺寸见表 8-46 ~ 表 8-55。

表 8-46	滑动导向对角导柱模架	（mm）

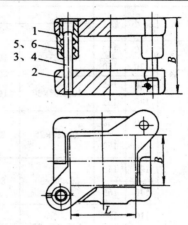

标记示例：

凹模周界 $L = 200$mm、$B = 125$mm，闭合高度 $H = 170 \sim$ 205mm、Ⅰ级精度的对角导柱模架。模架 $200 \times 125 \times 170 \sim 205$　Ⅰ　GB/T2851.1—2009

技术条件：

按 GB/T2854 的规定代替 GB2851.1 ~ 2—2009

凹模周界		闭合高度（参考）H		零件件号、名称及标准编号					
				1	2	3	4	5	6
				上模座 GB/T 2855.1—2009	下模座 GB/T 2855.2—2009	导　柱 GB/T 2861.1—2009		导　套 GB/ 2861.6—2009	
				数　量					
L	B	最小	最大	1	1	1	1	1	1
				规　格					
63	50	100	115	63×50×20	63×50×25	16×	90	18×	90	16×	60×18	18×	60×18
		110	125				100		100				
		110	130	63×50×25	63×50×30		100		100		65×23		65×23
		120	140				110		110				
63	63	100	115	63×63×20	63×63×25	16×	90	18×	90	16×	60×18	18×	65×23
		110	125				100		100				
		110	130	63×63×25	63×63×30		100		100		65×23		70×28
		120	140				110		110				
80	63	110	130	80×63×25	80×63×30	18×	100	20×	100	18×	65×23	18×	65×23
		130	150				120		120				
		120	145	80×63×30	80×63×40		110		110		70×28		70×28
		140	165				130		130				

凹模周界		闭合高度（参考）H		零件件号、名称及标准编号					
				1	2	3	4	5	6
				上模座 GB/T 2855.1—2009	下模座 GB/T 2855.2—2009	导柱 GB/T 2861.1—2009		导套 GB/ 2861.6—2009	
				数 量					
				1	1	1	1	1	1
L	B	最小	最大	规 格					
100	63	110	130	100×63×25	100×63×30	18×100	20×100	18×65×23	20×65×23
		130	150	100×63×25	100×63×30	18×120	20×120	18×65×23	20×65×23
		120	145	100×63×30	100×63×40	18×110	20×110	18×70×28	20×70×28
		140	165	100×63×30	100×63×40	18×130	20×130	18×70×28	20×70×28
80	80	110	130	80×80×25	80×80×30	20×100	22×100	20×65×23	22×65×23
		130	150	80×80×25	80×80×30	20×120	22×120	20×65×23	22×65×23
		120	145	80×80×30	80×80×40	20×110	22×110	20×70×28	22×70×28
		140	165	80×80×30	80×80×40	20×130	22×130	20×70×28	22×70×28
100	80	110	130	100×80×25	100×80×30	20×100	22×100	20×65×23	22×65×23
		130	150	100×80×25	100×80×30	20×120	22×120	20×65×23	22×65×23
		120	145	100×80×30	100×80×40	20×110	22×110	20×70×28	22×70×28
		140	165	100×80×30	100×80×40	20×130	22×130	20×70×28	22×70×28
125	80	110	130	125×80×25	125×80×30	20×100	22×100	20×65×23	22×65×23
		130	150	125×80×25	125×80×30	20×120	22×120	20×65×23	22×65×23
		120	145	125×80×30	125×80×40	20×110	22×110	20×70×28	22×70×28
		140	165	125×80×30	125×80×40	20×130	22×130	20×70×28	22×70×28
100	100	110	130	100×100×25	100×100×30	20×100	22×100	20×65×23	22×65×23
		130	150	100×100×25	100×100×30	20×120	22×120	20×65×23	22×65×23
		120	145	100×100×30	100×100×40	20×110	22×110	20×70×28	22×70×28
		140	165	100×100×30	100×100×40	20×130	22×130	20×70×28	22×70×28
125	100	120	150	125×100×30	125×100×35	22×110	25×110	22×70×28	25×70×28
		140	165	125×100×30	125×100×35	22×130	25×130	22×70×28	25×70×28
125	100	140	170	125×100×35	125×100×45	22×130	25×130	22×80×33	25×80×33
		160	190	125×100×35	125×100×45	22×150	25×150	22×80×33	25×80×33
160	100	140	170	160×100×35	160×100×40	25×130	28×130	25×85×33	28×85×33
		160	190	160×100×35	160×100×40	25×150	28×150	25×85×33	28×85×33
		160	195	160×100×40	160×100×50	25×150	28×150	25×90×38	28×90×38
		190	225	160×100×40	160×100×50	25×180	28×180	25×90×38	28×90×38

续表

凹模周界		闭合高度（参考）H		零件件号、名称及标准编号					
				1	2	3	4	5	6
				上模座 GB/T 2855.1—2009	下模座 GB/T 2855.2—2009	导柱 GB/T 2861.1—2009		导套 GB/2861.6—2009	
				数量					
				1	1	1	1	1	1
L	B	最小	最大	规格					
200	100	140	170	200×100×35	200×100×40	25×130	28×130	25×85×38	28×85×38
		160	190			25×150	28×150	25×85×38	28×85×38
		160	195	200×100×40	200×100×50	25×150	28×150	25×90×38	28×90×38
		190	225			25×180	28×180	25×90×38	28×90×38
125	125	120	150	125×125×30	125×125×35	22×110	25×110	22×80×28	25×80×28
		140	165			22×130	25×130	22×80×28	25×80×28
		140	170	125×125×35	125×125×45	22×130	25×130	22×85×33	25×85×33
		160	190			22×150	25×150	22×85×33	25×85×33
160	125	140	170	160×125×35	160×125×40	25×130	28×130	25×85×33	28×85×33
		160	190			25×150	28×150	25×85×33	28×85×33
		170	205	160×125×40	160×125×50	25×160	28×160	25×95×38	28×95×38
		190	225			25×180	28×180	25×95×38	28×95×38
200	125	140	170	200×125×35	200×125×40	25×130	28×130	25×85×33	28×85×33
		160	190			25×150	28×150	25×85×33	28×85×33
		170	205	200×125×40	200×125×50	25×160	28×160	25×95×38	28×95×38
		190	225			25×180	28×180	25×95×38	28×95×38
250	125	160	200	250×125×40	250×125×45	28×150	32×150	28×100×38	32×100×38
		180	220			28×170	32×170	28×100×38	32×100×38
		190	235	250×125×45	250×125×55	28×180	32×180	28×110×43	32×110×43
		210	255			28×200	32×200	28×110×43	32×110×43
160	160	160	200	160×160×40	160×160×45	28×150	32×150	28×100×38	32×100×38
		180	220			28×170	32×170	28×100×38	32×100×38
		190	235	160×160×45	160×160×55	28×180	32×180	28×110×43	32×110×43
		210	255			28×200	32×200	28×110×43	32×110×43

续表

零件件号、名称及标准编号

凹模周界 L	B	闭合高度(参考)H 最小	最大	1 上模座 GB/T 2855.1—2009	2 下模座 GB/T 2855.2—2009	3 导柱 GB/T 2861.1—2009	4 导柱 GB/T 2861.1—2009	5 导套 GB/T 2861.6—2009	6 导套 GB/T 2861.6—2009
				数量 1	数量 1	数量 1	数量 1	数量 1	数量 1
				规格					
200	160	160	200	200×160×40	200×160×45	28×150	32×150	28×100×38	32×100×38
200	160	180	220	200×160×40	200×160×45	28×170	32×170	28×100×38	32×100×38
200	160	190	235	200×160×45	200×160×55	28×180	32×180	28×110×43	32×110×43
200	160	210	255	200×160×45	200×160×55	28×200	32×200	28×110×43	32×110×43
250	160	170	210	250×160×45	250×160×50	32×160	35×160	32×105×43	35×105×43
250	160	200	240	250×160×45	250×160×50	32×190	35×190	32×105×43	35×105×43
250	160	200	245	250×160×50	250×160×60	32×190	35×190	32×115×48	35×115×48
250	160	220	265	250×160×50	250×160×60	32×210	35×210	32×115×48	35×115×48
200	200	170	210	200×200×45	200×200×50	32×160	35×160	32×105×43	35×105×43
200	200	200	240	200×200×45	200×200×50	32×190	35×190	32×105×43	35×105×43
200	200	200	245	200×200×50	200×200×60	32×190	35×190	32×115×48	35×115×48
200	200	220	265	200×200×50	200×200×60	32×210	35×210	32×115×48	35×115×48
250	200	170	210	250×200×45	250×200×50	32×160	35×160	32×105×43	35×105×43
250	200	200	240	250×200×45	250×200×50	32×190	35×190	32×105×43	35×105×43
250	200	200	245	250×200×50	250×200×60	32×190	35×190	32×115×48	35×115×48
250	200	220	265	250×200×50	250×200×60	32×210	35×210	32×115×48	35×115×48
315	200	190	230	315×200×45	315×200×55	35×180	40×180	35×115×43	40×115×43
315	200	220	260	315×200×45	315×200×55	35×210	40×210	35×115×43	40×115×43
315	200	210	255	315×200×50	315×200×65	35×200	40×200	35×125×48	40×125×48
315	200	240	285	315×200×50	315×200×65	35×230	40×230	35×125×48	40×125×48
250	250	190	230	250×250×45	250×250×55	35×180	40×180	35×115×43	40×115×43
250	250	220	260	250×250×45	250×250×55	35×210	40×210	35×115×43	40×115×43
250	250	270	255	250×250×50	250×250×65	35×200	40×200	35×125×48	40×125×48
250	250	240	285	250×250×50	250×250×65	35×230	40×230	35×125×48	40×125×48
315	250	215	250	315×250×50	315×250×60	40×200	45×200	40×125×48	45×125×48
315	250	245	280	315×250×50	315×250×60	40×230	45×230	40×125×48	45×125×48
315	250	245	290	315×250×55	315×250×70	40×230	45×230	40×140×53	45×140×53
315	250	275	320	315×250×55	315×250×70	40×260	45×260	40×140×53	45×140×53

续表

凹模周界		闭合高度（参考）H		零件件号、名称及标准编号							
				1	2	3		4	5		6
				上模座 GB/T 2855.1—2009	下模座 GB/T 2855.2—2009	导柱 GB/T 2861.1—2009			导套 GB/ 2861.6—2009		
						数　量					
				1	1	1		1	1		1
L	B	最小	最大	规　格							
400	250	215	250	400×250×50	400×250×60	40×	200	45× 200	40× 125×48		45× 125×48
		245	280			40×	230	45× 230			
		245	290	400×250×55	400×250×70	40×	230	25× 230	22× 45×140×53		25× 45×140×50
		275	320			40×	260	25× 260			
315	315	215	250	315×315×50	315×315×60		200	200	125×48		125×48
		245	280				230	230			
		245	290	315×315×55	315×315×70		230	230	140×53		140×53
		275	320				260	260			
400	315	245	290	400×315×55	400×315×65		230	230	140×58		140×58
		275	315			45×	260	50× 260	45×	50×	
		275	320	400×315×60	400×315×75		260	260	150×58		150×58
		305	350				290	290			
500	400	245	290	500×315×55	500×315×65		230	230	140×53		140×53
		275	315				260	260			
		275	320	500×315×60	500×315×75		260	260	150×58		150×58
		305	350				290	290			
400	400	245	290	400×400×55	400×400×65		230	230	140×53		140×53
		275	315			45×	260	50× 260	45×	50×	
		275	320	400×400×60	400×400×75		260	260	150×58		150×58
		305	350				290	290			
630	400	240	280	630×400×55	630×400×65		220	220	150×53		150×53
		270	305				250	250			
		270	310	630×400×65	630×400×80		250	250	160×63		160×63
		300	340			50×	280	55× 280	50×	55×	
500	500	260	300	500×500×55	500×500×65		240	240	150×53		150×53
		290	325				270	270			
		290	330	500×500×65	500×500×80		270	270	160×63		160×63
		320	360				300	300			

表 8-47 　　　　　　　　　　　　　　　　滑动导向后侧导柱模架

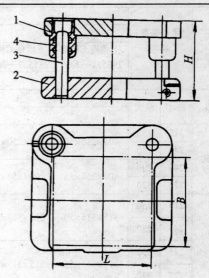

标记示例：

凹模周界 $L = 200\,\text{mm}$、$B = 125\,\text{mm}$，闭合高度 $H = 170 \sim 205\,\text{mm}$、Ⅰ 级精度的后侧导柱模架。模架 $200 \times 125 \times 170 \sim 205$ Ⅰ GB/T2851.3—2009

技术条件：

按 GB/T2854—2009 的规定代替 GB2851.3—2009

凹模周界		闭合高度（参考）H		零件件号、名称及标准编号			
				1	2	3	4
				上模座 GB/T 2855.5—2009	下模座 GB/T 2855.6—2009	导 柱 GB/T 2861.1—2009	导 套 GB/T 2861.6—2009
				数　　量			
L	B	最小	最大	1	1	2	2
				规　　格			
63	50	100	115	63×50×20	63×50×25	90	60×18
		110	125			100	
		110	130	63×50×25	63×50×30	100	65×23
		120	140			110	
63	63	100	115	63×63×20	63×63×25	90	60×18
		110	125			100	
		110	130	63×63×25	63×63×30	100	65×23
		120	140			110	
80	63	110	130	80×63×25	80×63×30	100	65×23
		130	150			120	
		120	145	80×63×30	80×63×40	110	70×28
		140	165			130	

（导柱 63、63 行 16×，导套 16×；80 行 18×，导套 18×）

续表

凹模周界		闭合高度（参考）H		1 上模座 GB/T 2855.1—2009	2 下模座 GB/T 2855.2—2009	3 导 柱 GB/T 2861.1—2009	4 导 套 GB/ 2861.6—2009
				数　　量			
				1	1	2	2
L	B	最小	最大	规　格			
100	63	110	130	100×63×25	100×63×30	18×	100	18×	65×23
		130	150				120		
		120	145	100×63×30	100×63×40		110		70×28
		140	165				130		
	80	110	130	80×80×25	80×80×30		100		65×23
		130	150				120		
		120	145	80×80×30	80×80×40		110		70×28
		140	165				130		
100	80	110	130	100×80×25	100×80×30		100		65×23
		130	150				120		
		120	145	100×80×30	100×80×40		110		70×28
		140	165				130		
125		110	130	125×80×25	125×80×30	20×	100	20×	65×23
		130	150				120		
		120	145	125×80×30	125×80×40		110		70×28
		140	165				130		
100		110	130	100×100×25	100×100×30		100		65×23
		130	150				120		
		120	145	100×100×30	100×100×40		110		70×28
		140	165				130		
125	100	120	150	125×100×30	125×100×35	22×	110	22×	70×28
		140	165				130		
		140	170	125×100×35	125×100×45		130		80×33
		160	190				150		
160		140	170	160×100×35	160×100×40	25×	130	25×	85×33
		160	190				150		
		160	195	160×100×40	160×100×50		150		90×38
		190	225				180		

凹模周界		闭合高度（参考）H		零件件号、名称及标准编号			
				1 上模座 GB/T 2855.1—2009	2 下模座 GB/T 2855.2—2009	3 导柱 GB/T 2861.1—2009	4 导套 GB/2861.6—2009
				数　量			
				1	1	2	2
L	B	最小	最大	规　格			
200	100	140	170	200×100×35	200×100×40	22×130	85×38
		160	190			22×150	85×38
		160	195	200×100×40	200×100×50	22×150	90×38
		190	225			22×180	90×38
125	125	120	150	125×125×30	125×125×35	22×110	80×28
		140	165			22×130	80×28
		140	170	125×125×35	125×125×45	22×130	85×33
		160	190			22×150	85×33
160	125	140	170	160×125×35	160×125×40	22×130	85×33
		160	190			22×150	85×33
		170	205	160×125×40	160×125×50	22×160	95×38
		190	225			22×180	95×38
200	125	140	170	200×125×35	200×125×40	22×130	85×33
		160	190			22×150	85×33
		170	205	200×125×40	200×125×50	22×160	95×38
		190	225			22×180	95×38
250	125	160	200	250×125×40	250×125×45	28×150	100×38
		180	220			28×170	100×38
		190	235	250×125×45	250×125×55	28×180	110×43
		210	255			28×200	110×43
160	160	160	200	160×160×40	160×160×45	28×150	100×38
		180	220			28×170	100×38
		190	235	160×160×45	160×160×55	28×180	110×43
		210	255			28×200	110×43
200	160	160	200	200×160×40	200×160×45	28×150	100×38
		180	220			28×170	100×38
		190	235	200×160×45	200×160×55	28×180	110×43
		210	255			28×200	110×43

凹模周界		闭合高度（参考）H		零件件号、名称及标准编号			
				1	2	3	4
				上模座 GB/T 2855.1—2009	下模座 GB/T 2855.2—2009	导　柱 GB/T 2861.1—2009	导　套 GB/ 2861.6—2009
				数　量			
L	B	最小	最大	1	1	2	2
				规　格			
250	160	170	210	250×160×45	250×160×50	32×160	32×105×43
		200	240			32×190	
		200	245	250×160×50	250×160×60	32×190	32×115×48
		220	265			32×210	
200		170	210	200×200×45	200×200×50	32×160	32×105×43
		200	240			32×190	
		200	245	200×200×50	200×200×60	32×190	32×115×48
		220	265			32×210	
250	200	170	210	250×200×45	250×200×50	32×160	32×105×43
		200	240			32×190	
		200	245	250×200×50	250×200×60	32×190	32×115×48
		220	265			32×210	
315		190	230	315×200×45	315×200×55	35×180	35×115×43
		220	260			35×210	
		210	255	315×200×50	315×200×65	35×200	35×125×48
		240	285			35×230	
250		190	230	250×250×45	250×250×55	35×180	35×115×43
		220	260			35×210	
		270	255	250×250×50	250×250×65	35×200	35×125×48
		240	285			35×230	
315	250	215	250	315×250×50	315×250×60	40×200	40×125×48
		245	280			40×230	
		245	290	315×250×55	315×250×70	40×230	40×140×53
		275	320			40×260	
400		215	250	400×250×50	400×250×60	40×200	40×125×48
		245	280			40×230	
		245	290	400×250×55	400×250×70	40×230	45×140×50
		275	320			40×260	

表 8-48	滑动导向后侧导柱窄型模架	（mm）

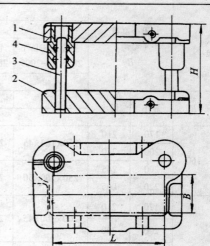

标记示例：

凹模周界 $L=355\,mm$、$B=125\,mm$，闭合高度 $H=200\sim245\,mm$、I级精度的后侧导柱窄型模架。模架 $355\times125\times200\sim245$　I　GB/T2851.4—2009

技术条件：

按 GB/T2854—2009 的规定代替 GB2851.4—2009

凹模周界		闭合高度（参考）H		零件件号、名称及标准编号			
				1	2	3	4
				上模座 GB/T 2855.5—2009	下模座 GB/T 2855.6—2009	导 柱 GB/T 2861.1—2009	导 套 GB/T 2861.6—2009
				数　量			
				1	1	2	2
L	B	最小	最大	规　格			
250	80	170	210	250×80×45	250×80×50	32×	160	32×105×43
		200	240				190	
315		170	210	315×80×45	315×80×50	35×	160	35×	105×43
		200	240				190	
315	100	200	245	315×100×45	315×100×55		190		115×43
		220	265				210	
400		200	245	400×100×50	400×100×60	40×	190	40×115×48
		220	265				210	
355	125	200	245	355×125×50	355×125×60		190	
		220	265				210	
500		210	255	500×125×50	500×125×65	45×	200	45×125×48
		240	285				230	
500	160	245	290	500×160×55	500×160×70	50×	230	50×140×53
		275	320				260	
710		245	290	710×160×55	710×160×70		230	
		275	320				260	
630	200	275	320	630×500×60	630×500×75	55×	250	55×160×58
		305	350				280	
800		275	320	800×200×60	800×200×75		250	
		305	350				280	

表 8-49	滑动导向中间导柱模架	（mm）

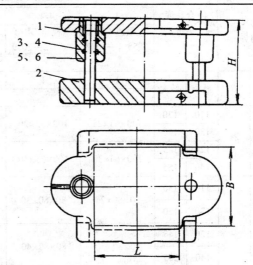

标记示例：

凹模周界 $L = 250\text{mm}$、$B = 200\text{mm}$，闭合高度 $H = 200 \sim 245\text{mm}$、I 级精度的中间导柱模架。模架 $250 \times 200 \times 200 \sim 245$ I GB/T2851.5—2009

技术条件：

按 GB/T2854—2009 的规定代替 GB2851.5—2009

凹模周界		闭合高度（参考）H		零件件号、名称及标准编号					
				1	2	3	4	5	6
				上模座 GB/T 2855.1—2009	下模座 GB/T 2855.2—2009	导 柱 GB/T 2861.1—2009		导 套 GB/ 2861.6—2009	
				数　量					
				1	1	1	1	1	1
L	B	最小	最大	规　格					
63	50	100	115	63×50×20	63×50×25	90	90	60×18	60×18
		110	125			100	100		
		110	130	63×50×25	63×50×30	100	100	65×23	65×23
		120	140			110	110		
				16×		18×	16×	18×	
63	63	100	115	63×63×20	63×63×25	90	90	60×18	65×23
		110	125			100	100		
		110	130	63×63×25	63×63×30	100	100	65×23	70×28
		120	140			110	110		
80		110	130	80×63×25	80×63×30	100	100	65×23	65×23
		130	150			120	120		
				18×		20×	18×	18×	
		120	145	80×63×30	80×63×40	110	110	70×28	70×28
		140	165			130	130		

凹模周界		闭合高度（参考）H		零件件号、名称及标准编号					
				1 上模座 GB/T 2855.1—2009	2 下模座 GB/T 2855.2—2009	3 导 柱 GB/T 2861.1—2009	4 导 柱 GB/T 2861.1—2009	5 导 套 GB/ 2861.6—2009	6 导 套 GB/ 2861.6—2009
				数 量					
L	B	最小	最大	1	1	1	1	1	1
				规 格					
100	63	110	130	100×63×25	100×63×30	18× 100	20× 100	18× 65×23	18× 65×23
		130	150			120	120		
		120	145	100×63×30	100×63×40	110	110	70×28	70×28
		140	165			130	130		
80	80	110	130	80×80×25	80×80×30	100	100	65×23	65×23
		130	150			120	120		
		120	145	80×80×30	80×80×40	110	110	70×28	70×28
		140	165			130	130		
100	80	110	130	100×80×25	100×80×30	100	100	65×23	65×23
		130	150			120	120		
		120	145	100×80×30	100×80×40	110	110	70×28	70×28
		140	165			130	130		
125	80	110	130	125×80×25	125×80×30	20× 100	22× 100	20× 65×23	22× 65×23
		130	150			120	120		
		120	145	125×80×30	125×80×40	110	110	70×28	70×28
		140	165			130	130		
100	100	110	130	100×100×25	100×100×30	100	100	65×23	65×23
		130	150			120	120		
		120	145	100×100×30	100×100×40	110	110	70×28	70×28
		140	165			130	130		
125	100	120	150	125×100×30	125×100×35	22× 110	25× 110	22× 70×28	25× 70×28
		140	165			130	130		
		140	170	125×100×35	125×100×45	130	130	80×33	80×33
		160	190			150	150		
160	100	140	170	160×100×35	160×100×40	25× 130	28× 130	25× 85×33	28× 85×33
		160	190			150	150		
		160	195	160×100×40	160×100×50	150	150	90×38	90×38
		190	225			180	180		

续表

凹模周界		闭合高度（参考）H		1 上模座 GB/T 2855.1—2009	2 下模座 GB/T 2855.2—2009	3 导柱 GB/T 2861.1—2009	4 导柱	5 导套 GB/ 2861.6—2009	6 导套
L	B	最小	最大	1	1	1	1	1	1
200	100	140	170	200×100×35	200×100×40	25×130	28×130	25×85×38	28×85×38
		160	190	200×100×35	200×100×40	25×150	28×150	25×85×38	28×85×38
		160	195	200×100×40	200×100×50	25×150	28×150	25×90×38	28×90×38
		190	225	200×100×40	200×100×50	25×180	28×180	25×90×38	28×90×38
125	125	120	150	125×125×30	125×125×35	22×110	25×110	22×80×28	25×80×28
		140	165	125×125×30	125×125×35	22×130	25×130	22×80×28	25×80×28
		140	170	125×125×35	125×125×45	22×130	25×130	22×85×33	25×85×33
		160	190	125×125×35	125×125×45	22×150	25×150	22×85×33	25×85×33
160	125	140	170	160×125×35	160×125×40	25×130	28×130	25×85×33	28×85×33
		160	190	160×125×35	160×125×40	25×150	28×150	25×85×33	28×85×33
		170	205	160×125×40	160×125×50	25×160	28×160	25×95×38	28×95×38
		190	225	160×125×40	160×125×50	25×180	28×180	25×95×38	28×95×38
200	125	140	170	200×125×35	200×125×40	25×130	28×130	25×85×33	28×85×33
		160	190	200×125×35	200×125×40	25×150	28×150	25×85×33	28×85×33
		170	205	200×125×40	200×125×50	25×160	28×160	25×95×38	28×95×38
		190	225	200×125×40	200×125×50	25×180	28×180	25×95×38	28×95×38
250	125	160	200	250×125×40	250×125×45	28×150	32×150	28×100×38	32×100×38
		180	220	250×125×40	250×125×45	28×170	32×170	28×100×38	32×100×38
		190	235	250×125×45	250×125×55	28×180	32×180	28×110×43	32×110×43
		210	255	250×125×45	250×125×55	28×200	32×200	28×110×43	32×110×43
160	160	160	200	160×160×40	160×160×45	28×150	32×150	28×100×38	32×100×38
		180	220	160×160×40	160×160×45	28×170	32×170	28×100×38	32×100×38
		190	235	160×160×45	160×160×55	28×180	32×180	28×110×43	32×110×43
		210	255	160×160×45	160×160×55	28×200	32×200	28×110×43	32×110×43

凹模周界		闭合高度（参考）H		零件件号、名称及标准编号					
				1 上模座 GB/T 2855.1—2009	2 下模座 GB/T 2855.2—2009	3 导柱 GB/T 2861.1—2009	4 导柱 GB/T 2861.1—2009	5 导套 GB/ 2861.6—2009	6 导套 GB/ 2861.6—2009
				数 量					
L	B	最小	最大	1	1	1	1	1	1
				规 格					
200	160	160	200	200×160×40	200×160×45	28×150	32×150	28×100×38	32×100×38
		180	220	200×160×40	200×160×45	28×170	32×170	28×100×38	32×100×38
		190	235	200×160×45	200×160×55	28×180	32×180	28×110×43	32×110×43
		210	255	200×160×45	200×160×55	28×200	32×200	28×110×43	32×110×43
250	160	170	210	250×160×45	250×160×50	32×160	35×160	32×105×43	35×105×43
		200	240	250×160×45	250×160×50	32×190	35×190	32×105×43	35×105×43
		200	245	250×160×50	250×160×60	32×190	35×190	32×115×48	35×115×48
		220	265	250×160×50	250×160×60	32×210	35×210	32×115×48	35×115×48
200	200	170	210	200×200×45	200×200×50	32×160	35×160	32×105×43	35×105×43
		200	240	200×200×45	200×200×50	32×190	35×190	32×105×43	35×105×43
		200	245	200×200×50	200×200×60	32×190	35×190	32×115×48	35×115×48
		220	265	200×200×50	200×200×60	32×210	35×210	32×115×48	35×115×48
250	200	170	210	250×200×45	250×200×50	35×160	40×160	35×105×43	40×105×43
		200	240	250×200×45	250×200×50	35×190	40×190	35×105×43	40×105×43
		200	245	250×200×50	250×200×60	35×190	40×190	35×115×48	40×115×48
		220	265	250×200×50	250×200×60	35×210	40×210	35×115×48	40×115×48
315	200	190	230	315×200×45	315×200×55	35×180	40×180	35×115×43	40×115×43
		220	260	315×200×45	315×200×55	35×210	40×210	35×115×43	40×115×43
		210	255	315×200×50	315×200×65	35×200	40×200	35×125×48	40×125×48
		240	285	315×200×50	315×200×65	35×230	40×230	35×125×48	40×125×48
250	250	190	230	250×250×45	250×250×55	40×180	45×180	40×115×43	45×115×43
		220	260	250×250×45	250×250×55	40×210	45×210	40×115×43	45×115×43
		270	255	250×250×50	250×250×65	40×200	45×200	40×125×48	45×125×48
		240	285	250×250×50	250×250×65	40×230	45×230	40×125×48	45×125×48
315	250	215	250	315×250×50	315×250×60	40×200	45×200	40×125×48	45×125×48
		245	280	315×250×50	315×250×60	40×230	45×230	40×125×48	45×125×48
		245	290	315×250×55	315×250×70	40×230	45×230	40×140×53	45×140×53
		275	320	315×250×55	315×250×70	40×260	45×260	40×140×53	45×140×53

续表

零件件号、名称及标准编号（件号 1～6，数量均为 1；规格如下表）

凹模周界 L	凹模周界 B	闭合高度(参考)H 最小	闭合高度(参考)H 最大	1 上模座 GB/T 2855.1—2009	2 下模座 GB/T 2855.2—2009	3 导柱 GB/T 2861.1—2009	4 导柱 GB/T 2861.1—2009	5 导套 GB/ 2861.6—2009	6 导套 GB/ 2861.6—2009
400	250	215	250	400×250×50	400×250×60	40×200	45×200	40×125×48	45×125×48
		245	280			40×230	45×230		
		245	290	400×250×55	400×250×70	40×230	45×230	40×140×53	45×140×50
		275	320			40×260	45×260		
315	315	215	250	315×315×50	315×315×60	40×200	45×200	40×125×48	45×125×48
		245	280			40×230	45×230		
		245	290	315×315×55	315×315×70	40×230	45×230	40×140×53	45×140×53
		275	320			40×260	45×260		
400	315	245	290	400×315×55	400×315×65	45×230	50×230	45×140×53	50×140×58
		275	315			45×260	50×260		
		275	320	400×315×60	400×315×75	45×260	50×260	45×150×58	50×150×58
		305	350			45×290	50×290		
500	315	245	290	500×315×55	500×315×65	45×230	50×230	45×140×53	50×140×53
		275	315			45×260	50×260		
		315	320	500×315×60	500×315×75	45×260	50×260	45×150×58	50×150×58
		305	350			45×290	50×290		
400	400	245	290	400×400×55	400×400×65	45×230	50×230	45×140×53	50×140×53
		275	315			45×260	50×260		
		275	320	400×400×60	400×400×75	45×260	50×260	45×150×58	50×150×58
		305	350			45×290	50×290		
630	400	240	280	630×400×55	630×400×65	50×220	55×220	50×150×53	55×150×53
		270	305			50×250	55×250		
		270	310	630×400×65	630×400×80	50×250	55×250	50×160×63	55×160×63
		300	340			50×280	55×280		
500	500	260	300	500×500×55	500×500×65	50×240	55×240	50×150×53	55×150×53
		290	325			50×270	55×270		
		290	330	500×500×65	500×500×80	50×270	55×270	50×160×63	55×160×63
		320	360			50×300	55×300		

表 8-50　　　　　　　　　　　　　滑动导向中间导柱圆形模架　　　　　　　　　　（mm）

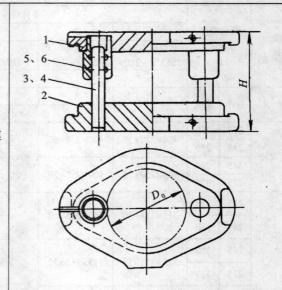

标记示例：

凹模周界 $D_0 = 200mm$、闭合高度 $H = 200 \sim$ 245mm、I级精度的中间导柱圆形模架。模架 200×200 ～ 245　I　GB/T2851.6—2009

技术条件：

按 GB/T2854—2009 的规定代替 GB2851.6—2009

凹模周界		闭合高度（参考）H		零件件号、名称及标准编号					
				1	2	3	4	5	6
				上模座 GB/T 2855.11—2009	下模座 GB/T 2855.12—2009	导　柱 GB/T 2861.—2009		导　套 GB/T 2861.6—2009	
				数　量					
				1	1	1	1	1	1
D_0	最小	最大		规　格					
63	100	115		63×20	63×25	16×	90 100	16×	60×18	18×	60×18
	110	125					100			
	110	130		63×25	63×30		100		65×23	65×23
	120	140					110			
80	110	130		80×25	80×30	20×	100	22×	20×	65×23	22×	65×23
	130	150					120			
	120	145		80×30	80×40		110		70×28	70×28
	140	165					130			
100	110	130		100×25	100×30		100		65×23	65×23
	130	150					120			
	120	145		100×30	100×40		110		70×28	70×28
	140	165					130			
125	120	150		125×30	125×35	22×	110	25×	22×	80×28	25×	80×28
	140	165					130			
	140	170		125×35	125×45		130		85×33	85×33
	160	190					150			

凹模周界			闭合高度（参考）H	零件件号、名称及标准编号					
				1	2	3	4	5	6
				上模座 GB/T 2855.1—2009	下模座 GB/T 2855.2—2009	导柱 GB/T 2861.1—2009		导套 GB/ 2861.6—2009	
				数　量					
D_0	最小	最大		1	1	1	1	1	1
				规　格					
160	160	200		160×40	160×45	28×	150	32×	150	28×	100×38	32×	100×38
	180	220					170		170				
	190	235		160×45	160×55		180		180		110×43		110×43
	210	255					200		200				
200	170	210		200×45	200×50	32×	160	35×	160	32×	105×43	35×	105×43
	200	240					190		190				
	200	245		200×50	200×60		190		190		115×48		115×48
	220	265					210		210				
250	190	230		250×45	250×55	35×	180	40×	180	35×	115×43	40×	115×43
	220	260					210		210				
	210	255		250×50	250×65		200		200		125×48		125×48
	240	280					230		230				
315	215	250		315×50	315×60	45×	200	50×	200	45×	125×48	50×	125×48
	245	280					230		230				
	245	290		315×55	315×70		230		230		140×53		140×53
	275	320					260		260				
400	245	290		400×55	400×65	45×	230	50×	230	45×	140×53	50×	140×53
	275	315					260		260				
	275	320		400×60	400×75		260		260		150×58		150×58
	305	350					290		290				
500	260	300		500×55	500×65	50×	240	55×	240	50×	150×53	55×	150×53
	290	325					270		270				
	290	330		500×65	500×80		270		270		160×63		160×63
	320	360					300		300				
630	270	310		630×60	630×70	55×	250	60×	250	65×	160×58	60×	160×58
	300	340					280		280				
	310	350		630×75	630×90		290		290		170×73		170×73
	340	380					320		320				

表 8-51 　　　　　　　　　　滑动导向四导柱圆形模架　　　　　　　　（mm）

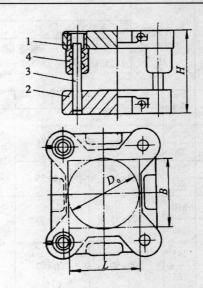

标记示例：

凹模周界 $D_0 = 250mm$、闭合高度 $B = 200 \sim 245mm$、I 级精度的四导柱圆形模架。模架 $250 \times 200 \times 200 \sim 245$　I　GB/T2851.7—2009

技术条件：

按 GB/T2854—2009 的规定代替 GB2851.7—2009

凹模周界			闭合高度（参考）H		零件件号、名称及标准编号			
					1	2	3	4
					上模座 GB/T 2855.13—2009	下模座 GB/T 2855.14—2009	导 柱 GB/T 2861.1—2009	导 套 GB/ 2861.6—2009
					数　量			
					1	1	4	4
L	B	D_0	最小	最大	规　格			
160	125	160	140	170	160×125×35	160×125×40	25×	130	25×	85×33
			160	190				150		
			170	205	160×125×40	160×125×50		160		95×38
			190	225				180		
200	160	200	160	200	200×160×40	200×160×45	28×	150	28×	100×38
			180	220				170		
			190	235	200×160×45	200×160×55		180		110×43
			210	255				200		
250	160	—	170	210	250×160×45	250×160×50	32×	160	32×	105×43
			200	240				190		
			200	245	250×160×50	250×160×60		190		115×48
			220	265				210		
250	200	250	170	210	250×200×45	250×200×50	32×	160	32×	105×43
			200	240				190		
			200	245	250×200×50	250×200×60		190		115×48
			220	265				210		

续表

凹模周界			闭合高度（参考）H		零件件号、名称及标准编号				
					1	2	3		4
					上模座 GB/T 2855.1—2009	下模座 GB/T 2855.2—2009	导　柱 GB/T 2861.1—2009		导　套 GB/ 2861.6—2009
					数　量				
L	B	D_0	最小	最大	1	1	4		4
					规　格				
315	200	—	190	230	315×200×45	315×200×55	35×	180	35× 115×43
			220	260				210	
			210	255	315×200×50	315×200×65		200	125×48
			240	285				230	
315	250	—	215	250	315×250×50	315×250×60	40×	200	40× 125×48
			245	280				230	
			245	290	315×250×55	315×250×70		230	140×53
			275	320				260	
400			215	250	400×250×50	400×250×60		200	125×48
			245	280				230	
			245	290	400×250×55	400×250×70		230	140×53
			275	320				260	
400	315	—	245	290	400×315×55	400×315×65	45×	230	45× 140×53
			275	315				260	
			275	320	400×315×60	400×315×75		260	150×58
			305	350				290	
500			245	290	500×315×55	500×315×65		230	140×53
			275	315				260	
			275	320	500×315×60	500×315×75		260	150×58
			305	350				290	
630	315		260	300	630×315×55	630×315×65	50×	240	50× 150×53
			290	325				270	
			290	330	630×315×65	630×315×80		270	163×63
			320	360				300	
500	400	—	260	300	500×400×55	500×400×65		240	150×53
			290	325				270	
			290	330	500×400×65	500×400×80		270	160×63
			320	360				300	
630			260	300	630×400×55	630×400×65		240	150×53
			290	325				270	
			290	330	630×400×65	630×400×80		270	160×63
			320	360				300	

表8-52　　　　滚动导向对角导柱模架　　　　　　　　　　　　　　（mm）

凹模周界		最大行程	设计最小闭合高度	零件件号、名称及标准编号					
L	B	S	H	1 上模座 GB/T 2856.1—2009	2 下模座 GB/T 2856.2—2009	9 导柱 GB/T 2861.3—2009	10 导柱	5 导套 GB/T 2861.16—2009	6 导套 GB/T 2861.8—2009
				数量					
				1	1	1	1	1	1
				规格					
80	63	80	165	80×63×35	80×63×40	18×160	20×160	18×100×33	20×100×33
100	80	100	200	100×80×35	100×80×40	20×160	22×160	20×100×33	22×100×33
125	100	120	220	125×100×35	125×100×45	22×160	25×160	22×100×33	25×100×33
160	125	100	200	160×125×40	160×125×45	25×195	28×195	25×120×38	28×120×38
200	160	120	230	200×160×45	200×160×55	28×195/215	32×195/215	28×125×43/145×43	32×125×43/145×43
250	200			250×200×50	250×200×60	32×195/215	35×195/215	32×120×48/150×48	35×120×48/150×48

凹模周界		最大行程	设计最小闭合高度	零件件号、名称及标准编号					
L	B	S	H	7 保持圈 GB/T 2861.10—2009	8 保持圈	3 弹簧 GB/T 2861.11—2009	4 弹簧	12 压板 GB/T 2861.16—2009	11 螺钉 GB70—2000
				数量					
				1	1	4	4	4或6	4或6
				规格					
80	63	80	165	18×23.5×64	18×25.5×64	1.6×22×72	24×72	14×15	M5×14
100	80	100	200	20×25.5×64	20×27.5×64	24×72	26×72		
125	100	120	220	22×27.5×64	22×30.5×64	26×62	30×62		
160	125	100	200	25×32.5×76	25×35.5×76	30×87	32×87	16×20	M6×16
200	160	120	230	28×35.5×76/35.5×84	28×39.5×76/39.5×84	2×37×77/37×79	37×79		
250	200			32×39.5×76/39.5×84	35×42.5×76/42.5×84	37×87	40×78/40×88		

标记示例：

凹模周界 $L=200$mm，$B=160$mm，闭合高度 $H=220$mm 的对角导柱模架。模架
200×160×220，01 GB/T 2852.1—2009

技术条件：

按 GB/T 2854—2009 01 GB/T 2852.1—2009 的规定代替 GB2852.1—2009

注：1. 最大行程指该模架许可的最大冲压行程。　2. 件号11、件号12的数量：$L \leq 125$mm 为 4 件，$L > 125$mm 为 6 件。

表 8-53　　　　　滚动导向中间导柱模架　　　　　（mm）

凹模周界		最大行程	设计最小闭合高度	零件件号、名称及标准编号					
				1	2	9	10	5	6
				上模座 GB/T 2856.1—2009	下模座 GB/T 2856.2—2009	导柱 GB/T 2861.3—2009		导套 GB/T 2861.8—2009	
				数　量					
				1	1	1	1	1	1
L	B	S	H	规　格					
80	63	80	165	80×63×35	80×63×40	18×160	20×160	18×100×33	20×100×33
100	80	80	165	100×80×35	100×80×40	20×160	22×160	20×100×33	22×100×33
125	100	100	200	125×100×35	125×100×45	22×160	25×160	22×100×33	25×100×33
160	125	100	220	160×125×40	160×125×45	25×195	28×195	25×120×38	28×120×38
200	160	120	220	200×160×45	200×160×55	28× 195	32× 195	28× 125×43	32× 125×43
		120				215	215	145×43	145×43
250	200	100	200	250×200×50	250×200×60	32× 195	35× 195	32× 120×48	35× 120×48
		120	230			35× 215	215	35× 150×48	150×48

凹模周界		最大行程	设计最小闭合高度	零件件号、名称及标准编号				
				7	8	3	4	12	11
				保持圈 GB/T 2861.10—2009		弹簧 GB/T 2861.11—2009		压板 GB/T 2861.16—2009	螺钉 GB70—2000
				数　量					
				8		4		4 或 6	4 或 6
L	B	S	H	规　格					
80	63	80	165	18×23.5×64	18×25.5×64	22×72	24×72	14×15	M5×14
100	80	80	165	20×25.5×64	20×27.5×64	24×72	26×72		
125	100	100	200	22×27.5×64	22×30.5×64	26×62	30×62		
160	125	100	220	25×32.5×76	25×35.5×76	30×87	32×87		
200	160	120	220	28× 35.5×76	28× 39.5×76	1.6× 32×77	1.6× 37×79	16×20	M6×16
		120		32× 35.5×84	32× 39.5×84	32×77			
250	200	100	200	35× 39.5×76	35× 42.5×76	2× 37×79	2× 40×78		
		120	230	39.5×84	42.5×84	37×87	40×88		

标记示例:

凹模周界 $L=200$mm，$B=160$mm，最大行程 $S=120$mm，闭合高度 $H=220$mm，01 级精度的中间导柱模架。模架 200×160×220，01 GB/T 2852.2—2009

技术条件:

按 GB/T 2854—2009 的规定代替 GB2852.2—2009

注:1. 最大行程栏指该模架许可的最大冲压行程。 2. 件号11、件号12的数量:L≤125mm 为 4 件,L>125mm 为 6 件。

表8-54　滚动导向四导柱模架 (mm)

上部（零件件号、名称及标准编号）

凹模周界 L	B	D₀	最大行程 S	设计最小闭合高度 H	1 上模座 GB/T 2856.1—2009 规格	2 下模座 GB/T 2856.2—2009 规格	数量	6号柱 GB/T 2861.3—2009 规格（柱）	数量	4号套 GB/T 2861.8—2009 规格（套）	数量
160	120	160	80	165	160×125×40	160×125×45	1	25×160	4	25×100×38	4
			100	200		160×125×50		25×190		25×125×38	
200	160	200	100	200	200×160×45	200×160×55	1	28×195	4	28×100×38	4
			120	220				28×215		28×125×38	
250	160	—	100	200	250×160×50	250×160×60	1	32×215	4	32×120×48	4
			120	230				32×195		32×150×48	
250	200	250	100	200	250×200×50	250×200×60	1	32×215	4	32×120×48	4
			120	230				32×195		32×150×48	
315	200	—	100	200	315×200×50	315×200×65	1	32×215	4	32×120×48	4
			120	230				35×225		35×150×48	
400	250	—	100	220	400×250×60	400×250×70	1	35×120×58	4	35×120×58	4
			120	240						35×150×58	

下部（零件件号、名称及标准编号）

凹模周界 L	B	D₀	最大行程 S	设计最小闭合高度 H	5 保持圈 GB/T 2861.10—2009 规格	数量 2	3 弹簧 GB/T 2861.11—2009 规格	数量 3	7 压板 GB/T 2861.16—2009 规格	数量 4或6	8 螺钉 GB 70—2000 规格	数量 4或6
160	120	160	80	165	25×32.5×64	2	1.6×30×65	3	16×20	4或6	M6×16	4或6
			100	200	25×32.5×76		30×79					
200	160	200	100	200	28×32.5×64	2	30×65	3	16×20	4或6	M6×16	4或6
			120	220	28×32.5×76		30×79					
250	160	—	100	200	32×32.5×76	2	30×79	3	16×20	4或6	M6×16	4或6
			120	230	32×32.5×84		2×37×79					
250	200	250	100	200	32×39.5×76	2	37×79	3	16×20	4或6	M6×16	4或6
			120	230	32×39.5×84		37×87					
315	200	—	100	200	35×39.5×76	2	37×79	3	20×20	4或6	M8×20	4或6
			120	230	35×39.5×84		37×87					
400	250	—	100	220	42.5×76	2	40×79	3	20×20	4或6	M8×20	4或6
			120	240	42.5×84		40×87					

标记示例：

凹模周界 L=200mm，B=160mm，闭合高度 H=220mm，01级精度的滚动导向四导柱模架。模架 200×160×220 01 GB/T 2852.2—2009

技术条件：按 GB/T 2854—2009 的规定代替 GB2852.2—2009

表 8-55　　　　滚动后侧导柱模架　　　　　　　　　　　　　　　　　　　　　　（mm）

凹模周界 L	B	最大行程 S	设计最小闭合高度	1 上模座 GB/T 2856.1—2009	2 下模座 GB/T 2856.2—2009	6 导柱 GB/T 2861.3—2009	4 导套 GB/T 2861.8—2009
				数量			
				1	1	2	2
			H	**规格**			
80	63	80	165	80×63×35	80×63×40	18×160	18×100×33
100	80			100×80×35	100×80×40	20×160	20×100×33
125	100			125×100×35	125×100×45	22×160	22×100×33
160	125	100	200	160×125×40	160×125×40	25×196	25×120×38
200	160	120	220	200×160×45	200×160×55	28×215	28×145×43

凹模周界 L	B	最大行程 S	设计最小闭合高度	5 保持圈 GB/T 2861.10—2009	3 弹簧 GB/T 2861.11—2009	7 压板 GB/T 2861.16—2009	8 螺钉 GB70—2000
				数量			
				2	3	2	8
			H	**规格**		4 或 6	4 或 6
80	63	80	165	18×23.5×64	1.6× 22×27	14×15	M5×14
100	80			20×25.5×64	24×72		
125	100			22×27.5×64	26×62		
160	125	100	200	25×32.5×76	30×87	16×20	M6×16
200	160	120	220	28×35.5×84	32×77		

标记示例：

凹模周界 L=200mm,B=160mm,闭合高度 H=220mm 的后侧导柱模架

200×160×220 01 GB/T 2852.2—2009

技术条件：

按 GB/T 2854—2009 的规定代替

GB2852.2—2009

8.6 典型冲压模具结构图

8.6.1 硬质合金模具

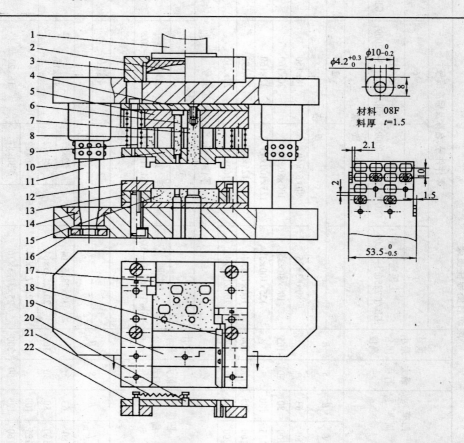

材料 08F
料厚 t=1.5

16	螺帽	2	8	侧刃	2
15	凹模	1	7	凸模座	1
22	圆柱销	1	14	衬套	1	6	凸模	1
21	弹簧	1	13	凹模垫板	2	5	固定板	1
20	销钉	1	12	导料板	2	4	螺钉	2
19	滑块	1	11	导柱	1	3	压板	1
18	侧压板	2	10	卸料板	1	2	凸球面垫圈	1
17	侧刃挡板	2	9	卸料螺钉	1	1	活动模柄	1
序号	名称	数量	序号	名称	数量	序号	名称	数量

8.6.2　矩形凹模倒装非金属复合模

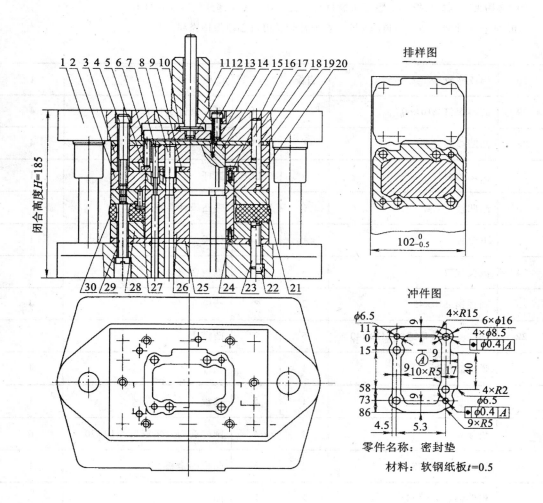

排样图

$102_{-0.5}^{0}$

冲件图

零件名称：密封垫

材料：软钢纸板 $t=0.5$

说明：

1. 这是一套矩形凹模倒装式结构，非金属材料复合冲裁，活动挡料钉定位，附设台肩推板刚性打料，弹压卸料的复合模。

2. 冲件形状较为复杂，部分孔之间还有位置度要求，外形尺寸也较大，材料为 0.5mm 厚软钢纸板，选用复合模冲切成型应是最佳选择。

3. 模具选择倒装式结构，更便于冲多孔时的废料排除。

4. 异形的凸凹模 26 外形为直通式，利于切割成型，也利于保证中间孔与外形的位置关系。固定端用 6 颗沉头螺钉 24 拉紧。

5. 凹模 2 型孔为直通式，增加了与推板 5 的配合长度，导向效果好，推件平稳可靠。

6. 中间非圆冲孔凸模 15 同样为直通式,利于切割加工,固定端用 4 颗沉头螺钉 14 拉紧。

7. 附设台肩组合式推板 5,便于加工修配。

8. 带凸缘打杆 12 与打板 10 用螺纹连接,传递力更加均匀。必要时可选择空挡部位,均匀对称安排弹簧辅助推件,动作效果会更佳。

9. 选用带凸缘冲头把 11,便于拆装打料装置,以便上模部分整体修磨刀 12。

10. 非金属冲裁、凸、凹模间隙小于金属冲切、刃口必须保持锋利。

序号	名称	数量	序号	名称	数量
30	弹压橡胶	自配	15	凸模 II	1
29	卸料螺钉 $\phi10\times60$	6	14	沉头螺钉 M4×12	4
28	凸凹模固定板	1	13	圆柱头内六角螺钉 M8×20	4
27	活动挡料钉	3	12	打杆	1
26	凸凹模	1	11	带凸缘冲头把	1
25	下垫板	1	10	打板	1
24	沉头螺钉	6	9	推板台肩	1
23	圆柱销 $\phi10\times45$	2	8	凸模 II	4
22	圆柱头内六角螺钉 M10×40	6	7	凸模 I	2
21	弹压卸料板	1	6	顶杆	4
20	衬板	1	5	推板	1
19	垫板	1	4	圆柱头内六角螺钉 M10×70	6
18	圆柱销 $\phi10\times75$	2	3	凸模固定板	1
17	辅助销钉 $\phi10\times45$	2	2	凹模	1
16	沉头螺钉 M4×10	4	1	中间导柱模架 7a 号	1
序号	名称	数量	序号	名称	数量

8.6.3　多件套筒式冲模

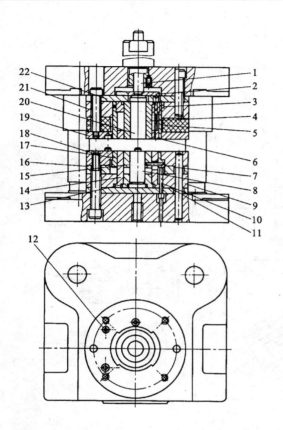

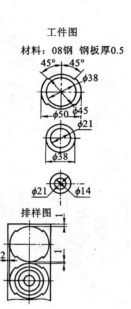

工件图

材料：08钢　钢板厚0.5

排样图

18	凹模	1	9	固定板	1
17	顶料块	1	8	凸模	1
16	中间垫板	1	7	连接销	2
15	顶料块	1	6	打料板	1
14	凸凹模	1	5	凸模	1

22	上垫板	1	13	衬套	1	4	凸凹模	1
21	固定板	1	12	定位销	3	3	半环形键	2
20	打杆	1	11	下垫板	1	2	打板	1
19	卸料板	1	10	顶杆	1	1	打杆	1
序号	名称	数量	序号	名称	数量	序号	名称	数量

8.6.4 斜楔式侧孔冲模

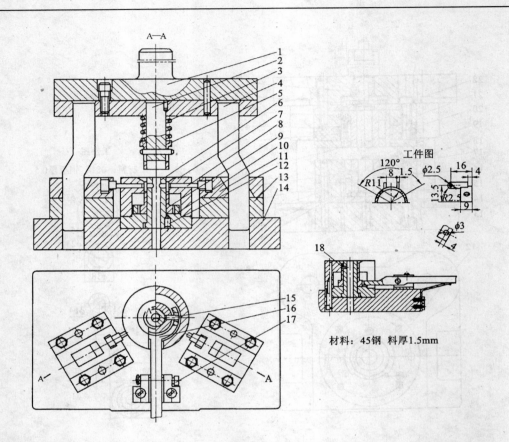

工件图

材料：45钢 料厚1.5mm

16	手柄	1	8	凸模	2
15	销钉	1	7	导板	2
14	模座	1	6	凹模	1
13	导轨	2	5	压圈	1
12	销钉	1	4	斜楔	2
11	滑块	2	3	弹簧	1
18	止转销钉	1	10	凹模固定板	1	2	压圈芯	1
17	手柄轴	1	9	工件定位顶圈	1	1	带柄矩形上模座	1
序号	名称	数量	序号	名称	数量	序号	名称	数量

8.6.5　无导向简易弯曲模

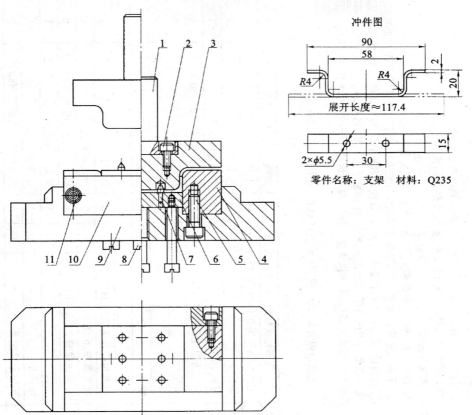

冲件图

零件名称：支架　材料：Q235

说明：

1. 这是一套一样三件的"凵"形弯曲模。

2. 冲件弯曲形状左右对称相同，靠坯件上 2×φ5.5 孔定位。

3. 凹模块 4 由两块组成，嵌装固定在底座 9 两槽之内，保证冲件成型的宽度要求。两侧有侧板 10 紧贴连接，以便为凸模 3 导向。

4. 凸模 3 直接与带凸缘冲头把 1 用螺钉 2 连接固定。

5. 为防止凹模块 4 受力往外侧偏移，底座 9 槽壁外侧加高。

6. 冲件的尺寸保证除凸、凹模外，定位推板 6、相关零件组合后的高度差也同样重要。

11	圆柱头内六角螺钉 M6×15	4
10	侧板	2
9	底座	1
8	专用螺钉	4
7	定位钉	6
6	定位推板	1
5	圆柱头内六角螺钉 M8×25	4
4	凹模块	2
3	凸模	1
5	圆柱头内六角螺钉 M6×12	3
1	带凸缘冲头把	1
序号	名称	数量

8.6.6 拉深挤压整形成型模

说明：

1. 这是一套对圆锥形拉伸件整形及底部同时挤压成型的模具。
2. 冲件整形内容包括外圆弧半径、底部内侧有宽度一定、斜面过渡的台阶面。
3. 冲件在模具内可以自动定位，不需另设定位装置。
4. 下模安排推件装置，利用模具推件系统和冲件。弹簧19的作用是在机床顶杆回后，支撑有推件装置顶出装置完成推件。为保证凹模18底部不至悬空无法承受强大的挤压力面变形，推板23做成了叉形状，衬板24除必要的让槽外，其余均以实体为凹模18予以支撑。推杆22用螺钉21与推板23固定连接，制件方便。
5. 上模用弹力很大的方钢丝弹簧11卸模，可有较大压缩距离。

序号	名称	数量	序号	名称	数量
30	内六角圆柱头螺钉 M8×25	8	15	底座	1
29	内六角圆柱头螺钉 M10×45	2	14	上托	1
28	导柱 I	1	13	导套 II	1
27	导柱定位座 I	1	12	导套定位座 II	1
26	内六角圆柱头螺钉 M12×75	6	11	方钢丝弹簧 5×23×50	6
25	下垫板	1	10	卸料螺钉 φ12×55	6
24	衬板	1	9	内六角圆柱头螺钉 M10×40	3
23	推板	1	8	凸模	1
22	推杆	3	7	上垫板	1
21	内六角圆柱头螺钉 M4×12	3	6	固定板	1
20	螺丝塞 M16×1.5	3	5	弹压卸料板	1
19	圆钢丝弹簧 2.5×14×55	3	4	内六角圆柱头螺钉 M12×35	6
18	凹模	1	3	导套 II	1
17	导柱 II	1	2	导柱定位座 II	1
16	导柱定位座 II	1	1	内六角圆柱头螺钉 M8×25	8
序号	名称	数量	序号	名称	数量

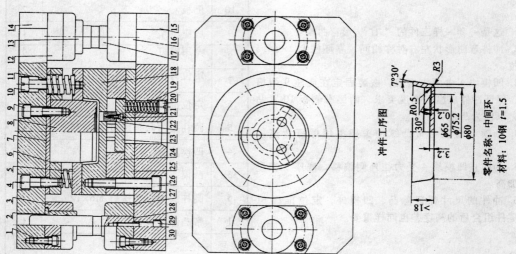

冲件工序图
零件名称：中间环
材料：10钢 t=1.5

8.6.7　落料、拉伸、冲孔复合模

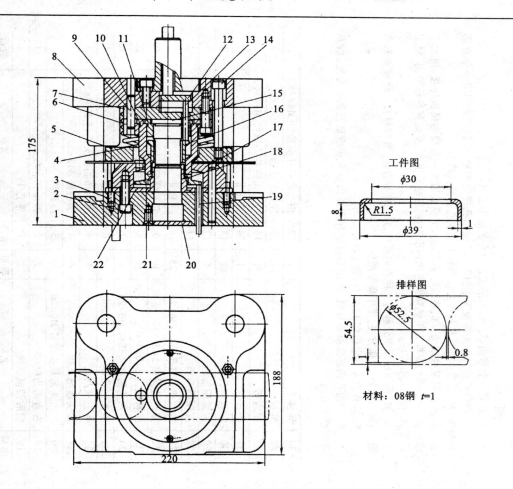

工件图

材料：08钢　t=1

16	打料板	1	8	上模座	1
15	冲孔凸模	1	7	垫板	1
22	凹模固定板	1	14	卸料螺钉	4	6	凸凹模固定板	1
21	压边圈	1	13	推杆	1	5	卸料板	1
20	盖板	1	12	推板	1	4	弹簧	2
19	推杆	1	11	凸模固定板	1	3	挡料螺栓	2
18	凸模	1	10	凸凹模	1	2	螺钉	4
17	落料凹模	1	9	销钉	2	1	下模座	1
序号	名称	数量	序号	名称	数量	序号	名称	数量

8.6.8 翻边模具

说明:

1. 这是一套弯曲、翻边、压筋工艺组合的成型模具。

2. 冲件外形四侧面需要弯曲,10 个三角形孔之间要翻边,在翻孔之间有一条直筋和两条"M"形筋。冲件机械性能较平板上加工孔要提高许多。

3. 模具属复合成型。倒装结构形式,上、下模成型零件直接与模板连接,简化了结构。上、下模均安排方钢丝弹簧完成弹压卸料,压缩范围大,模架有导柱导向,稳定性好,使用时安装方便。

4. "M"形压筋凸模分解为三种不同形式,加工制作方便,便于高度调整。

5. 坯件由 4 颗定位钉 12 定位,稳定性好。用螺钉拉紧,制作方便,便于高度调整。

6. 翻边孔圆部圆弧易开裂,要注意控制好圆弧部分冲切质量及翻边高度,以及坯料摆放方向。

序号	名称	数量
17	内六角圆柱头螺钉 M8×45	10
16	左右凹模镶块	2
15	内六角圆柱头螺钉 M12×60	12
14	导柱II	1
13	底座	1
12	定位钉	4
11	上托	1
10	导套II	1
9	卸料螺钉 φ10×67	10
8	方钢丝弹簧 5×21×65	10
7	内六角圆柱头螺钉 M12×50	10
6	带凸缘冲头把	1
5	内六角圆柱头螺钉 M10×30	4
4	圆柱销 φ12×65	2
3	凸凹模	1
2	弹压卸料板	1
1	导套I	1
序号	名称	数量

序号	名称	数量
34	导柱I	1
33	推板	1
32	固定板	1
31	垫板	1
30	左直角凸模	2
29	圆弧压筋凸模	6
28	直压筋凸模	4
27	内六角圆柱头螺钉 M6×20	28
26	方钢丝弹簧 5×21×85	10
25	卸料螺钉 φ10×100	10
24	内六角圆柱头螺钉 M6×20	4
23	压直筋凸模	1
22	等三角凸模	6
21	端头压筋凸模	4
20	内六角圆柱头螺钉 M6×20	30
19	前后直角凹模镶块	2
18	导套I	2

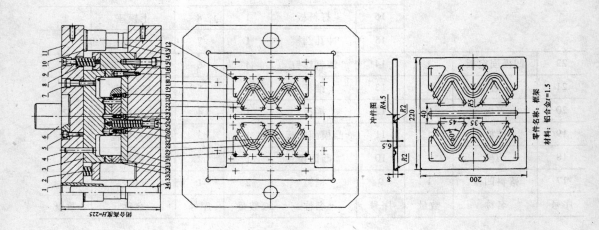

闭合高度 H=225

冲件图

零件名称:框架　材料:铝合金 t=1.5

8.6.9　倒装带凸缘拉深模

说明:

1. 这是一套倒装式带凸缘拉深模具。
2. 坯件在定位卸料板 9 的凹台中定位。
3. 下模外设可压料,也可卸料的强力弹压装置,通过弹压力的调节,保证外设合适的压边力和足够的卸料力。
4. 上模的刚性打料装置附设弹簧 3,当拉深件直边较短,所需推件力不大时,即可直接完成推件,打杆 6 则起保险作用。
5. 凸模 17 中心的进气孔应保持畅通。
6. 拉伸件若后道工序尚要整形,尺寸、形状精度可适当放宽。

序号	名称	数量	材料	备注
20	底座	1	A5	
19	固定板	1	A5	
18	圆柱头内六角螺钉 M8×35	3		
17	凸模	1	T10A	淬火 58~62HRC
16	双头螺栓 M12	1	45	
15	垫圈 12	1	45	
14	六角螺母 M12	1		
13	弹顶器	1		通用
12	夹压板	2	45	淬火 40~45HRC
11	专用螺钉 φ8×56	3	45	淬火 43~48HRC
10	垫板	1	45	淬火 43~48HRC
9	定位卸料板	1	T8A	淬火 50~55HRC
8	上托	1	A5	
7	圆柱头内六角螺钉 M6×15	3		
6	打杆	1	45	淬火 40~45HRC
5	横销 φ3×18	1	45	
4	带凸缘冲头把	1	Q235	
3	圆钢丝弹簧 2.5×14×35	1	65Mn	
2	凹模	1	Cr12	淬火 60~64HRC
1	圆柱头内六角螺钉 M8×30	3		

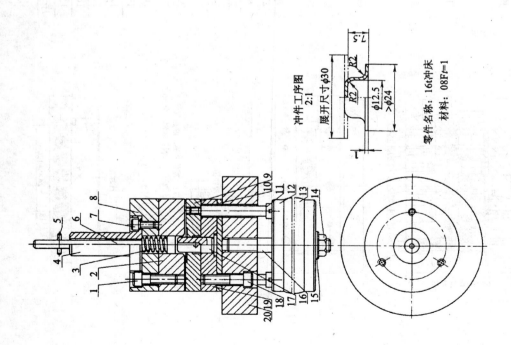

冲件工序图 2:1

展开尺寸 φ30

零件名称:16t冲床
材料:08F t=1

8.6.10 冲孔、拉深、落料级进模（跳步模）

说明：

1. 这是一套横向单件斜排，冲孔、拉伸、再冲孔、落料工艺组合的级进模具，也叫跳步模。

2. 多工艺组合生产效率高，减少了模具数量和设备占有。

3. 7孔冲切分两步进行，有利于固定板11型孔安排及装配时调整位置。

4. 采用整体组合结构，方便加工和深度调节、返修、更换方便。

5. 拉深凹模镶块22采用整体组合结构，方便加工和深度不会影响使用效果。

6. 拉深到落料中间各步，都安排了让位孔，防止发生干涉。

7. 最后一组冲孔是为形成冲件两端2×φ1.5圆弧而设计的，从而简化了落料孔形状，便于制作，但位置度控制增加了难度。

模具选择了常见的双侧刃13加挡板20定距，弹压卸料带承料板17的结构组合得到充分利用，对于跳步形式的模具，材料利用率得到保证。条料长度能得到充分利用，条料长度能得到率得到保证。

作为散热孔，拉深后少量的变形不会影响使用效果。

序号	名称	数量
14	冲孔凸模Ⅲ	6
13	侧刃	2
12	冲孔凸模Ⅱ	1
11	固定板	1
10	拉深凸模	1
9	带台冲头把	1
8	冲孔凸模Ⅰ	2
7	落料凸模	1
6	圆柱头内六角螺钉 M6×15	1
5	卸料螺钉 φ8×45	6
4	圆柱销 φ8×45	2
3	圆柱头内六角螺钉 M8×40	6
2	弹压橡胶	自配
1	对角导柱模架 6₁号	1
序号	名称	数量

序号	名称	数量
27	侧面导板	2
26	圆柱头内六角螺钉 M8×50	6
25	圆柱销 φ8×55	4
24	凹模	1
23	下垫板	1
22	拉深凹模镶件	1
21	圆柱头内六角螺钉 M6×10	1
20	侧刃挡板	2
19	圆柱销 φ2×4	2
18	圆柱头内六角螺钉 M6×6	4
17	承料板	1
16	弹压卸料板	1
15	上垫板	1
序号	名称	数量

冲件图

零件名称：散热罩

材料：软铝合金t=0.5

排样图

8.7　冲压模具课程设计课题

8.7.1　《冲压模具设计》课程设计任务书（一）

　　姓名_____专业_____班级_____指导教师_____

一、设计题目

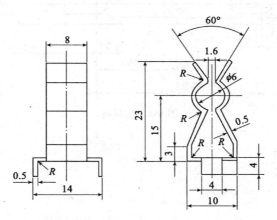

　　名称：保持架　生产批量：中批量　材料：20 钢　$t = 0.5\text{mm}$　$R = 2$

图 8-1　保持架弯曲件

弯曲工件简图如图 8-1 所示。

二、设计要求

1. 冲压件的工艺分析

根据工件图纸，认真分析该冲压件的形状、尺寸，精度要求和材料性能等因素是否符合冲压工艺的要求。（5 分）

2. 确定冲压件的最佳工艺方案

通过对冲压件的工艺分析及必要的工艺计算，在分析冲压性质、冲压次数、冲压顺序和工序组合方式的基础上，提出各种可能的冲压工艺方案，并从多方面综合分析和比较，确定最佳工艺方案。（10 分）

3. 确定模具类型

根据冲压件的生产批量，确定模具的类型。（5 分）

4. 工艺尺寸计算（20 分）

（1）排样设计与计算并画排样图

（2）冲压力及压力设备的选择

（3）凸、凹模刃口尺寸的计算

（4）弹性元件的选取与计算

5. 选择与确定模具的主要零部件的结构、尺寸（20 分）

6. 绘制模具总装图及零件图（30 分）

模具总装图中的非标准件，均需分别画出零件图。

7. 编写技术文件（10 分）

8.7.2 《冲压模具设计》课程设计任务书（二）

姓名_____ 专业_____ 班级_____ 指导教师_____

一、设计题目

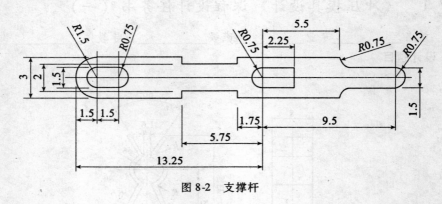

图 8-2 支撑杆

工件简图如图所示

生产批量：大批量

材料：20F

料厚：0.8mm

二、设计要求

1. 冲压件的工艺分析

根据工件图纸，认真分析该冲压件的形状、尺寸，精度要求和材料性能等因素是否符合冲压工艺的要求。（5分）

2. 确定冲压件的最佳工艺方案

通过对冲压件的工艺分析及必要的工艺计算，在分析冲压性质、冲压次数、冲压顺序和工序组合方式的基础上，提出各种可能的冲压工艺方案，并从多方面综合分析和比较，确定最佳工艺方案。（10分）

3. 确定模具类型

根据冲压件的生产批量，冲压件的形状、尺寸和精度等因素，确定模具的类型。（5分）

4. 工艺尺寸计算（20分）

（1）排样设计与计算并画排样图

（2）冲压力、模具压力中心计算及压力设备的选择

（3）凸、凹模刃口尺寸的计算

（4）弹性元件的选取与计算

5. 选择与确定模具的主要零部件的结构、尺寸（20分）

6. 绘制模具总装图及零件图（30分）

模具总装图中的非标准件，均需分别画出零件图。

7. 编写技术文件（10分）

8.7.3　《冲压模具设计》课程设计任务书（三）

姓名＿＿＿＿＿专业＿＿＿＿＿班级＿＿＿＿＿指导教师＿＿＿＿＿

一、设计题目

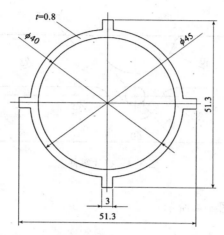

工件简图如图所示　生产批量：大批量　材料：Q235　料厚：0.8mm

图8-3　垫环零件

二、设计要求

1. 冲压件的工艺分析

根据工件图纸，认真分析该冲压件的形状、尺寸，精度要求和材料性能等因素是否符合冲压工艺的要求。（5分）

2. 确定冲压件的最佳工艺方案

通过对冲压件的工艺分析及必要的工艺计算，在分析冲压性质、冲压次数、冲压顺序和工序组合方式的基础上，提出各种可能的冲压工艺方案，并从多方面综合分析和比较，确定最佳工艺方案。（10分）

3. 确定模具类型

根据冲压件的生产批量，冲压件的形状，尺寸和精度等因素，确定模具的类型。（5分）

4. 工艺尺寸计算（20分）

（1）排样设计与计算并画出排样图

（2）冲压力、模具压力中心计算及压力设备的选择

（3）凸、凹模刃口尺寸的计算

（4）弹性元件的选取与计算

5. 选择与确定模具的主要零部件的结构、尺寸（20分）

6. 绘制模具总装图及零件图（30分）

模具总装图中的非标准件，均需分别画出零件图。

7. 编写技术文件（10分）

8.7.4 《冲压模具设计》课程设计任务书（四）

姓名＿＿＿＿＿专业＿＿＿＿＿班级＿＿＿＿＿指导教师＿＿＿＿＿

一、设计题目

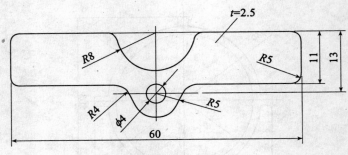

图 8-4 挡片零件

档片零件工件简图如图 8-4 所示

生产批量：大批量

材料：Q275

料厚：2.5mm

二、设计要求

1. 冲压件的工艺分析

根据工件图纸，认真分析该冲压件的形状、尺寸，精度要求和材料性能等因素是否符合冲压工艺的要求。（5 分）

2. 确定冲压件的最佳工艺方案

通过对冲压件的工艺分析及必要的工艺计算，在分析冲压性质、冲压次数、冲压顺序和工序组合方式的基础上，提出各种可能的冲压工艺方案，并从多方面综合分析和比较，确定最佳工艺方案。（10 分）

3. 确定模具类型

根据冲压件的生产批量，冲压件的形状，尺寸和精度等因素，确定模具的类型。（5 分）

4. 工艺尺寸计算（20 分）

（1）排样设计与计算并画出排样图

（2）冲压力、模具压力中心计算及压力设备的选择

（3）凸、凹模刃口尺寸的计算

（4）弹性元件的选取与计算

5. 选择与确定模具的主要零部件的结构、尺寸（20 分）

6. 绘制模具总装图及零件图（30 分）

模具总装图中的非标准件，均需分别画出零件图。

7. 编写技术文件（10 分）

8.7.5 《冲压模具设计》课程设计任务书（五）

姓名_____专业_____班级_____指导教师_____

一、设计题目

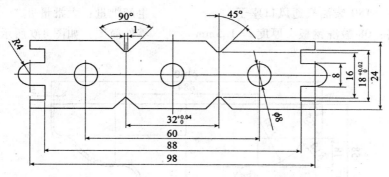

图 8-5 冲压零件

工件简图如图 8-5 所示

生产批量：大批量

材料：35

料厚：1.2mm

二、设计要求

1. 冲压件的工艺分析

根据工件图纸，认真分析该冲压件的形状、尺寸，精度要求和材料性能等因素是否符合冲压工艺的要求。（5 分）

2. 确定冲压件的最佳工艺方案

通过对冲压件的工艺分析及必要的工艺计算，在分析冲压性质、冲压次数、冲压顺序和工序组合方式的基础上，提出各种可能的冲压工艺方案，并从多方面综合分析和比较，确定最佳工艺方案。（10 分）

3. 确定模具类型

根据冲压件的生产批量，冲压件的形状，尺寸和精度等因素，确定模具的类型。（5 分）

4. 工艺尺寸计算（20 分）

（1）排样设计与计算并画出排样图

（2）冲压力、模具压力中心计算及压力设备的选择

（3）凸、凹模刃口尺寸的计算

（4）弹性元件的选取与计算

5. 选择与确定模具的主要零部件的结构、尺寸（20 分）

6. 绘制模具总装图及零件图（30 分）

模具总装图中的非标准件，均需分别画出零件图。

7. 编写技术文件（10 分）

8.7.6 《冲压模具设计》课程设计任务书（六）

姓名_____ 专业_____ 班级_____ 指导教师_____

一、设计题目

零件名称：180 柴油机通风口座子　　　生产批量：大批量

材　　料：08 酸洗钢板　厚度 $t = 1.5\text{mm}$　　零件简图：如图 8-6 所示

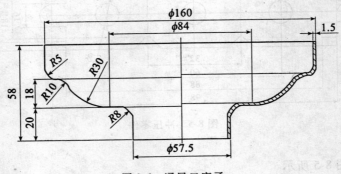

图 8-6　通风口座子

二、设计要求

1. 冲压件的工艺分析

根据工件图纸，认真分析该冲压件的形状、尺寸，精度要求和材料性能等因素是否符合冲压工艺的要求。（5 分）

2. 确定冲压件的最佳工艺方案

通过对冲压件的工艺分析及必要的工艺计算，在分析冲压性质、冲压次数、冲压顺序和工序组合方式的基础上，提出各种可能的冲压工艺方案，并从多方面综合分析和比较，确定最佳工艺方案。（10 分）

3. 确定模具类型

根据冲压件的生产批量，冲压件的形状，尺寸和精度等因素，确定模具的类型。（5 分）

4. 工艺尺寸计算（20 分）

（1）排样设计与计算并画排样图

（2）冲压力、模具压力中心计算及压力设备的选择

（3）凸、凹模刃口尺寸的计算

（4）弹性元件的选取与计算

5. 选择与确定模具的主要零部件的结构、尺寸（20 分）

6. 绘制模具总装图及零件图（30 分）

模具总装图中的非标准件，均需分别画出零件图。

7. 编写技术文件（10 分）

8.7.7 《冲压模具设计》课程设计任务书（七）

姓名_____专业_____班级_____指导教师_____

一、设计题目

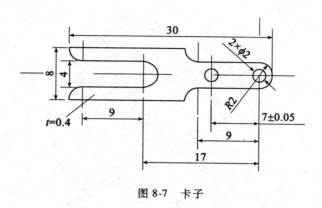

图 8-7 卡子

卡子零件简图如图 8-7 所示

生产批量：大批量　材料：H62　料厚：0.3mm

二、设计要求

1. 冲压件的工艺分析

根据工件图纸，认真分析该冲压件的形状、尺寸，精度要求和材料性能等因素是否符合冲压工艺的要求。（5 分）

2. 确定冲压件的最佳工艺方案

通过对冲压件的工艺分析及必要的工艺计算，在分析冲压性质、冲压次数、冲压顺序和工序组合方式的基础上，提出各种可能的冲压工艺方案，并从多方面综合分析和比较，确定最佳工艺方案。（10 分）

3. 确定模具类型

根据冲压件的生产批量，冲压件的形状，尺寸和精度等因素，确定模具的类型。（5 分）

4. 工艺尺寸计算（20 分）

（1）排样设计与计算并画出排样图

（2）冲压力、模具压力中心计算及压力设备的选择

（3）凸、凹模刃口尺寸的计算

（4）弹性元件的选取与计算

5. 选择与确定模具的主要零部件的结构、尺寸（20 分）

6. 绘制模具总装图及零件图（30 分）

模具总装图中的非标准件，均需分别画出零件图。

7. 编写技术文件（10 分）

8.7.8 《冲压模具设计》课程设计任务书（八）

姓名_____专业_____班级_____指导教师_____

一、设计题目 分度盘表盘简图如图8-8所示

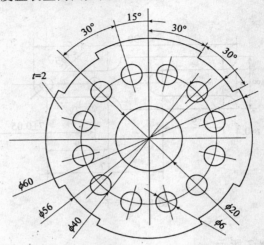

生产批量：中批量　材料：45　料厚：2mm

图 8-8　表盘

二、设计要求

1. 冲压件的工艺分析

根据工件图纸，认真分析该冲压件的形状、尺寸，精度要求和材料性能等因素是否符合冲压工艺的要求。（5分）

2. 确定冲压件的最佳工艺方案

通过对冲压件的工艺分析及必要的工艺计算，在分析冲压性质、冲压次数、冲压顺序和工序组合方式的基础上，提出各种可能的冲压工艺方案，并从多方面综合分析和比较，确定最佳工艺方案。（10分）

3. 确定模具类型

根据冲压件的生产批量，冲压件的形状，尺寸和精度等因素，确定模具的类型。（5分）

4. 工艺尺寸计算（20分）

（1）排样设计与计算并画排样图

（2）冲压力、模具压力中心计算及压力设备的选择

（3）凸、凹模刃口尺寸的计算

（4）弹性元件的选取与计算

5. 选择与确定模具的主要零部件的结构、尺寸（20分）

6. 绘制模具总装图及零件图（30分）

模具总装图中的非标准件，均需分别画出零件图。

7. 编写技术文件（10分）

参 考 文 献

[1] 林承全. 冲压模具设计 [M]. 北京：中国轻工业出版社，2010.

[2] 林承全. 冲压模具课程设计指导与范例 [M]. 北京：化学工业出版社，2008.

[3] 林承全. 模具制造技术 [M]. 北京：清华大学出版社，北京交通大学出版社，2010.

[4] 林承全. 机芯自停杆冲裁弯曲级进模的设计与制造 [J]. 模具制造，2008，85（8）.

[5] 林承全，余小燕. 冲压模具设计指导书 [M]. 武汉：湖北科学技术出版社，2008.

[6] 林承全. 机械设计基础 [M]. 武汉：华中科技大学出版社，2008.

[7] 林承全. 机械设计基础课程设计及题解 [M]. 武汉：华中科技大学出版社，2009.

[8] 林承全. 机械设计实训 [M]. 武汉：武汉理工大学出版社，2010.

[9] 林承全. 机械设计与实践 [M]. 南京：南京大学出版社，2011.

[10] 林承全等. 机械制造技术 [M]. 武汉：华中科技大学出版社，2008.

[11] 林承全，严义章. 机械制造——基于工作过程 [M]. 北京：机械工业出版社，2010.

[12] 陈孝康. 实用模具技术手册 [M]. 北京：中国轻工业出版社，2001.

[13] 骆志斌. 模具工实用技术手册 [M]. 南京：江苏科学技术出版社，2000.

[14] 许发樾. 模具标准实用手册 [M]. 北京：机械工业出版社，2002.

[15] 模具实用技术丛书编委会. 冲模设计应用实例 [M]. 北京：机械工业出版社，2000.

[16] 郑家贤. 冲压模具设计实用手册 [M]. 北京：机械工业出版社，2007.

[17] 周本凯. 冲压模具设计实践 100 例 [M]. 北京：化学工业出版社，2008.

[18] 赵孟栋. 冷冲模设计 [M]. 北京：机械工业出版社，2009.

机电类系列教材书目

电路设计与制版

光电探测技术

机械技术基础

PLC应用技术

冲模设计指导

机械制图技术与应用

塑料模具设计

VHDL语言及设计

单片机技术应用

单片机入门实践

电气控制与PLC应用

机械制图技术与应用题集

模拟电子技术与实践

数字电子技术

　　欢迎广大教师和读者就系列教材的内容、结构、设计以及使用情况等，提出您宝贵的意见、建议和要求，我们将继续提供优质的售后服务。

联系人：舒　刚（出版策划人）
电　话：13995674521
E-mail：sukermpa@yahoo.com.cn

 武汉大学出版社（全国优秀出版社）